Python 数据分析

第 3 版

［印］阿维纳什·纳夫拉尼（Avinash Navlani）
［美］阿曼多·凡丹戈（Armando Fandango） 著
［印尼］伊万·伊德里斯（Ivan Idris）

瞿源 刘江峰 译

人 民 邮 电 出 版 社
北 京

图书在版编目（CIP）数据

Python数据分析 /（印）阿维纳什·纳夫拉尼（Avinash Navlani）著；（美）阿曼多·凡丹戈（Armando Fandango），（印尼）伊万·伊德里斯（Ivan Idris）著；瞿源，刘江峰译. -- 3版. -- 北京：人民邮电出版社，2023.9
ISBN 978-7-115-60889-5

Ⅰ. ①P… Ⅱ. ①阿… ②阿… ③伊… ④瞿… ⑤刘… Ⅲ. ①软件工具－程序设计 Ⅳ. ①TP311.561

中国国家版本馆CIP数据核字(2023)第001917号

版权声明

Copyright ©2021 Packt Publishing. First published in the English language under the title *Python Data Analysis, Third Edition*.
All rights reserved.

本书由英国 Packt Publishing 公司授权人民邮电出版社出版。未经出版者书面许可，对本书的任何部分不得以任何方式或任何手段复制和传播。
版权所有，侵权必究。

- ◆ 著　　[印] 阿维纳什·纳夫拉尼（Avinash Navlani）
　　　　[美] 阿曼多·凡丹戈（Armando Fandango）
　　　　[印尼] 伊万·伊德里斯（Ivan Idris）
　　译　　瞿　源　刘江峰
　　责任编辑　胡俊英
　　责任印制　王　郁　焦志炜
- ◆ 人民邮电出版社出版发行　北京市丰台区成寿寺路 11 号
　　邮编　100164　电子邮件　315@ptpress.com.cn
　　网址　https://www.ptpress.com.cn
　　三河市君旺印务有限公司印刷
- ◆ 开本：800×1000　1/16
　　印张：21.5　　　　　　　　　2023 年 9 月第 3 版
　　字数：449 千字　　　　　　　2023 年 9 月河北第 1 次印刷
　　著作权合同登记号　图字：01-2021-4442 号

定价：89.80 元
读者服务热线：(010)81055410　印装质量热线：(010)81055316
反盗版热线：(010)81055315
广告经营许可证：京东市监广登字 20170147 号

内容提要

通过数据分析，你能够发现数据中的模式及其变化趋势，并从中获取有价值的信息。Python 是最流行的数据分析工具之一。本书由浅入深地讲解使用 Python 进行数据分析的相关知识，以及如何使用 Python 的各种库来创建高效的数据管道，以便更好地进行数据分析和预测。

本书共 4 个部分。第 1 部分讲解 Python 的基础数据知识和相关数学知识，包括 Python 和相关库、软件的安装与使用，以及统计学和线性代数知识。第 2 部分讲解探索性数据分析和数据清洗，包括数据可视化、数据检索、数据处理、数据存储、数据清洗、信号处理和时间序列分析。第 3 部分讲解如何使用机器学习算法进行数据分析，包括回归分析、分类技术、主成分分析和聚类算法。第 4 部分通过实际案例，讲解如何使用自然语言处理（NLP）和图像分析技术来分析文本和图像，以及如何使用 Dask 进行并行计算。

本书适合想要通过 Python 完成数据分析的读者阅读。

作者简介

阿维纳什·纳夫拉尼（Avinash Navlani） 在数据科学和人工智能方面拥有超过10年的工作经验。目前，他是一位高级数据科学家，使用高级分析技术部署大数据分析工具、创建和维护模型，并采用引人注目的新数据集来为客户改善产品和服务。在此之前，他曾是一名大学讲师，对数据科学领域的人员进行培训和教育，授课的内容包括用Python进行数据分析、数据挖掘、机器学习、数据库管理等。他一直参与数据科学领域的研究活动，并在印度的许多会议上担任主题发言人。

阿曼多·凡丹戈（Armando Fandango） 利用其在深度学习、机器学习、分布式计算和计算方法方面的专业知识创造人工智能产品，曾在初创企业和大型企业担任首席数据科学家和总监。他曾为基于人工智能的高科技初创企业提供咨询服务。他撰写了《Python数据分析（第2版）》和《精通TensorFlow》等图书。他还在国际期刊和会议上发表过研究成果。

伊万·伊德里斯（Ivan Idris） 拥有实验物理学硕士学位。他的毕业论文注重应用计算机科学。毕业后，他曾在多家公司工作，担任Java开发人员、数据仓库开发人员和QA分析师。他的兴趣包括商业智能、大数据和云计算。他喜欢编写简洁、可测试的代码和撰写有趣的技术文章。他是《Python数据分析基础教程：NumPy学习指南（第2版）》和《NumPy攻略：Python科学计算与数据分析》的作者。

审稿人简介

格雷格·沃尔特斯（**Greg Walters**）自 1972 年以来一直从事与计算机相关的工作。他精通 Visual Basic、Visual Basic.NET、Python 和 SQL，并且是 MySQL、SQLite、Microsoft SQL Server、Oracle、C++、Delphi、Modula-2、Pascal、C 语言、80x86 Assembler、COBOL 和 Fortran 的熟练用户。他是一名编程培训师，曾培训过许多人使用 MySQL、Open Database Connectivity、Quattro Pro、CorelDRAW、Paradox、Microsoft Word、Microsoft Excel、DOS、Windows 3.11、Windows for Workgroups、Windows 95、Windows NT、Windows 2000、Windows XP 和 Linux 等，并为 *Full Circle* 杂志撰写过 100 多篇文章。目前他处于半退休状态。他还是一位音乐家，并且喜欢烹饪。他热衷于以自由职业者的身份参与各种项目。

阿利斯泰尔·麦克马斯特（**Alistair McMaster**）目前在一家大型金融服务公司担任软件工程师和量化策略师。他于 2016 年毕业于剑桥大学，获得自然科学（荣誉）学士学位，所学专业为天体物理学。他拥有广泛的兴趣，包括将数据科学应用于关系网络和支持社会事业。他是 pandas 的积极贡献者，也是开源软件的大力倡导者。业余时间，他喜欢与家人和朋友一起长跑、骑自行车、攀岩和散步。

前言

通过数据分析，你能够发现数据中的模式及其变化趋势，并从中获取有价值的信息，而 Python 是最流行的数据分析工具之一。阅读本书，你将探索数据分析中的不同阶段和方法，掌握使用 Python 进行数据分析的方法，并学会如何使用 Python 的各种库来创建高效的数据管道。

本书先介绍如何使用 Python 进行基础的统计和数据分析，如数据建模、数据处理、数据清洗和数据可视化。然后介绍如何使用 ARMA 模型进行信号处理和时间序列分析，以及如何使用机器学习算法（如回归、分类、主成分分析和聚类算法）进行数据分析。最后，通过实际案例介绍如何使用自然语言处理（NLP）和图像分析技术来分析文本和图像数据，以及如何使用 Dask 进行并行计算。

学习本书后，你可以掌握数据分析所需的技能，并进行有意义的数据可视化，以便更好地进行数据分析和预测。

目标读者

本书适合希望学习使用 Python 进行数据分析的数据分析师、商业分析师、统计学家和数据科学家阅读。本书还可以帮助学生和教师学习和教授 Python 数据分析。拥有对数学的基本理解和 Python 的基础知识将有助于你学习本书。

本书内容

第 1 章　Python 库入门：介绍数据分析流程，Python 和 Anaconda 的安装方法，以及 Jupyter Notebook 及其高级功能。

第 2 章　**NumPy 和 pandas**：介绍 NumPy 和 pandas，主要包括 NumPy 数组、pandas DataFrame 的基本概述及相关功能。

第 3 章　统计学：简要介绍描述性统计（平均数、众数、中位数、偏度和峰度等）以及推理性统计（中心极限定理、参数检验和非参数检验等）。

第 4 章　线性代数：简要概述线性代数及相关的 NumPy 和 SciPy 库函数。

第 5 章　数据可视化：介绍 Matplotlib、pandas、Seaborn 和 Bokeh 可视化库。

第 6 章　数据的检索、处理和存储：介绍如何读写多种数据格式，如 CSV、Excel、JSON、HDF5、HTML、Parquet 和 pickle；此外，还将讨论如何从关系数据库和非关系数据库中获取数据。

第 7 章　清洗混乱的数据：介绍如何对原始数据进行预处理和执行特征工程。

第 8 章　信号处理和时间序列分析：包含使用销售额、啤酒产量和太阳黑子周期数据集进行的信号处理和时间序列分析实例，其中主要使用 NumPy、SciPy 和 Statsmodels 库。

第 9 章　监督学习——回归分析：利用 Scikit-learn 库，结合适当的例子详细讲解线性回归和逻辑回归。

第 10 章　监督学习——分类技术：讲解多种分类技术，如朴素贝叶斯、决策树、k 近邻分类（KNN）和支持向量机（SVM）；还将讨论模型性能评估指标。

第 11 章　无监督学习——**PCA** 和聚类：详细讨论降维和聚类技术；还将评估聚类性能。

第 12 章　分析文本数据：简要概述文本预处理、特征工程、情感分析和文本相似性，其中主要使用 NLTK、SpaCy 和 Scikit-learn 库。

第 13 章　分析图像数据：简要概述如何使用 OpenCV 进行图像处理操作；还将讨论人脸检测技术。

第 14 章　使用 Dask 进行并行计算：介绍如何使用 Dask 进行并行的数据预处理和机器学习建模。

如何充分利用本书

要执行本书提供的示例代码，需要在 macOS、Linux 或 Microsoft Windows 上安装 Python 3.5 或更高版本的 Python。在本书中，我们将经常使用 SciPy、NumPy、pandas、Scikit-learn、Statsmodels、Matplotlib 和 Seaborn 库。本书的第 1 章介绍了相关软件的安装方法和 Jupyter Notebook 的高级功能，以便大家能够顺利学习。另外，在相应的章节中还将介绍特定库和附加库的安装过程。Bokeh 的安装在第 5 章中进行说明。NLTK 和 SpaCy 的安装在第 12 章中进行说明。

可以使用 pip 命令安装想要的库或包。这需要用管理员权限执行以下命令。
```
$ pip install <library name>
```
也可以通过 Jupyter Notebook 安装，需要在 pip 命令前加上感叹号（!），命令如下。
```
!pip install <library name>
```
要卸载用 pip 命令安装的 Python 库或包，可以使用以下命令。
```
$ pip uninstall <library name>
```
我们建议你自己输入代码，这样做可以帮助你避免因复制和粘贴代码而引入的错误。

配套资源下载

可以参考"资源与支持"页下载本书的示例代码文件和彩色图片等资源。

文字样式约定

本书中的代码、数据库表名、文件夹名、文件名、文件扩展名、路径名、虚拟 URL、用户输入内容和句柄等内容使用代码体表示，例如："pandas 项目坚持使用 import pandas as pd 作为 import 语句。"

代码的样式如下。
```
# Creating an array
import numpy as np
a = np.array([2,4,6,8,10])
print(a)
```
命令行的输入或输出内容的样式如下。
```
$ mkdir
$ cd css
```
粗体表示新的术语、重要的词语或在屏幕上看到的词语。例如，菜单或对话框中的文字会以这样的方式出现在本书中："在 **Administration** 对话框中选择 **System info** 选项。"

 该图标表示警告或重要说明。

 该图标表示提示或技巧。

资源与支持

本书由异步社区出品，社区（https://www.epubit.com/）为您提供相关资源和后续服务。

配套资源

本书提供如下资源：
- 本书源代码；
- 书中彩图文件；
- 本书思维导图；
- 异步社区 7 天 VIP 会员。

要获得以上资源，您可以扫描下方二维码，根据指引领取。

提交勘误

作者和编辑尽最大努力来确保书中内容的准确性，但难免会存在疏漏。欢迎您将发现的问题反馈给我们，帮助我们提升图书的质量。

当您发现错误时，请登录异步社区（https://www.epubit.com/），按书名搜索，进入本书页面，单击"发表勘误"，输入勘误信息，然后单击"提交勘误"按钮即可。本书的作者和编辑会对您提交的勘误进行审核，确认并接受后，您将获赠异步社区的 100 积分。积分可用于在异步社区兑换优惠券、样书或奖品。

与我们联系

我们的联系邮箱是 contact@epubit.com.cn。

如果您对本书有任何疑问或建议,请您发邮件给我们,并请在邮件标题中注明本书书名,以便我们更高效地做出反馈。

如果您有兴趣出版图书、录制教学视频,或者参与图书翻译、技术审校等工作,可以发邮件给我们。

如果您所在的学校、培训机构或企业想批量购买本书或异步社区出版的其他图书,也可以发邮件给我们。

如果您在网上发现有针对异步社区出品图书的各种形式的盗版行为,包括对图书全部或部分内容的非授权传播,请您将怀疑有侵权行为的链接发邮件给我们。您的这一举动是对作者权益的保护,也是我们持续为您提供有价值的内容的动力之源。

关于异步社区和异步图书

"异步社区"(www.epubit.com)是由人民邮电出版社创办的 IT 专业图书社区,于 2015 年 8 月上线运营,致力于优质内容的出版和分享,为读者提供高品质的学习内容,为作译者提供专业的出版服务,实现作者与读者在线交流互动,以及传统出版与数字出版的融合发展。

"异步图书"是异步社区策划出版的精品 IT 图书的品牌,依托于人民邮电出版社在计算机图书领域 30 余年的发展与积淀。异步图书面向 IT 行业以及各行业使用 IT 的用户。

目录

第 1 部分　数据基础

第 1 章　Python 库入门················2
- 1.1　理解数据分析 ···················3
- 1.2　数据分析的标准流程···········4
- 1.3　KDD 流程·························4
- 1.4　SEMMA 流程·····················5
- 1.5　CRISP-DM ·······················6
- 1.6　数据分析与数据科学的比较······7
- 1.7　数据分析师和数据科学家应掌握的工具和技能·········8
- 1.8　Python 3 的安装················9
  - 1.8.1　在 Windows 操作系统中安装 Python 3·············10
  - 1.8.2　在 Linux 操作系统中安装 Python 3·············10
  - 1.8.3　使用安装文件在 macOS 中安装 Python 3···········10
  - 1.8.4　使用 brew 命令在 macOS 中安装 Python 3···········10
- 1.9　使用 Anaconda ················11
- 1.10　使用 IPython ··················12
  - 1.10.1　使用帮助功能············13
  - 1.10.2　查找 Python 库的参考资料··························14
- 1.11　使用 JupyterLab ···············14
- 1.12　使用 Jupyter Notebook ·······15
- 1.13　Jupyter Notebook 的高级功能····························16
  - 1.13.1　快捷命令···················16
  - 1.13.2　安装其他内核·············16
  - 1.13.3　执行 shell 命令···········17
  - 1.13.4　Jupyter Notebook 的扩展························17
- 1.14　总结······························21

第 2 章　NumPy 和 pandas ···········22
- 2.1　技术要求························23
- 2.2　了解 NumPy 数组···············23
  - 2.2.1　数组特征·····················25
  - 2.2.2　选择数组元素···············26
- 2.3　NumPy 数组中数值的数据类型······························27

2.3.1　dtype 对象 ································ 29
2.3.2　数据类型字符代码 ················ 30
2.3.3　dtype()构造函数 ···················· 30
2.3.4　dtype 属性 ······························ 31
2.4　NumPy 数组的操作 ·························· 31
2.5　NumPy 数组的堆叠 ·························· 33
2.6　拆分 NumPy 数组 ···························· 36
2.7　改变 NumPy 数组的数据类型 ·········· 37
2.8　创建 NumPy 视图和副本 ················· 38
2.9　NumPy 数组的切片 ·························· 40
2.10　布尔索引和花式索引 ······················ 41
2.11　广播数组 ·· 42
2.12　创建 DataFrame 对象 ····················· 44
2.13　理解 Series 数据结构 ····················· 45
2.14　读取和查询 Quandl 数据包 ··········· 48
2.15　DataFrame 对象的统计函数 ··········· 51
2.16　DataFrame 对象的分组和连接 ······· 53
2.17　处理缺失值 ······································ 56
2.18　创建数据透视表 ······························ 57
2.19　处理日期 ·· 58
2.20　总结 ·· 60

第3章　统计学 ·· 61
3.1　技术要求 ·· 62
3.2　数据的属性及其类型 ························ 62
3.2.1　属性类型 ···································· 62
3.2.2　离散和连续属性 ························ 63
3.3　测量集中趋势 ···································· 63
3.3.1　平均值 ·· 63
3.3.2　众数 ·· 64

3.3.3　中位数 ·· 65
3.4　测量分散 ·· 65
3.5　偏度和峰度 ·· 67
3.6　使用协方差和相关系数理解关系 ······· 68
3.6.1　皮尔逊相关系数 ························ 68
3.6.2　斯皮尔曼等级相关系数 ············ 69
3.6.3　肯德尔等级相关系数 ················ 69
3.7　中心极限定理 ···································· 69
3.8　收集样本 ·· 70
3.9　参数检验 ·· 71
3.10　非参数检验 ······································ 76
3.11　总结 ·· 80

第4章　线性代数 ·· 81
4.1　技术要求 ·· 82
4.2　用 NumPy 库进行多项式拟合 ··········· 82
4.3　行列式 ·· 83
4.4　求解矩阵的秩 ···································· 83
4.5　使用 NumPy 库求逆矩阵 ·················· 84
4.6　使用 NumPy 库求解线性方程 ··········· 85
4.7　使用 SVD 分解矩阵 ·························· 85
4.8　特征向量和特征值 ···························· 86
4.9　生成随机数 ·· 87
4.10　二项分布 ·· 88
4.11　正态分布 ·· 89
4.12　用 SciPy 库测试数据的正态性 ········ 90
4.13　使用 numpy.ma 子程序包创建掩码数组 ·· 93
4.14　总结 ·· 94

第 2 部分 探索性数据分析和数据清洗

第 5 章 数据可视化 ········96

- 5.1 技术要求 ········96
- 5.2 使用 Matplotlib 库实现数据可视化 ········96
  - 5.2.1 图的附件 ········98
  - 5.2.2 散点图 ········99
  - 5.2.3 折线图 ········100
  - 5.2.4 饼图 ········101
  - 5.2.5 柱状图 ········102
  - 5.2.6 直方图 ········103
  - 5.2.7 气泡图 ········104
  - 5.2.8 使用 pandas 库绘图 ········106
- 5.3 使用 Seaborn 库实现高级的数据可视化 ········108
  - 5.3.1 lm 图 ········108
  - 5.3.2 柱状图 ········110
  - 5.3.3 分布图 ········111
  - 5.3.4 箱形图 ········112
  - 5.3.5 KDE 图 ········112
  - 5.3.6 小提琴图 ········113
  - 5.3.7 计数图 ········114
  - 5.3.8 联合图 ········115
  - 5.3.9 热力图 ········116
  - 5.3.10 配对图 ········117
- 5.4 使用 Bokeh 库实现交互式数据可视化 ········118
  - 5.4.1 绘制简单的图 ········119
  - 5.4.2 标志符 ········120
  - 5.4.3 布局 ········121
  - 5.4.4 多重图 ········124
  - 5.4.5 交互 ········125
  - 5.4.6 注释 ········128
  - 5.4.7 悬停工具 ········129
  - 5.4.8 小部件 ········131
- 5.5 总结 ········134

第 6 章 数据的检索、处理和存储 ········135

- 6.1 技术要求 ········136
- 6.2 用 NumPy 库读取和写入 CSV 文件 ········136
- 6.3 用 pandas 库读取和写入 CSV 文件 ········137
- 6.4 Excel 文件的数据读取和写入 ········138
- 6.5 JSON 文件的数据读取和写入 ········139
- 6.6 HDF5 文件的数据读取和写入 ········140
- 6.7 HTML 表的数据读取和写入 ········141
- 6.8 Parquet 文件的数据读取和写入 ········141
- 6.9 pickle 文件的数据读取和写入 ········142
- 6.10 用 SQLite3 库进行轻量级访问 ········143
- 6.11 MySQL 数据库的数据读取和写入 ········144
- 6.12 MongoDB 数据库的数据读取和写入 ········147
- 6.13 Cassandra 数据库的数据读取和写入 ········148

6.14 Redis 数据库的数据读取和
　　　写入 ·································· 149
6.15 PonyORM ······························ 150
6.16 总结 ······································ 151

第 7 章 清洗混乱的数据 ················ 152
7.1 技术要求 ································ 153
7.2 探索数据 ································ 153
7.3 过滤数据 ································ 155
　　7.3.1 列式过滤 ······················ 156
　　7.3.2 行式过滤 ······················ 157
7.4 处理缺失值 ···························· 160
　　7.4.1 删除缺失值 ··················· 160
　　7.4.2 填补缺失值 ··················· 161
7.5 处理异常值 ···························· 163
7.6 特征编码 ································ 164
　　7.6.1 独热编码 ······················ 165
　　7.6.2 标签编码 ······················ 166
　　7.6.3 顺序编码 ······················ 167

7.7 特征缩放 ································ 168
7.8 特征转换 ································ 170
7.9 特征分割 ································ 172
7.10 总结 ····································· 172

第 8 章 信号处理和时间序列分析 ······ 173
8.1 技术要求 ································ 174
8.2 Statsmodels 库 ······················· 174
8.3 移动平均数 ···························· 174
8.4 窗口函数 ································ 176
8.5 协整法 ··································· 178
8.6 STL 分解 ······························· 180
8.7 自相关 ··································· 181
8.8 自回归模型 ···························· 183
8.9 ARMA 模型 ··························· 185
8.10 生成周期性信号 ···················· 187
8.11 傅里叶分析 ·························· 190
8.12 频谱分析滤波 ······················· 191
8.13 总结 ····································· 193

第 3 部分　深入研究机器学习

第 9 章 监督学习——回归分析 ········ 196
9.1 技术要求 ································ 197
9.2 线性回归 ································ 197
9.3 多重共线性 ···························· 198
9.4 虚拟变量 ································ 200
9.5 建立线性回归模型 ·················· 201
9.6 评估回归模型的性能 ·············· 203
　　9.6.1 决定系数 ······················ 203
　　9.6.2 均方误差 ······················ 203
　　9.6.3 平均绝对误差 ··············· 204
　　9.6.4 均方根误差 ··················· 204
9.7 拟合多项式回归 ····················· 205

9.8 分类回归模型 ························ 207
9.9 逻辑回归 ································ 207
　　9.9.1 逻辑回归模型的
　　　　　特点 ··························· 208
　　9.9.2 逻辑回归算法的
　　　　　类型 ··························· 209
　　9.9.3 逻辑回归模型的优
　　　　　缺点 ··························· 209
9.10 使用 Scikit-learn 库实现逻辑
　　　回归 ··································· 209
9.11 总结 ····································· 211

第 10 章 监督学习——分类技术 ······· 212

10.1	技术要求	213
10.2	分类	213
10.3	朴素贝叶斯分类	214
10.4	决策树分类	217
10.5	k 近邻分类	219
10.6	支持向量机分类	221
10.7	拆分训练集和测试集	223
	10.7.1 Holdout 法	223
	10.7.2 k 折交叉验证法	224
	10.7.3 Bootstrap 法	224
10.8	分类模型的性能评估指标	225
	10.8.1 混淆矩阵	225
	10.8.2 准确率	227
	10.8.3 精确度	227
	10.8.4 召回率	228
	10.8.5 F_1 值	228
10.9	ROC 曲线和 AUC	229
10.10	总结	230

第 11 章 无监督学习——PCA 和聚类 … 231

11.1	技术要求	232
11.2	无监督学习	232
11.3	降低数据的维度	232
11.4	聚类	236
11.5	使用 k 均值聚类法对数据进行分区	241
11.6	层次聚类	243
11.7	DBSCAN 方法	246
11.8	谱聚类	248
11.9	评估聚类性能	250
	11.9.1 内部性能评估	251
	11.9.2 外部性能评估	252
11.10	总结	255

第 4 部分 NLP、图像分析和并行计算

第 12 章 分析文本数据 … 258

12.1	技术要求	259
12.2	安装 NLTK 和 SpaCy	259
12.3	文本规范化	260
12.4	标记化	260
12.5	去除停用词	263
12.6	词干提取和词形还原	265
12.7	POS 标签	266
12.8	识别实体	268
12.9	依赖解析	269
12.10	创建词云	269
12.11	词包	271
12.12	TF-IDF	272
12.13	使用文本分类进行情感分析	272
	12.13.1 使用 BoW 进行分类	273
	12.13.2 使用 TF-IDF 进行分类	276
12.14	文本相似性	279
	12.14.1 Jaccard 相似性	280
	12.14.2 余弦相似性	280
12.15	总结	281

第 13 章 分析图像数据 … 282

13.1	技术要求	283
13.2	安装 OpenCV	283

13.3 了解图像数据 ……………… 283
    13.3.1 二进制图像 …………… 284
    13.3.2 灰度图像 ……………… 284
    13.3.3 彩色图像 ……………… 285
13.4 颜色模型 …………………… 285
13.5 在图像上绘图 ……………… 288
13.6 在图像上书写 ……………… 292
13.7 调整图像的大小 …………… 293
13.8 翻转图像 …………………… 295
13.9 改变亮度 …………………… 297
13.10 模糊图像 ………………… 298
13.11 人脸检测 ………………… 302
13.12 总结 ……………………… 304

第 14 章 使用 Dask 进行并行计算 …… 305
    14.1 认识 Dask ………………… 306

14.2 Dask 数据类型 …………… 307
    14.2.1 Dask 数组 ……………… 307
    14.2.2 Dask DataFrame ……… 308
    14.2.3 Dask Bag ……………… 313
14.3 Dask 延迟 ………………… 315
14.4 规模化的数据预处理 ……… 317
    14.4.1 Dask 中的特征缩放 …… 317
    14.4.2 Dask 中的特征编码 …… 319
14.5 规模化的机器学习 ………… 321
    14.5.1 使用 Scikit-learn 进行并
           行计算 ………………… 321
    14.5.2 为 Dask 重新实现机器
           学习算法 ……………… 323
14.6 总结 ………………………… 326

第 1 部分 数据基础

本部分主要帮助读者掌握基本的数据分析技能，涉及 Jupyter Notebook 及基本的 Python 库，如 NumPy、pandas 和 SciPy 库。同时，本部分会重点介绍统计学和线性代数的相关知识，以培养读者数学方面的能力。

本部分包括以下几章。

- 第 1 章　Python 库入门。
- 第 2 章　NumPy 和 pandas。
- 第 3 章　统计学。
- 第 4 章　线性代数。

第 1 章
Python 库入门

众所周知，Python 是目前最流行的编程语言之一，并且拥有完成数据科学操作的完整包。Python 提供了众多的库，如 NumPy、pandas、SciPy、Scikit-learn、Matplotlib、Seaborn 和 Plotly。这些库为数据分析提供了一个完整的生态系统，供数据分析师、数据科学家和商业分析师使用。Python 具有很多特点，如灵活性强、易学、开发速度快、具有庞大的活跃社区，以及能够处理复杂的计算和研究。这些特点使其成为数据分析的重要工具。

在本章中，我们将重点介绍数据分析流程，如 KDD、SEMMA 和 CRISP-DM。然后进行数据分析和数据科学之间的比较，并介绍数据分析师和数据科学家的特征和他们应掌握的工具和技能。最后，我们将安装 Python 3、Anaconda、IPython、JupyterLab 和 Jupyter Notebook，并研究 Jupyter Notebook 的高级功能。

在本章中，我们将学习以下内容。

- 理解数据分析。
- 数据分析的标准流程。
- KDD 流程。
- SEMMA 流程。
- CRISP-DM。
- 数据分析与数据科学的比较。
- 数据分析师和数据科学家应掌握的工具和技能。
- Python 3 的安装。
- 使用 Anaconda。
- 使用 IPython。

- 使用 JupyterLab。
- 使用 Jupyter Notebook。
- Jupyter Notebook 的高级功能。

1.1 理解数据分析

21 世纪是信息时代。生活在信息时代，我们日常生活的方方面面，例如，商业运营、政府运作、社交活动等都会产生大量的数据。基于这种情况，我们需要一个集成、通用、有效、灵活的系统来分析数据，这样才能洞悉数据的秘密。

目前，数据分析为企业经营和政府决策提供了有力的依据。数据分析是指对给定数据集进行检查、预处理、探索、描述和可视化等操作。数据分析的主要目的是发现并总结决策所需的信息。数据分析有多种方法、工具和技术，这些方法、工具和技术可以应用于不同的领域，如商业、社会科学和基础科学。

下面介绍 Python 的一些基础数据分析库。

- **NumPy**。这是 Numerical Python（数值 Python）的缩写。它是 Python 中最强大的科学计算库之一，用于处理多维数组、矩阵和函数，以便高效地计算数据。
- **SciPy**。这是一个强大的科学计算库，用于进行科学、数学和工程运算。
- **pandas**。这是一个数据探索和操作库，它提供了表格式的数据结构，以及用于数据分析和操作的多种方法。
- **Scikit-learn**。这是 Scientific Toolkit for Machine learning 的缩写。它是一个机器学习库，提供了多种监督和非监督算法，如回归、分类、降维、聚类分析和异常检测等。
- **Matplotlib**。这是一个核心的数据可视化库，是 Python 中所有其他可视化库的基础库。它提供了用于探索数据的二维和三维绘图工具、图形及图表，其中包括用于浏览数据的图形。它在 NumPy 和 SciPy 的基础上运行。
- **Seaborn**。这是基于 Matplotlib 的库，它提供了易于绘制的、高级的、交互式和组织化的图形。
- **Plotly**。这是一个数据可视化库，它提供了高质量、交互式的图形，如散点图、折线图、柱状图、直方图、箱形图、热图和子图。

本书会在必要时提供所需库和软件的安装说明。下面介绍数据分析流程，包括标准流程、KDD 流程、SEMMA 流程和 CRISP-DM。

1.2 数据分析的标准流程

数据分析是指对数据进行调查，从中发现有意义的信息并得出结论。数据分析的主要目的是通过收集、过滤、清洗、转换、探索、描述、可视化数据和交流对这些数据的见解，发现有助于决策的信息。一般来说，数据分析的标准流程由以下几个阶段组成。

（1）**收集数据**：从多个渠道收集数据。

（2）**预处理数据**：对数据进行过滤、清洗，并将其转换为所需格式。

（3）**分析数据并得出结论**：探索、描述和可视化数据，并得出结论。

（4）**解读结论**：理解结论，并找出每个变量对系统的影响。

（5）**讲故事**：将结论以故事的形式传达出来，让普通人也能理解。

我们可以通过一个流程图（见图 1-1）来总结数据分析的标准流程，该流程的重点在于找到可解读的结论，并将其转换为故事。

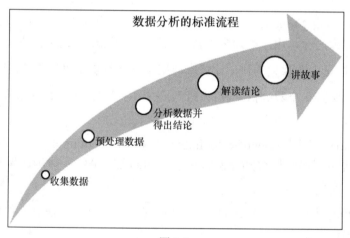

图 1-1

1.3 KDD 流程

KDD 的意思是从**数据中发现知识**（Knowledge Discovery from Data）或从**数据库中发现知识**（Knowledge Discovery in Database）。很多人把 KDD 当作数据挖掘的同义词。数据挖掘被称为有趣模式的知识发现过程。KDD 的主要目标是从大型数据库、数据仓库及其他网络和信息库中提取或发现隐藏的有趣模式。KDD 流程分为以下 7 个主要阶段。

（1）**数据清洗**（**Data Cleaning**）：在这个阶段将对数据进行预处理，以去除噪声，处理缺失值，并检测异常值。

（2）**数据集成**（**Data Integration**）：在这个阶段将使用数据迁移和抽取-转换-装载（Extract-Transform-Load，ETL）工具，把不同来源的数据整合在一起。

（3）**数据选择**（**Data Selection**）：在这个阶段将选择分析任务所需的数据。

（4）**数据转换**（**Data Transformation**）：在这个阶段将把数据转换为分析所需的形式。

（5）**数据挖掘**（**Data Mining**）：在这个阶段将使用数据挖掘技术来发现有用的或未知的模式。

（6）**模式评估**（**Pattern Evaluation**）：在这个阶段将对提取的模式进行评估。

（7）**知识展示**（**Knowledge Presentation**）：将提取的知识可视化，并展示给业务人员以辅助决策。

KDD 流程如图 1-2 所示。KDD 流程是一个提升数据质量、集成和转换数据以获得更完善的系统的迭代过程。

图 1-2

1.4 SEMMA 流程

SEMMA 即 **Sample**、**Explore**、**Modify**、**Model** 和 **Assess**。这种顺序式的数据挖掘流程是由 SAS 公司发明的。SEMMA 流程分为以下 5 个主要阶段。

（1）**采样**（**Sample**）：在这个阶段将识别不同的数据库，将其合并后选择能满足建模需求的数据样本。

（2）**探索**（**Explore**）：在这个阶段将了解数据，发现变量之间的关系，将数据可视化，并得出初步的结论。

（3）**修改**（**Modify**）：在这个阶段将为数据建模做准备，进行处理缺失值、检测异常值、转换特征及创建新的附加特征等工作。

（4）建模（Model）：在这个阶段，主要关注的是选择和应用不同的建模技术，如线性和逻辑回归、反向传播网络、KNN、支持向量机、决策树和随机森林等。

（5）评估（Assess）：这是最后一个阶段，将使用绩效评估的方法对开发出的预测模型进行评估。

图 1-3 展示的是 SEMMA 流程，其中最重要的是建模和评估。

图 1-3

1.5 CRISP-DM

CRISP-DM 是 **CRoss-Industry Standard Process for Data Mining**（跨行业数据挖掘标准流程）的缩写。CRISP-DM 是一个定义明确、结构严谨且经过验证的用于机器学习、数据挖掘和商业智能项目的流程。它是一种稳健、灵活、实用的解决商业问题的方法。该流程的目标是从多个数据库中发现隐藏的、有价值的信息或模式。CRISP-DM 分为 6 个主要阶段。

（1）**业务理解**：这一阶段的主要目标是了解业务场景和要求，以便设计分析目标并制订初步计划。

（2）**数据理解**：这一阶段的主要目标是了解数据及其收集过程，进行数据质量检查，并得出初步的结论。

（3）**数据准备**：这一阶段的主要目标是准备用于分析的数据，进行处理缺失值、检测和处理异常值、数据和特征工程标准化等工作，这个阶段对于很多数据科学家或分析人员来说是最耗时的阶段。

（4）**建模**：这是整个流程中最激动人心的阶段，因为这是为分析目标设计模型的阶段，在这一阶段需要确定建模技术，并根据数据建立模型。

（5）**评估**：一旦模型建立完成，就需要评估和测试模型在验证和测试数据上的表现，此时可以使用模型评估指标，如 MSE、RMSE、R-Squared 回归、准确率、精确度、召回率及 F_1 值等指标。

（6）**部署**：这是最后一个阶段，需要将上一阶段确定的模型部署到生产环境中，这需要数据科学家、软件开发人员、DevOps 专家和业务专家的共同努力。

图 1-4 所示为完整的 CRISP-DM。

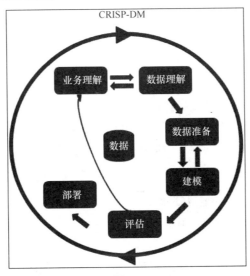

图 1-4

数据分析的标准流程侧重于得出结论并将其以故事的形式传达出来，KDD 流程侧重于发现数据驱动的模式并将其可视化，SEMMA 流程主要专注于模型的构建和评估，而 CRISP-DM 则专注于业务的理解和部署。

1.6 数据分析与数据科学的比较

数据分析是探索数据的过程，以便发现有助于我们做出商业决策的模式，它是数据科学的子领域之一。数据分析方法和工具被业务分析师、数据科学家和研究人员广泛应用于多个业务领域，进行数据分析的主要目的是提高生产力和利润。数据分析的工作大致包括：从不同来源提取和查询数据，进行探索性的数据分析，将数据可视化，编制报告并将其呈现给业务决策部门。

数据科学是一个跨学科领域，它使用科学方法从结构化和非结构化的数据中得出结论。数据科学包括数据分析、数据挖掘、机器学习和其他相关领域。数据科学不仅包括探索性的数据分析，还包括开发模型和算法预测，如股票价格、天气等的预测，以及电影、图书和音乐等内容的推荐等。

数据分析师和数据科学家的特征

数据分析师收集、过滤、处理和应用所需的数据，从数据中捕捉模式、趋势和见解，并编写报告以辅助决策。数据分析师主要利用发现的模式和趋势来帮助企业解决业务问题。数据分析师还需要评估数据的质量，处理有关数据获取的问题。数据分析师应该精通 SQL

查询语句、寻找模式、可视化工具，以及报表工具 Microsoft Power BI、IBM Cognos、Tableau、QlikView、Oracle BI 等。

数据科学家的工作比数据分析师的工作更具技术性和数学性。数据科学家的工作以学术研究为导向，而数据分析师的工作则更多地以应用为导向。数据科学家需要预测未来的事件，而数据分析师则需要从数据中提取重要的信息。数据科学家提出自己的问题，而数据分析师则为给定的问题寻找答案。此外，数据科学家关注**将要发生的事情**，而数据分析师关注**到目前为止已经发生的事情**。可以用表 1-1 来总结这两种角色的特征。

表 1-1

特征分类	数据科学家	数据分析师
背景	根据数据预测未来的事件和情景	从数据中提取出有意义的信息
作用	形成能让企业获益的见解	解决业务问题，以辅助决策
数据类型	对结构化和非结构化数据进行处理	只对结构化数据进行处理
程序设计	高级编程	基础编程
技能	熟悉统计学、机器学习算法、NLP 和深度学习知识	具有统计学、SQL 和数据可视化的知识
工具	R 语言、Python、SAS、Hadoop、Spark、TensorFlow、Keras	Excel、SQL、R 语言、Tableau、QlikView

1.7 数据分析师和数据科学家应掌握的工具和技能

数据分析师是指从数据中发现信息并据此创造价值的人，他们可帮助决策者了解企业的经营状况。数据分析师必须掌握以下工具和技能。

- **探索性数据分析**（**Exploratory Data Analysis，EDA**）。探索性数据分析是数据分析师的一项基本技能，它有助于检查数据以发现模式，检验假设并保证假设的正确性。
- **关系数据库**。数据分析师应至少了解一种关系数据库，如 MySQL 或 Postgre（SQL 是处理关系数据库的重要工具）。
- **可视化和 BI 工具**。图片通常比文字更有说服力。可视化和 BI 工具（如 Tableau、QlikView、MS Power BI 和 IBM Cognos 等）可以帮助数据分析师实现数据可视化并编制报表。
- **电子表格**。数据分析师必须具备 Microsoft Excel、WPS、Libra 或 Google Sheets 的相关知识，这样才能更好地以表格形式存储和管理数据。

- **讲故事和演示技能**。讲故事是一个必要的技能，数据分析师应该是能将数据事实与想法或事件联系起来并将其转化为故事的专家。

数据科学家的主要工作是利用数据解决问题。为了做到这一点，数据科学家需要了解客户的要求、客户所在的领域、客户的问题空间，并确保客户得到的是他们真正想要的。数据科学家的任务因公司而异：有些公司为数据分析师提供数据科学家的头衔，只是为了美化这个职位；有些公司将数据分析师的任务与数据工程师的任务结合起来，并称其为数据科学家；有些公司则为数据科学家分配机器学习密集型任务。

数据科学家戴着多个"帽子"，包括数据分析师、统计学家、数学家、程序员、ML 或 NLP 工程师等。一个数据科学家应该掌握多种多样的工具和技能，包括以下几点。

- **数学和统计学**。大多数机器学习算法都是基于数学和统计学的。数学知识有助于数据科学家定制问题的解决方案。
- **数据库**。通过 SQL 知识，数据科学家可以与数据库互动，收集数据以进行预测和推荐。
- **机器学习技术**。数据科学家应掌握有监督的机器学习技术，如回归分析、分类技术；还应掌握无监督的机器学习技术，如聚类分析、异常值检测和降维技术。
- **编程技能**。掌握编程知识可以帮助数据科学家实现他们的解决方案，建议掌握 Python 和 R 语言的知识。
- **讲故事和演示技能**。使用 PowerPoint 演示文稿能够以讲故事的形式交流结果。
- **大数据技术**。Hadoop 和 Spark 等大数据平台有助于数据科学家为大型企业定制问题的大数据解决方案。
- **深度学习工具**。深度学习工具（如 Tensorflow 和 Keras）通常在 NLP 和图像分析中使用。

除了以上这些工具和技能，数据科学家还应掌握从不同来源提取数据的网络抓取包或工具的使用方法，以及设计原型解决方案的网络应用框架（如 Flask 或 Django）的知识。

1.8　Python 3 的安装

读者可以从官方网站下载适用于 Windows、Linux 和 macOS 的 32 位或 64 位操作系统的 Python 3 的安装文件，双击安装文件即可安装 Python 3。这个安装文件中有一个名为"IDLE"的集成开发环境（Integrated Development Environment，IDE），可以用于开发。接下来介绍在不同操作系统中安装 Python 3 的方法。

1.8.1　在 Windows 操作系统中安装 Python 3

本书基于 Python 3 进行讲解。本书中用到的所有代码都是用 Python 3 编写的，在开始编写代码之前，需要安装 Python 3。Python 是一种开源、免费的语言，它也可用于商业活动中。本书将重点介绍标准的 Python 解释器（发行版），它与 NumPy 兼容。

 读者可以从 Python 官方网站下载最新版本的 Python，在该网站中可以找到 Windows、Linux、macOS 和其他操作系统的安装文件。读者还可以参考官方提供的关于在各种操作系统中安装和使用 Python 的说明文档。

要学习本书的内容，需要在操作系统中安装 Python 3.5.x 或更高版本。在撰写本书时，Python 社区已不再支持和维护 Python 2.7。

在编写本书时，我们在 Windows 10 虚拟机上安装了 Python 3.7.3。

1.8.2　在 Linux 操作系统中安装 Python 3

与其他操作系统相比，在 Linux 操作系统中安装 Python 3 要简单得多。要安装基础库，请执行以下命令。

```
$ pip3 install numpy scipy pandas matplotlib jupyter notebook
```

如果读者在使用的计算机上没有足够的权限，可能需要在执行上面的命令之前先执行 sudo 命令。

1.8.3　使用安装文件在 macOS 中安装 Python 3

可以通过 Python 官网提供的 macOS 安装文件进行 Python 3 的安装。这个安装文件中有一个名为"IDLE"的 IDE，可以用于开发。

1.8.4　使用 brew 命令在 macOS 中安装 Python 3

对于 macOS，可以使用 Homebrew 包管理器来安装 Python 3。通过它可以更容易地安装所需的应用程序。brew install 命令用于安装应用程序，例如安装 Python 3 或其他 Python 包（如 NLTK 或 SpaCy）。

要安装最新版本的 Python，可以执行以下命令。

```
$ brew install python3
```

安装完成后，可以执行以下命令来确认安装的 Python 版本。

```
$ python3 --version
Python 3.7.3
```

可以执行以下命令，从命令行打开 Python shell。

```
$ python3
```

1.9　使用 Anaconda

本书将使用 Anaconda 作为 IDE 来分析数据。下面介绍什么是 Anaconda。

Python 程序可以轻松地运行在任何安装了 Python 的操作系统中，可以在记事本上写一个 Python 程序然后在命令提示符下运行，也可以在 IDE（如 Jupyter Notebook、Spyder 和 PyCharm）中编写和运行 Python 程序。Anaconda 是一个免费的开源软件包，其中包含多种数据处理 IDE 和一些用于数据分析的包，如 NumPy、SciPy、pandas、Scikit-learn 等。我们可以很方便地下载和安装 Anaconda，具体方法如下。

（1）打开 Anaconda 官网。

（2）选择正在使用的操作系统。

（3）选择相应的 32 位或 64 位安装程序选项，下载安装文件。

（4）双击安装文件进行安装。

（5）安装完成后，在"开始"菜单中可以找到 Anaconda 程序，如果找不到，可以在"开始"菜单中搜索"Anaconda"。

Anaconda 包括 Anaconda Navigator，它是一个桌面化的图形用户界面应用程序，其界面如图 1-5 所示。它可以用来启动 Jupyter Notebook、Spyder、RStudio、Visual Studio Code 和 JupyterLab 等应用程序。

图 1-5

1.10 使用 IPython

IPython 是一个基于 shell 的交互式计算环境,它类似 MATLAB 或 Mathematica,是为了快速进行实验而创建的。对于进行小型实验的数据专业人员来说,它是一个非常有用的工具。

IPython 提供了以下功能。

- 执行系统命令。
- 编辑内联命令。
- 制表符补全功能,可以查找命令并加快任务的执行速度。
- 命令历史功能,可以查看以前使用过的命令。
- 执行外部的 Python 脚本。
- 使用 Python 调试器可以轻松调试程序。

下面在 IPython 中执行一些命令。要启动 IPython,可以在命令行中执行以下命令。

```
$ ipython3
```

执行以上命令后,会出现图 1-6 所示的界面。

图 1-6

下面介绍 IPython 提供的一些命令和功能。

- **查看历史命令**。history 命令用于查看以前使用过的命令列表。图 1-7 所示为在 IPython 中使用 history 命令。
- **执行系统命令**。可以在 IPython 中使用感叹号(!)执行系统命令,感叹号后面输入的命令被认为是系统命令。例如,执行!date 命令将显示系统当前的日期,而执行!pwd 命令将显示当前的工作目录,如图 1-8 所示。
- **编写函数**。在 IPython 中,可以像在 Jupyter Notebook、Python IDLE、PyCharm 或 Spyder 中那样编写函数。下面看一个函数的例子,如图 1-9 所示。

图 1-7

```
$ ipython3
Python 3.7.3 (default, Mar 27 2019, 22:11:17)
Type 'copyright', 'credits' or 'license' for more information
IPython 7.4.0 -- An enhanced Interactive Python. Type '?' for help.

In [1]: !pwd
/home/avinash
```

图 1-8

```
In [6]: def helloworld():
   ...:     print("Hello Everyone!")

In [7]: helloworld()
Hello Everyone!
```

图 1-9

- **退出 IPython**。可以执行 `exit()` 命令或按 Ctrl + D 组合键退出 IPython，如图 1-10 所示。

```
$ ipython3
Python 3.7.3 (default, Mar 27 2019, 22:11:17)
Type 'copyright', 'credits' or 'license' for more information
IPython 7.4.0 -- An enhanced Interactive Python. Type '?' for help.

In [1]: exit()
```

图 1-10

也可以执行 `quit()` 命令退出 IPython，如图 1-11 所示。

```
$ ipython3
Python 3.7.3 (default, Mar 27 2019, 22:11:17)
Type 'copyright', 'credits' or 'license' for more information
IPython 7.4.0 -- An enhanced Interactive Python. Type '?' for help.

In [1]: quit()
```

图 1-11

1.10.1 使用帮助功能

在 IPython 中，可以使用帮助功能查看可用的命令或函数。例如，要使用 `arange()` 函数，有以下两种方法可以找到关于该函数的帮助。

- **使用 `help` 命令**。输入 `help` 命令及函数的前几个字符，会出现一个可用命令列表，如图 1-12 所示。然后按 Tab 键，并用方向键选择一个函数，再按 Enter 键。
- **使用问号**。可以在函数名称后面输入一个问号来查看帮助，如图 1-13 所示。

图 1-12   图 1-13

1.10.2 查找 Python 库的参考资料

读者可以在 NumPy、SciPy、pandas、Matplotlib、Seaborn、Scikit-learn 和 Anaconda 等 Python 库的官方网站查找它们的详细信息，也可以在 StackOverflow 平台上找到相关的 Python 编程问题的答案。还可以在 GitHub 上提出相关的问题。

1.11 使用 JupyterLab

JupyterLab 是一个基于 Web 的用户界面。它提供了数据分析和机器学习产品的开发工具，如文本编辑器、Jupyter Notebook、代码控制台和终端等。JupyterLab 是一个灵活而强大的工具，数据分析师应熟练使用它，其界面如图 1-14 所示。

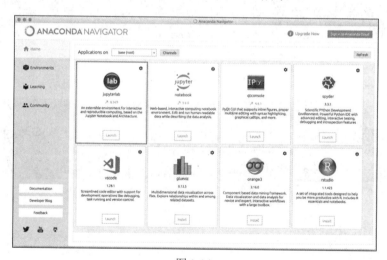

图 1-14

可以使用 conda、pip 或者 pipenv 命令来安装 JupyterLab。

要使用 conda 命令安装 JupyterLab，可以执行以下命令。

```
$ conda install -c conda-forge jupyterlab
```

要使用 pip 命令安装 JupyterLab，可以执行以下命令。

```
$ pip install jupyterlab
```

要使用 pipenv 命令安装 JupyterLab，可以执行以下命令。
```
$ pipenv install jupyterlab
```

1.12　使用 Jupyter Notebook

Jupyter Notebook 是一个 Web 应用程序，用于创建包含代码、文本、图形、链接、数学公式和图表的"数据分析笔记本"。最近，官方推出了基于 Web 的 Jupyter Notebook，名为 JupyterLab。

这些数据分析笔记本通常被用作教育工具或演示 Python 的工具，可以在纯 Python 代码或特殊的笔记本格式中导入或导出。这些数据分析笔记本可以在本地运行，也可以通过一个专用的笔记本服务器在线使用。某些云计算解决方案，如 Wakari、PiCloud 和 Google Colaboratory，允许在云端运行这些数据分析笔记本。

Jupyter 是 Julia、Python 和 R 语言的简写，最初，开发者是针对这 3 种语言开发的 Jupyter Notebook，但现在它被用于多种其他语言，包括 C 语言、C++、Scala、Perl、Go、PySpark 和 Haskell，其界面如图 1-15 所示。

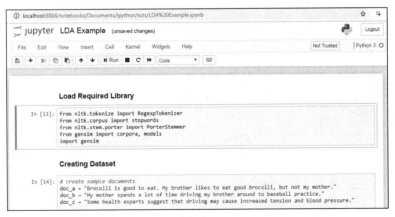

图 1-15

Jupyter Notebook 提供了以下功能。

- 在浏览器中编辑代码，并适当缩进。

- 在浏览器中执行代码。

- 在浏览器中显示输出结果。

- 在单元格（cell）的输出中渲染图形、图像和视频。

- 导出 PDF、HTML、Python 和 LaTex 格式的代码。

在 Anaconda 提示符下执行以下命令，可以在 Jupyter Notebook 中同时使用 Python 2 和 Python 3。

```
# For Python 2.7
conda create -n py27 python=2.7 ipykernel

# For Python 3.5
conda create -n py35 python=3.5 ipykernel
```

1.13 Jupyter Notebook 的高级功能

Jupyter Notebook 提供了多种高级功能，可通过快捷命令、安装其他内核、执行 shell 命令、使用各种扩展来加快数据分析操作，下面逐一介绍这些功能。

1.13.1 快捷命令

选择 **Help** 菜单中的 **Keyboard Shortcuts** 命令或使用 Command+Shift+P 组合键，会出现快速选择栏，可从中找到可以在 Jupyter Notebook 内使用的快捷命令，以及每个命令的简要说明。该栏使用起来很方便，如图 1-16 所示。

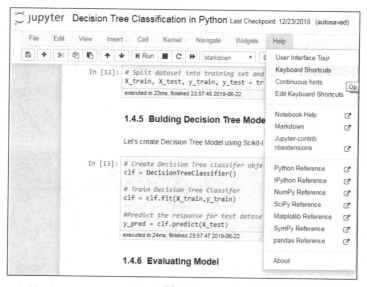

图 1-16

1.13.2 安装其他内核

Jupyter Notebook 能够为不同语言运行多个内核，因此在 Anaconda 中为某一特定语言设置环境非常容易。例如，可以在 Anaconda 中执行下面的命令来安装 R 语言内核。

```
$ conda install -c r r-essentials
```

执行上述命令后出现 R 语言内核，如图 1-17 所示。

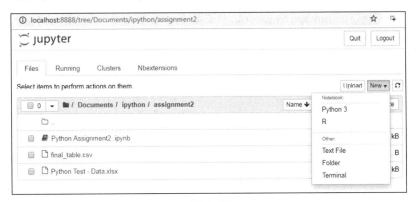

图 1-17

1.13.3 执行 shell 命令

在 Jupyter Notebook 中，可以执行 UNIX 和 Windows 操作系统的 shell 命令。该命令提供了一个与计算机对话的通信接口。在要执行的命令前加上感叹号（!）才可以执行该命令，如图 1-18 所示。

```
In [1]: !dir
         Volume in drive C has no label.
         Volume Serial Number is D0C9-975F

         Directory of C:\Users\Aadmin\Documents\ipython\tuts

        22-06-2019  23:34    <DIR>          .
        22-06-2019  23:34    <DIR>          ..
        11-05-2019  16:19         1,147,737 Inventory Model Simulation with Spreadsheet.ipynb
        22-06-2019  22:56    <DIR>          .ipynb_checkpoints
        24-02-2019  20:10            23,475 AB Testing.ipynb
        02-05-2019  21:15           150,385 AdaBoost Classifier in Python-Copy1.ipynb
        19-03-2019  09:21           191,553 AdaBoost Classifier in Python.ipynb
        10-07-2018  15:54        25,337,978 articles.txt
        20-12-2018  15:26           163,127 Cohort Analysis.ipynb
        18-03-2019  09:15    <DIR>          computer_vision
        22-06-2019  23:34           209,831 Customer Life Time Value (final version).ipynb
        11-05-2019  10:03            81,155 Customer life time value V1.ipynb
        11-05-2019  10:01           431,692 Customer Lifetime Value - Predictive Modeling.ipynb
```

图 1-18

1.13.4 Jupyter Notebook 的扩展

Jupyter Notebook 的扩展提供了更多功能，使用这些功能可以改善用户的体验和界面。

可以通过 **Nbextensions** 选项卡轻松地选择任何一个扩展。

要使用 `conda` 命令在 Jupyter Notebook 中安装 nbextensions，请执行以下命令。
```
conda install -c conda-forge jupyter_nbextensions_configurator
```

要使用 `pip` 命令在 Jupyter Notebook 中安装 nbextensions，请执行以下命令。
```
pip install jupyter_contrib_nbextensions && jupyter contrib nbextension install
```

如果在 macOS 中安装出现权限错误，只需执行以下命令。
```
pip install jupyter_contrib_nbextensions && jupyter contrib nbextension install --user
```

所有可配置的 nbextensions 将显示在 Nbextensions 选项卡中，如图 1-19 所示。

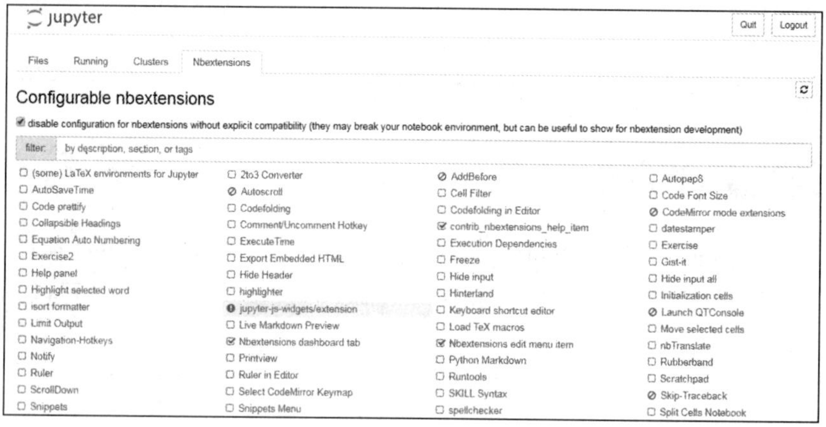

图 1-19

下面介绍 Jupyter Notebook 扩展的一些常用的功能。

- **Hinterland**。使用该扩展可以为每个单元格中的键入内容提供一个自动完成的菜单，其行为与 PyCharm 类似，如图 1-20 所示。

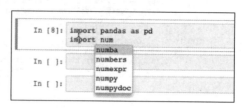

图 1-20

- **Table of Contents**。使用该扩展可以显示侧栏或导航菜单中的所有标题，它是可调整大小、可拖曳、可折叠和可停靠的，如图 1-21 所示。

1.13 Jupyter Notebook 的高级功能

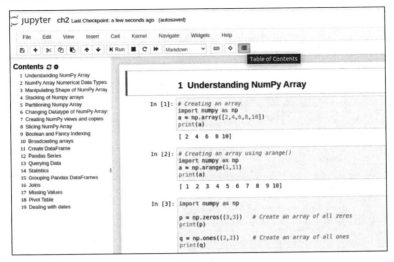

图 1-21

- **Execute Time**。使用该扩展可显示单元格中代码执行的时间及执行完单元格中代码所需的时间，如图 1-22 所示。

- **拼写检查器（Spellchecker）**。拼写检查器用于检查并验证每个单元格中代码的拼写，并突出显示错误的单词。

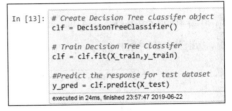

图 1-22

- **变量选择器（Variable Selector）**。使用该扩展可以跟踪用户的工作空间，以显示用户创建的所有变量的名称，以及它们的 Type、Size、Shape 和 Value 属性值，如图 1-23 所示。

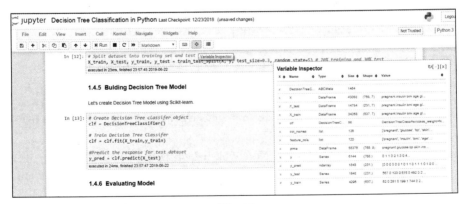

图 1-23

- **幻灯片（Slideshow）**。Jupyter Notebook 的结果可以通过幻灯片进行展示。用户可以轻松地将 Jupyter Notebook 中的内容转换为幻灯片，而无须使用 PowerPoint。可以选择 View 菜单中 Cell Toolbar 中的 **Slideshow** 选项来启动 Slideshow，如图 1-24 所示。

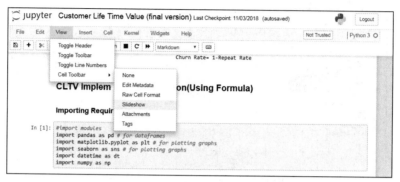

图 1-24

Jupyter Notebook 还允许在幻灯片中显示或隐藏任何单元格。选择 View 菜单中的 Cell Toolbar 中的 **Slideshow** 选项后，可以使用 **Slide Type** 下拉列表中的各选项对单元格进行设置，如图 1-25 所示。

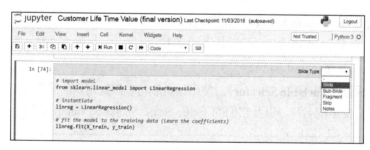

图 1-25

- **嵌入 PDF 文档**。在 Jupyter Notebook 中能轻松添加 PDF 文档，代码如下。结果如图 1-26 所示。

```
from IPython.display import IFrame
IFrame('http://www.caict.ac.cn/kxyj/qwfb/qwsj/202206/P020220606352021209673.pdf',
width=700,height=400)
```

- **嵌入 Youtube 视频**。在 Jupyter Notebook 中能轻松添加 YouTube 视频，代码如下。结果如图 1-27 所示。

```
from IPython.display import YouTubeVideo
YouTubeVideo('ukzFI9rgwfU', width=700, height=400)
```

图 1-26

图 1-27

1.14 总结

在本章中,我们讨论了多种数据分析流程,包括标准流程、KDD 流程、SEMMA 流程和 CRISP-DM;然后讨论了数据分析师和数据科学家的作用和技能;接着安装了 NumPy、SciPy、pandas、Matplotlib、Anaconda、IPython、JupyterLab 和 Jupyter Notebook。读者也可以只安装 Anaconda 或 JupyterLab,它们内置了 NumPy、pandas、SciPy 和 Scikit-learn。本章最后讨论了 Jupyter Notebook 的高级功能。

第 2 章 NumPy 和 pandas

现在，我们已经了解了数据分析的基本概念、数据分析的流程及相关工具的安装方法，是时候学习 NumPy 数组和 pandas DataFrame 数据结构了。本章主要介绍 NumPy 数组和 DataFrame 数据结构的基础知识。在学习本章后，读者将对 NumPy 数组和 DataFrame 数据结构及其相关功能有一个基本的了解。

pandas 以 panel data（面板数据，计量经济学术语）和 Python 数据分析命名，它是一个流行的开源 Python 库。我们将在本章学习 pandas 的基本功能、数据结构和操作。pandas 官方文档中用小写字母来命名 pandas 项目，本书将沿用这一规则。导入 pandas 库的代码为 `import pandas as pd`。

在本章中，我们将学习以下内容。

- 了解 NumPy 数组。
- NumPy 数组中数值的数据类型。
- NumPy 数组的操作。
- NumPy 数组的堆叠。
- 拆分 NumPy 数组。
- 改变 NumPy 数组的数据类型。
- 创建 NumPy 视图和副本。
- NumPy 数组的切片。
- 布尔索引和花式索引。
- 广播数组。
- 创建 DataFrame 对象。

- 理解 Series 数据结构。
- 读取和查询 Quandl 数据包。
- DataFrame 对象的统计函数。
- DataFrame 对象的分组和连接。
- 处理缺失值。
- 创建数据透视表。
- 处理日期。

2.1 技术要求

本章的技术要求如下。

- 读者可以从异步社区获取本书配套的代码和数据集。本章的代码可以在 `ch2.ipynb` 中找到。
- 本章使用 4 个 CSV 文件（`WHO_first9cols.csv`、`dest.csv`、`purchase.csv` 和 `tips.csv`）进行练习。
- 本章将使用 NumPy、pandas 库和 Quandl 数据包。

2.2 了解 NumPy 数组

可以在计算机上使用 `pip` 或 `brew` 命令安装 NumPy 库。如果已安装 Jupyter Notebook，则无须单独安装 NumPy 库，因为 Jupyter Notebook 中已经安装了 NumPy 库。建议使用 Jupyter Notebook 作为 IDE，因为本章所有的代码都是在 Jupyter Notebook 中执行的。第 1 章中已经介绍了如何安装 Anaconda，它是一个完整的数据分析套件。NumPy 数组由一系列同质的元素组成，同质是指数组元素具有相同的数据类型。可以使用 NumPy 创建一个数组，也可以使用带有多个参数的 `array()` 函数创建一个数组，同时可以指定数组的数据类型。可用的数据类型有 `bool`、`int`、`float`、`long`、`double` 和 `long double`。

下面来创建一个空数组，代码如下。

```
# Creating an array
import numpy as np
a = np.array([2,4,6,8,10])
print(a)
```

输出结果如下。

```
[ 2 4 6 8 10]
```

另一种创建 NumPy 数组的方法是使用 arange() 函数。使用它可以创建一个间隔均匀的 NumPy 数组。可以将 start、stop 和 step 3 个值传递给 arange(start,[stop],step) 函数。start 是范围的初始值，stop 是范围的最后一个值，step 是该范围内的增量。stop 参数是必选的。在下面的例子中，使用 1 作为 start 参数的值，11 作为 stop 参数的值。arange(1,11) 函数将以 1 为步长返回 1 到 10 的值，因为 step 的值默认为 1。arange() 函数返回的最后一个值比 stop 参数值小 1。我们通过下面的例子来理解这一点，代码如下。

```
# Creating an array using arange()
import numpy as np
a = np.arange(1,11)
print(a)
```

输出结果如下。

[1 2 3 4 5 6 7 8 9 10]

除了 array() 和 arange() 函数外，zeros()、ones()、full()、eye() 和 random() 函数也可以用来创建 NumPy 数组。下面是每个函数的详细说明。

- zeros()：创建一个给定维度的、全为 0 的数组。
- ones()：创建一个给定维度的、全为 1 的数组。
- full()：创建一个包含常量的数组。
- eye()：创建一个单位矩阵。
- random()：创建一个给定维度的数组。

我们通过下面的例子来了解这些函数，代码如下。

```
import numpy as np

# Create an array of all zeros
p = np.zeros((3,3))
print(p)

# Create an array of all ones
q = np.ones((2,2))
print(q)

# Create a constant array
r = np.full((2,2), 4)
print(r)

# Create a 2x2 identity matrix
s = np.eye(4)
```

```
print(s)

# Create an array filled with random values
t = np.random.random((3,3))
print(t)
```

输出结果如下。

```
[[0. 0. 0.]
 [0. 0. 0.]
 [0. 0. 0.]]

[[1. 1.]
 [1. 1.]]

[[4 4]
 [4 4]]

[[1. 0. 0. 0.]
 [0. 1. 0. 0.]
 [0. 0. 1. 0.]
 [0. 0. 0. 1.]]

[[0.16681892 0.00398631 0.61954178]
 [0.52461924 0.30234715 0.58848138]
 [0.75172385 0.17752708 0.12665832]]
```

前面的代码中已经使用了一些用于创建全为 0、全为 1 和全为常数的数组的内置函数，还使用 `eye()` 函数创建了单位矩阵，并使用 `random.random()` 函数创建了随机矩阵。

2.2.1 数组特征

一般来说，NumPy 数组是一种同质的数据结构，其中的元素的数据类型相同。数组的主要优点是其存储大小的确定性，因为其中的元素的数据类型相同，所以可以使用 Python 列表循环来迭代数组的元素并对其进行操作。NumPy 数组的另一个优点是提供向量化的操作，而不是迭代每个数组元素并对其执行操作。NumPy 数组的索引就像 Python 列表一样，从 0 开始。NumPy 库使用优化的 C 语言 API 来快速进行数组操作。

下面用 `arange()` 函数创建一个数组，并返回它的数据类型，代码如下。

```
# Creating an array using arange()
import numpy as np
a = np.arange(1,11)

print(type(a))
print(a.dtype)
```

输出结果如下。

```
<class 'numpy.ndarray'>
```

```
int64
```

当使用 `type()` 函数时,它会返回"numpy.ndarray"。这意味着 `type()` 函数返回的是容器的类型。当使用 `dtype()` 函数时,它会返回"int64",表示元素的类型。如果使用的是 32 位 Python,则会得到"int32"的输出结果。这两种情况下数组中的元素都是整数型数据(32 位和 64 位)。一维的 NumPy 数组也被称为向量。

下面查看之前创建的数组的形状,代码如下。

```
print(a.shape)
```

输出结果如下。

```
(10,)
```

从前面的代码可知,这个数组有 10 个元素,数值的范围是从 1 到 10,数组的形状通过一个元组来展示。在这个例子中,它是一个只有一个元素的元组,元组中的每个元素表示数组的每个维度的长度。

2.2.2 选择数组元素

在本小节中,我们将学习如何选择数组的元素。

下面来看一个 2×2 矩阵的例子。使用 `array()` 函数创建矩阵,代码如下。

```
a = np.array([[5,6],[7,8]])
print(a)
```

输出结果如下。

```
[[5 6]
 [7 8]]
```

选择数组元素非常简单,只需要指定矩阵的索引 `a[m,n]` 即可。这里,m 是矩阵的行索引,n 是矩阵的列索引。下面逐一选择矩阵中的每一项。

输入下面的代码。

```
print(a[0,0])
```

输出结果如下。

```
5
```

输入下面的代码。

```
print(a[0,1])
```

输出结果如下。

```
6
```

输入下面的代码。

```
print(a [1,0])
```

输出结果如下。
7

输入下面的代码。
```
printa([1,1])
```

输出结果如下。
8

前面的代码中使用了数组索引来访问数组的每个元素，可以通过图 2-1 来理解其原理。

在图 2-1 中，我们可以看到 4 个块，每个块代表数组的一个元素，每个块中的值是它的索引。

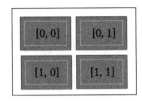

图 2-1

2.3　NumPy 数组中数值的数据类型

Python 为数值提供了 3 种数据类型：整数型、浮点型和复数型。但实际应用中需要更多的数据类型来进行精密的科学计算。NumPy 数组为数值提供的数据类型如表 2-1 所示。

表 2-1

数值的数据类型	详细描述
bool	布尔类型，1bit，该类型变量的取值为 True 或 False
inti	对应操作系统的整数类型，可以是 int32 或 int64
int8	存储范围为 –128 到 127 的整数
int16	存储范围为 –32768 到 32767 的整数
int32	存储范围为 -2^{31} 至 $2^{31}-1$ 的整数
int64	存储的整数范围为 -2^{63} 到 $2^{63}-1$
uint8	存储范围为 0 到 255 的无符号整数
uint16	存储范围为 0 到 65535 的无符号整数
uint32	存储范围为 0 到 $2^{32}-1$ 的无符号整数
uint64	存储范围为 0 到 $2^{64}-1$ 的无符号整数
float16	存储半精度浮点数；其符号位具有 5 位指数和 10 位尾数
float32	存储单精度浮点数；其符号位具有 8 位指数和 23 位尾数
float64 或 float	存储双精度浮点数；其符号位具有 11 位指数和 52 位尾数
complex64	存储两个 32 位的浮点数：复数的实数和虚数部分
complex128 或 complex	存储两个 64 位的浮点数：复数的实数和虚数部分

每种数据类型都存在一个相应的转换函数,示例如下。

输入下面的代码。
```
print(np.float64(21))
```

输出结果如下。
```
21.0
```

输入下面的代码。
```
print(np.int8(21.0))
```

输出结果如下。
```
21
```

输入下面的代码。
```
print(np.bool(21))
```

输出结果如下。
```
True
```

输入下面的代码。
```
print(np.bool(0))
```

输出结果如下。
```
False
```

输入下面的代码。
```
print(np.bool(21.0))
```

输出结果如下。
```
True
```

输入下面的代码。
```
print(np.float(True))
```

输出结果如下。
```
1.0
```

输入下面的代码。
```
print(np.float(False))
```

输出结果如下。
```
0.0
```

许多函数都有数据类型参数,通常该参数是可选的,代码如下。
```
arr=np.arange(1,11, dtype= np.float32)
print(arr)
```

输出结果如下。
```
[ 1. 2. 3. 4. 5. 6. 7. 8. 9. 10.]
```

需要注意的是，不能将复数转换为整数。如果试图将复数转换为整数，那么会出现"TypeError"的提示信息，示例代码如下。

```
np.int(42.0 + 1.j)
```

输出结果如图 2-2 所示。

```
TypeError                                 Traceback (most recent call last)
<ipython-input-29-61a3a50e24b1> in <module>
----> 1 np.int(42.0 + 1.j)

TypeError: can't convert complex to int
```

图 2-2

如果尝试将复数转换为浮点数，会出现同样的错误提示信息。可以通过设置单个部分来将浮点数转换为复数，也可以使用实数和虚数属性来提取复数中的部分，示例如下。

输入下面的代码。

```
c= complex(42, 1)
print(c)
```

输出结果如下。

```
(42+1j)
```

输入下面的代码。

```
print(c.real,c.imag)
```

输出结果如下。

```
42.0 1.0
```

在上面的例子中，使用 complex() 函数定义了一个复数，还使用 real 和 imag 属性提取了复数的实数部分和虚数部分。

2.3.1 dtype 对象

dtype 对象表示一个数组中各个元素的类型。NumPy 数组元素具有相同的数据类型，这意味着同一数组中的所有元素具有相同的 dtype 对象。dtype 对象是 numpy.dtype 类的实例，代码如下。

```
# Creating an array
import numpy as np
a = np.array([2,4,6,8,10])

print(a.dtype)
```

输出结果如下。

```
'int64'
```

通过 dtype 对象的 itemsize 属性可以获取数据类型的字节大小，代码如下。

```
print(a.dtype.itemsize)
```

输出结果如下。

```
8
```

2.3.2 数据类型字符代码

使用字符代码是为了向后兼容 Numeric 数据库，Numeric 数据库是 NumPy 库的前身。通常不推荐使用它，而改用 dtype 对象来代替。表 2-2 中列出了几种不同的数据类型及相应的字符代码。

表 2-2

数据类型	字符代码
integer	i
unsigned integer	u
single-precision float	f
double-precision float	d
bool	b
complex	D
string	S
unicode	U
void	V

创建一个单精度浮点型数组的代码如下。

```
# Create numpy array using arange() function
var1=np.arange(1,11, dtype='f')
print(var1)
```

输出结果如下。

```
[ 1., 2., 3., 4., 5., 6., 7., 8., 9., 10.]
```

创建一个复数数组的代码如下。

```
print(np.arange(1,6, dtype='D'))
```

输出结果如下。

```
[1.+0.j, 2.+0.j, 3.+0.j, 4.+0.j, 5.+0.j]
```

2.3.3 dtype()构造函数

可以使用构造函数来创建数据类型，构造函数用于实例化或给对象赋值。在本小节中，我们将通过浮点数的例子来了解数据类型的创建方法。

- 使用 Python 自带的常规浮点数据类型，代码如下。

```
print(np.dtype(float))
```

输出结果如下。

```
float64
```

- 使用字符代码规定单精度浮点数据类型，代码如下。

```
print(np.dtype('f'))
```

输出结果如下。

```
float32
```

- 使用字符代码规定双精度浮点数据类型，代码如下。

```
print(np.dtype('d'))
```

输出结果如下。

```
float64
```

- 使用两个字符代码规定浮点数据类型，代码如下。

```
print(np.dtype('f8'))
```

输出结果如下。

```
float64
```

在上面的"f8"中，"f"用于指定数据类型，"8"用于规定该类型占用的字节数。

2.3.4 dtype属性

dtype对象提供了几个常用的属性，可以使用dtype属性获取数据类型的字符代码信息，代码如下。

```
# Create numpy array
var2=np.array([1,2,3],dtype='float64')

print(var2.dtype.char)
```

输出结果如下。

```
'd'
```

type属性用于获取数组元素的对象类型，代码如下。

```
print(var2.dtype.type)
```

输出结果如下。

```
<class 'numpy.float64'>
```

2.4 NumPy 数组的操作

本节主要介绍NumPy数组的操作及NumPy库中的一些内置函数，如`reshape()`、`flatten()`、`ravel()`、`transpose()`和`resize()`函数。

- reshape()函数用于改变数组的形状。先创建一个数组,代码如下。

```
# Create an array
arr = np.arange(12)
print(arr)
```

输出结果如下。

```
[ 0  1  2  3  4  5  6  7  8  9 10 11]
```

改变数组的形状,代码如下。

```
# Reshape the array dimension
new_arr=arr.reshape(4,3)
```

```
print(new_arr)
```

输出结果如下。

```
[[ 0,  1,  2],
 [ 3,  4,  5],
 [ 6,  7,  8],
 [ 9, 10, 11]]
```

再次改变数组的形状,代码如下。

```
# Reshape the array dimension
new_arr2=arr.reshape(3,4)
```

```
print(new_arr2)
```

输出结果如下。

```
[[ 0,  1,  2,  3],
 [ 4,  5,  6,  7],
 [ 8,  9, 10, 11]]
```

- flatten()函数用于将一个 n 维数组转换为一维数组,示例代码如下。

```
# Create an array
arr=np.arange(1,10).reshape(3,3)
print(arr)
```

输出结果如下。

```
[[1 2 3]
 [4 5 6]
 [7 8 9]]
```

再输入以下代码。

```
print(arr.flatten())
```

输出结果如下。

```
[1 2 3 4 5 6 7 8 9]
```

- ravel()函数与 flatten()函数类似,用它也可以将一个 n 维数组转换为一维数组。两者的主要区别是 flatten()函数返回的是实际数组,而 ravel()函数返回的是原始数组的引用。ravel()函数的执行速度比flatten()函数快,代码如下。

```
print(arr.ravel())
```

输出结果如下。

```
[1, 2, 3, 4, 5, 6, 7, 8, 9]
```

- transpose()函数是一个线性代数函数,用于对给定的二维矩阵进行转置(将矩阵的行转换成列,列转换成行),代码如下。

```
# Transpose the matrix
print(arr.transpose())
```

输出结果如下。

```
[[1 4 7]
 [2 5 8]
 [3 6 9]]
```

- resize()函数用于改变NumPy数组的大小。它类似于reshape()函数,但它改变的是原始数组的形状,代码如下。

```
# resize the matrix
arr.resize(1,9)
print(arr)
```

输出结果如下。

```
[[1 2 3 4 5 6 7 8 9]]
```

2.5 NumPy数组的堆叠

NumPy数组的堆叠是指用一个新的轴连接维度相同的数组。堆叠可以分为水平堆叠、垂直堆叠、深度堆叠、列堆叠、行堆叠。

- **水平堆叠**:使用hstack()或concatenate()函数可以将具有相同维度的数组沿着水平轴连接起来。

先创建一个3×3的数组,代码如下。

```
arr1 = np.arange(1,10).reshape(3,3)
print(arr1)
```

输出结果如下。

```
[[1 2 3]
 [4 5 6]
 [7 8 9]]
```

再创建一个3×3的数组,代码如下。

```
arr2 = 2*arr1
print(arr2)
```

输出结果如下。

```
[[ 2  4  6]
 [ 8 10 12]
 [14 16 18]]
```

创建两个数组后,将其进行水平堆叠,代码如下。

```
# Horizontal Stacking
arr3=np.hstack((arr1, arr2))
print(arr3)
```

输出结果如下。

```
[[ 1  2  3  2  4  6]
 [ 4  5  6  8 10 12]
 [ 7  8  9 14 16 18]]
```

在前面的代码中,两个数组沿 x 轴水平堆叠。使用 concatenate() 函数也可以将数组水平堆叠,代码如下。

```
# Horizontal stacking using concatenate() function
arr4=np.concatenate((arr1, arr2), axis=1)
print(arr4)
```

输出结果如下。

```
[[ 1  2  3  2  4  6]
 [ 4  5  6  8 10 12]
 [ 7  8  9 14 16 18]]
```

- **垂直堆叠**:使用 vstack() 或 concatenate() 函数可以将具有相同维度的数组沿着垂直轴连接起来。

使用 vstack() 函数将两个数组沿 y 轴垂直堆叠,代码如下。

```
# Vertical stacking
arr5=np.vstack((arr1, arr2))
print(arr5)
```

输出结果如下。

```
[[ 1  2  3]
 [ 4  5  6]
 [ 7  8  9]
 [ 2  4  6]
 [ 8 10 12]
 [14 16 18]]
```

使用 concatenate() 函数也可以将数组进行垂直堆叠,代码如下。

```
arr6=np.concatenate((arr1, arr2), axis=0)
print(arr6)
```

输出结果如下。

```
[[ 1  2  3]
 [ 4  5  6]
```

```
 [ 7  8  9]
 [ 2  4  6]
 [ 8 10 12]
 [14 16 18]]
```

- **深度堆叠**：使用 dstack() 函数可以将具有相同维度的数组沿着第三个轴（深度）连接起来，代码如下。

```
arr7=np.dstack((arr1, arr2))
print(arr7)
```

输出结果如下。

```
[[[ 1  2]
  [ 2  4]
  [ 3  6]]

 [[ 4  8]
  [ 5 10]
  [ 6 12]]

 [[ 7 14]
  [ 8 16]
  [ 9 18]]]
```

- **列堆叠**：将多个一维数组作为列堆叠成一个二维数组。

先创建一个一维 NumPy 数组，代码如下。

```
# Create 1-D array
arr1 = np.arange(4,7)
print(arr1)
```

输出结果如下。

```
[4, 5, 6]
```

再创建一个一维 NumPy 数组，代码如下。

```
# Create 1-D array
arr2 = 2 * arr1
print(arr2)
```

输出结果如下。

```
[ 8, 10, 12]
```

将两个一维数组按列堆叠起来，代码如下。

```
# Create column stack
arr_col_stack=np.column_stack((arr1,arr2))
print(arr_col_stack)
```

输出结果如下。

```
[[ 4  8]
 [ 5 10]
 [ 6 12]]
```

- **行堆叠**：将多个一维数组作为行堆叠成一个二维数组，代码如下。

```
# Create row stack
arr_row_stack = np.row_stack((arr1,arr2))
print(arr_row_stack)
```

输出结果如下。

```
[[ 4  5  6]
 [ 8 10 12]]
```

2.6 拆分 NumPy 数组

NumPy 数组可以被拆分成多个子数组，有 3 种类型的拆分：水平拆分、垂直拆分和深度拆分。所有的拆分类型都默认将数组拆分成相同大小的子数组，也可以指定拆分位置。下面详细介绍水平拆分和垂直拆分。

- **水平拆分**：使用 `hsplit()` 函数可以将给定数组沿水平轴拆分成 N 个相等的子数组。

先创建一个数组，代码如下。

```
# Create an array
arr=np.arange(1,10).reshape(3,3)
print(arr)
```

输出结果如下。

```
[[1 2 3]
 [4 5 6]
 [7 8 9]]
```

水平拆分数组，代码如下。

```
# Perform horizontal splitting
arr_hor_split=np.hsplit(arr, 3)
print(arr_hor_split)
```

输出结果如下。

```
[array([[1],
       [4],
       [7]]),
 array([[2],
       [5],
       [8]]),
 array([[3],
       [6],
       [9]])]
```

在前面的代码中，`hsplit(arr,3)` 函数将数组拆分为 3 个子数组，每个子数组都是原数组的一列。

- **垂直拆分**：使用 `vsplit()` 或 `split()` 函数可将给定数组沿垂直轴拆分成 N 个相

等的子数组,代码如下。

```
# vertical split
arr_ver_split=np.vsplit(arr, 3)
```

```
print(arr_ver_split)
```

输出结果如下。

`[array([[1, 2, 3]]), array([[4, 5, 6]]), array([[7, 8, 9]])]`

在前面的代码中,`vsplit(arr,3)`函数将数组拆分为 3 个子数组,每个子数组都是原数组的一行。

下面来看另一个函数 `split()`,可以利用它进行垂直和水平的拆分。垂直拆分代码如下。

```
# split with axis=0
arr_split=np.split(arr,3,axis=0)
```

```
print(arr_split)
```

输出结果如下。

`[array([[1, 2, 3]]), array([[4, 5, 6]]), array([[7, 8, 9]])]`

水平拆分代码如下。

```
# split with axis=1
arr_split = np.split(arr,3,axis=1)
```

输出结果如下。

```
[array([[1],
        [4],
        [7]]),
 array([[2],
        [5],
        [8]]),
 array([[3],
        [6],
        [9]])]
```

在前面的代码中,`split()`函数将数组拆分成 3 个子数组,每个子数组都是原数组的一行。当 `axis=0` 时,`split()` 函数的功能类似于 `vsplit()` 函数;当 `axis=1` 时,`split()` 函数的功能类似于 `hsplit()` 函数。

2.7 改变 NumPy 数组的数据类型

由前面的章节可知,NumPy 数组支持多种数据类型,如 `int`、`float` 等。使用 `astype()` 函数可以转换数组的数据类型。

创建一个 NumPy 数组,并使用 `dtype` 属性获取其数据类型,代码如下。

```
# Create an array
arr=np.arange(1,10).reshape(3,3)
print("Integer Array:\n",arr)

# Check data type of array
print(arr.dtype)
```

输出结果如下。

```
Integer Array:
 [[1 2 3]
  [4 5 6]
  [7 8 9]]
int32
```

下面使用 `astype()` 函数将数组的数据类型从整型改为浮点型,代码如下。

```
# Change datatype of array
arr=arr.astype(float)

# print array
print("Float Array:\n", arr)

# Check new data type of array
print("Changed Datatype:", arr.dtype)
```

输出结果如下。

```
Float Array:
 [[1. 2. 3.]
  [4. 5. 6.]
  [7. 8. 9.]]
Changed Datatype: float64
```

`tolist()` 函数用于将一个 NumPy 数组转换为一个 Python 列表,代码如下。

```
# Create an array
arr=np.arange(1,10)

# Convert NumPy array to Python List
list1=arr.tolist()
print(list1)
```

输出结果如下。

```
[1, 2, 3, 4, 5, 6, 7, 8, 9]
```

2.8 创建 NumPy 视图和副本

有些 Python 函数可用于返回输入数组的副本或视图。副本是将数组存储在另一个位置,而视图则使用原数组内存的内容。这意味着副本是单独的对象,在 Python 中被视为深拷贝。而视图是原始的基础数组,被视为浅拷贝。下面是副本和视图的一些特点。

- 视图中的修改会影响原始数据，而副本中的修改不会影响原始数据。
- 视图使用共享内存的概念。
- 与视图相比，副本需要额外的存储空间。
- 副本的创建速度比视图慢。

下面通过例子来介绍视图和副本的概念。

创建一个数组，代码如下。
```
# Create NumPy Array
arr = np.arange(1,5).reshape(2,2)
print(arr)
```

输出结果如下。
```
[[1, 2],
[3, 4]]
```

创建 NumPy 数组后，执行对象的复制操作，代码如下。
```
# Create no copy only assignment
arr_no_copy=arr

# Create Deep Copy
arr_copy=arr.copy()

# Create shallow copy using View
arr_view=arr.view()

print("Original Array: ",id(arr))
print("Assignment: ",id(arr_no_copy))
print("Deep Copy: ",id(arr_copy))
print("Shallow Copy(View): ",id(arr_view))
```

输出结果如下。
```
Original Array:  140426327484256
Assignment:  140426327484256
Deep Copy:  140426327483856
Shallow Copy(View):  140426327484496
```

在前面的代码中可以看到，原始数组和分配的数组有相同的对象 id，这意味着两者都指向同一个对象。副本和视图有不同的对象 id，两者指向不同的对象。视图对象会引用原始数组，副本是与原始数组不同的复制品。

在上述代码的基础上更新原始数组的值，并检查其对视图和副本的影响，代码如下。
```
# Update the values of original array
arr[1]=[99,89]

# Check values of array view
```

```
print("View Array:\n", arr_view)

# Check values of array copy
print("Copied Array:\n", arr_copy)
```

输出结果如下。

```
View Array:
 [[ 1  2]
  [99 89]]
Copied Array:
 [[1 2]
  [3 4]]
```

从前面代码的输出结果中可以得出结论：视图引用原始数组，当更新原始数组的值时，视图的值会发生变化；而副本是一个独立的对象，其值是保持不变的。

2.9　NumPy 数组的切片

NumPy 数组中的切片类似于 Python 列表。索引用于选择一个单一的值，而切片用于从一个数组中选择多个值。

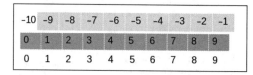

图 2-3

NumPy 数组支持负号索引和切片。在图 2-3 中，负号表示相反的方向，从最右边开始，索引的起始值为 -1。

可以用下面的代码来检查输出结果。

```
# Create NumPy Array
arr = np.arange(0,10)
print(arr)
```

输出结果如下。

```
[0, 1, 2, 3, 4, 5, 6, 7, 8, 9]
```

切片函数需要 3 个参数值，分别为起始索引、终止索引和步长，参数值用冒号分隔，步长若省略则默认为 1，示例代码如下。

```
print(arr[3:6])
```

输出结果如下。

```
[3, 4, 5]
```

操作结果如图 2-4 所示。

在前面的代码中，用 3 作为起始索引，用 6 作为终止索引。

在下面的代码中，只给出了起始索引 3，将

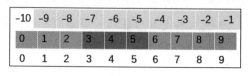

图 2-4

选择从起始索引到数组结尾的值。

```
print(arr[3:])
```

输出结果如下。

```
[3, 4, 5, 6, 7, 8, 9]
```

下面的代码用于选取从数组末尾到数组的倒数第三个值。

```
print(arr[-3:])
```

输出结果如下。

```
[7, 8, 9]
```

操作结果如图 2-5 所示。

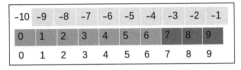

图 2-5

在下面的代码中，起始索引、终止索引和步长分别为 2、7 和 2，可选择从第二个索引到第六个（比终止值小一个）索引对应的值，索引值的增量为 2。

```
print(arr[2:7:2])
```

输出结果如下。

```
[2, 4, 6]
```

操作结果如图 2-6 所示。

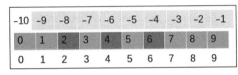

图 2-6

2.10 布尔索引和花式索引

使用索引可以从 NumPy 数组中选择和过滤元素。本节将重点介绍布尔索引和花式索引。布尔索引使用一个布尔表达式代替索引并返回使布尔表达式为真的元素，代码如下。

```
# Create NumPy Array
arr = np.arange(21,41,2)
print("Original Array:\n",arr)

# Boolean Indexing
print("After Boolean Condition:",arr[arr>30])
```

输出结果如下。

```
Original Array:
 [21 23 25 27 29 31 33 35 37 39]
After Boolean Condition: [31 33 35 37 39]
```

花式索引是一种特殊的索引类型，可通过一个索引数组来选择数组元素，这就意味着要用括号传递数组的索引。花式索引支持多维数组，这有助于轻松地选择和修改复杂的多维数组。下面通过一个例子来介绍花式索引。

```
# Create NumPy Array
arr = np.arange(1,21).reshape(5,4)
print("Original Array:\n",arr)
```

```
# Selecting 2nd and 3rd row
indices = [1,2]
print("Selected 1st and 2nd Row:\n", arr[indices])

# Selecting 3nd and 4th row
indices = [2,3]
print("Selected 3rd and 4th Row:\n", arr[indices])
```

输出结果如下。

```
Original Array:
[[ 1  2  3  4]
 [ 5  6  7  8]
 [ 9 10 11 12]
 [13 14 15 16]
 [17 18 19 20]]
Selected 1st and 2nd Row:
[[ 5  6  7  8]
 [ 9 10 11 12]]
Selected 3rd and 4th Row:
[[ 9 10 11 12]
 [13 14 15 16]]
```

前面的代码创建了一个 5×4 的矩阵，并使用整数索引选择数组元素。图 2-7 为可视化的输出结果。

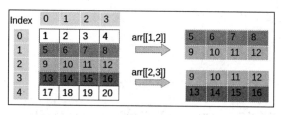

图 2-7

运行如下代码。

```
# Create row and column indices
row = np.array([1, 2])
col = np.array([2, 3])

print("Selected Sub-Array:", arr[row, col])
```

输出结果如下。

```
Selected Sub-Array: [ 7 12]
```

上面的代码分别将第一个值 [1,2] 和第二个值 [2,3] 作为行和列的索引，可选择这两个索引值对应的数组元素，即 7 和 12。

2.11 广播数组

Python 列表不支持直接矢量化的算术运算。与 Python 列表的循环式运算相比，NumPy 数组提供了更快的矢量化数组运算。在这里，所有的循环操作都是在 C 语言环境中进行的，运算速度更快。广播功能可用于检查一组规则，以便在不同形状的数组上应用二进制函数，如加法、减法和乘法运算函数。

下面来看广播的例子。先创建一个数组,代码如下。

```
# Create NumPy Array
arr1 = np.arange(1,5).reshape(2,2)
print(arr1)
```

输出结果如下。

```
[[1 2]
 [3 4]]
```

再创建一个数组,代码如下。

```
# Create another NumPy Array
arr2 = np.arange(5,9).reshape(2,2)
print(arr2)
```

输出结果如下。

```
[[5 6]
 [7 8]]
```

将两个矩阵相加,代码如下。

```
# Add two matrices
print(arr1+arr2)
```

输出结果如下。

```
[[ 6  8]
 [10 12]]
```

将两个矩阵相乘,代码如下。

```
# Multiply two matrices
print(arr1*arr2)
```

输出结果如下。

```
[[ 5 12]
 [21 32]]
```

用标量值对矩阵进行加法运算,代码如下。

```
# Add a scaler value
print(arr1 + 3)
```

输出结果如下。

```
[[4 5]
 [6 7]]
```

用标量值对矩阵进行乘法运算,代码如下。

```
# Multiply with a scalar value
print(arr1 * 3)
```

输出结果如下。

```
[[ 3  6]
```

```
[ 9 12]]
```

在前面的代码中,对两个相同大小的数组进行加法和乘法运算,以及用标量对矩阵进行加法和乘法运算,其中都应用到了广播。

2.12 创建 DataFrame 对象

pandas 库是专为处理面板或表格数据而设计的,它是一个快速、高效的工具,可用于操作和分析字符串、数字、日期时间和时间序列数据。pandas 库中提供了 DataFrame 和 Series 等数据结构。DataFrame 是一种具有行和列、二维标签和索引的表格化的数据结构,它的列是异构类型的。使用它可以处理不同类型的对象、进行分组和连接操作、处理缺失值、创建数据透视表,以及处理日期。DataFrame 对象可以通过多种方式创建。

下面来创建一个空的 DataFrame 对象,代码如下。

```
# Import pandas library
import pandas as pd

# Create empty DataFrame
df = pd.DataFrame()

# Header of dataframe
df.head()
```

输出结果如下。

接下来使用列表的字典创建一个 DataFrame 对象。其中,字典的键相当于列,而值为一个列表,相当于 DataFrame 对象的行。代码如下。

```
# Create dictionary of list
data = {'Name': ['Vijay', 'Sundar', 'Satyam', 'Indira'], 'Age': [23, 45,
46, 52 ]}

# Create the pandas DataFrame
df = pd.DataFrame(data)

# Header of dataframe
df.head()
```

输出结果如下。

```
   Name   Age
0  Vijay   23
1  Sundar  45
2  Satyam  46
3  Indira  52
```

接下来用字典的列表来创建一个 DataFrame 对象。在字典的列表中，每一项都是一个字典。每个键是列的名称，值是行的单元格值。代码如下。

```
# pandas DataFrame by lists of dicts
# Initialise data to lists
data =[ {'Name': 'Vijay', 'Age': 23},{'Name': 'Sundar', 'Age': 25},{'Name':
'Shankar', 'Age': 26}]

# Create DataFrame
df = pd.DataFrame(data,columns=['Name','Age'])

# Print dataframe header
df.head()
```

接下来使用一个元组列表来创建 DataFrame 对象。在元组列表中，每一项都是一个元组，每个元组相当于对应列的某行数据。代码如下。

```
# Create DataFrame using list of tuples
data = [('Vijay', 23),( 'Sundar', 45), ('Satyam', 46), ('Indira',52)]

# Create dataframe
df = pd.DataFrame(data, columns=['Name','Age'])

# Print dataframe header
df.head()
```

输出结果如下。

```
    Name Age
0   Vijay 23
1   Sundar 45
2   Satyam 46
3   Indira 52
```

2.13 理解 Series 数据结构

pandas 库中的 Series 是指一维的顺序数据结构，使用这种数据结构能够处理多种类型的数据，如字符串、数字、日期时间、Python 列表及带有标签和索引的字典。可以使用 Python 字典、NumPy 数组和标量值来创建一个 Series 对象。在本节中，还将介绍 Series 对象的功能和属性。创建 Series 对象的方法有以下几种。

- **使用 Python 字典**。创建一个字典对象并将其传递给 Series 对象，代码如下。

```
# Create pandas Series using Dictionary
dict1 = {0 : 'Ajay', 1 : 'Jay', 2 : 'Vijay'}

# Create pandas Series
series = pd.Series(dict1)
```

```
# Show series
series
```

输出结果如下。

```
0    Ajay
1     Jay
2   Vijay
dtype: object
```

- **使用 NumPy 数组**。创建一个 NumPy 数组对象并将其传递给 Series 对象,代码如下。

```
#Load pandas and NumPy libraries
import pandas as pd
import numpy as np

# Create NumPy array
arr = np.array([51,65,48,59,68])

# Create pandas Series
series = pd.Series(arr)
series
```

输出结果如下。

```
0    51
1    65
2    48
3    59
4    68
dtype: int64
```

- **使用单个标量值**。要创建一个带有标量值的 Series 对象,需要将标量值和索引列表传递给 Series 对象,代码如下。

```
# load pandas and NumPy
import pandas as pd
import numpy as np

# Create pandas Series
series = pd.Series(10, index=[0, 1, 2, 3, 4, 5])
series
```

输出结果如下。

```
0    10
1    10
2    10
3    10
4    10
5    10
dtype: int64
```

下面介绍 Series 对象的一些功能。

- 可以通过选择一列数据来创建一个 Series 对象，如 WHO_first9cols.csv 文件中 Country 列的数据。

首先，使用 read_csv() 函数读取 WHO_first9cols.csv 文件，并使用 head() 函数查看 WHO_first9cols.csv 文件中的前 5 条记录，代码如下。

```
# Import pandas
import pandas as pd

# Load data using read_csv()
df = pd.read_csv("WHO_first9cols.csv")

# Show initial 5 records
df.head()
```

输出结果如图 2-8 所示。

	Country	CountryID	Continent	Adolescent fertility rate (%)	Adult literacy rate (%)	Gross national income per capita (PPP international $)	Net primary school enrolment ratio female (%)	Net primary school enrolment ratio male (%)	Population (in thousands) total
0	Afghanistan	1	-1	151.0	28.0	NaN	NaN	NaN	26088.0
1	Albania	2	2	27.0	98.7	6000.0	93.0	94.0	3172.0
2	Algeria	3	3	6.0	69.9	5940.0	94.0	96.0	33351.0
3	Andorra	4	2	NaN	NaN	NaN	83.0	83.0	74.0
4	Angola	5	3	146.0	67.4	3890.0	49.0	51.0	16557.0

图 2-8

下面显示当前本地范围内对象的类型，代码如下。

```
# Select a series
country_series=df['Country']

# Check datatype of series
type(country_series)
```

输出结果如下。

```
pandas.core.series.Series
```

- Series 对象与 DataFrame 对象具有一些共同属性，并且它还单独具有 name 属性。下面介绍这些属性。

显示 DataFrame 对象的形状，代码如下。

```
# Show the shape of DataFrame
print("Shape:", df.shape)
```

输出结果如下。

```
Shape: (202, 9)
```

检查 DataFrame 对象的列表，代码如下。

```
# Check the column list of DataFrame
print("List of Columns:", df.columns)
```

输出结果如下。

```
List of Columns: Index(['Country', 'CountryID', 'Continent',
'Adolescent fertility rate (%)',
       'Adult literacy rate (%)',
       'Gross national income per capita (PPP international $)',
       'Net primary school enrolment ratio female (%)',
       'Net primary school enrolment ratio male (%)',
       'Population (in thousands) total'],
        dtype='object')
```

检查 DataFrame 对象的数据类型，代码如下。

```
# Show the datatypes of columns
print("Data types:\n", df.dtypes)
```

输出结果如下。

```
Data types:
Country                                                  object
CountryID                                                int64
Continent                                                int64
Adolescent fertility rate (%)                            float64
Adult literacy rate (%)                                  float64
Gross national income per capita (PPP international $)   float64
Net primary school enrolment ratio female (%)            float64
Net primary school enrolment ratio male (%)              float64
Population (in thousands) total                          float64
dtype: object
```

下面来看看 Series 对象的切片操作，代码如下。

```
# pandas Series Slicing
country_series[-5:]
```

输出结果如下。

```
197                Vietnam
198     West Bank and Gaza
199                  Yemen
200                 Zambia
201               Zimbabwe
Name: Country, dtype: object
```

2.14　读取和查询 Quandl 数据包

Quandl 公司是一家位于加拿大的公司，它为投资数据分析师提供商业和金融等数据。Quandl 公司了解投资和金融量化分析师的需求，使用 API、R 语言、Python 或 Excel 提供数据。

本节将从 Quandl 数据包中检索 sunspots 数据集，可以使用 API 或手动下载 CSV 格式的数据。

下面执行 pip 命令安装 Quandl 数据包，命令如下。
```
$ pip3 install Quandl
```
如果想安装 API，可以在 Python 官网下载 Quandl 数据包的安装文件，或者执行上方命令。

 API 是免费使用的，但每天仅可调用 50 次 API。如果需要更多次的 API 调用，必须申请一个身份认证密钥。本书中的代码不使用密钥。

下面来看看如何在 DataFrame 对象中查询数据。

（1）需要先下载数据。导入 Quandl 数据包的 API 后获取数据，代码如下。
```
import quandl
sunspots = quandl.get("SIDC/SUNSPOTS_A")
```

（2）head()和 tail()函数的作用类似于同名的 UNIX 命令。使用 head()函数选择 DataFrame 对象的前 n 条记录（n 是一个整数），代码如下。
```
sunspots.head()
```

输出结果如图 2-9 所示。

Date	Yearly Mean Total Sunspot Number	Yearly Mean Standard Deviation	Number of Observations	Definitive/Provisional Indicator
1700-12-31	8.3	NaN	NaN	1.0
1701-12-31	18.3	NaN	NaN	1.0
1702-12-31	26.7	NaN	NaN	1.0
1703-12-31	38.3	NaN	NaN	1.0
1704-12-31	60.0	NaN	NaN	1.0

图 2-9

使用 tail()函数选择后 n 条记录，代码如下。
```
sunspots.tail()
```

输出结果如图 2-10 所示。

可以看到，使用 head()和 tail()函数分别输出了 SUNSPOTS_A 数据的前 5 行和后 5 行记录。

（3）pandas 库提供了选择列的功能，可以在 DataFrame 对象中选择列，代码如下。
```
# Select columns
sunspots_filtered=sunspots[['Yearly Mean Total Sunspot
Number','Definitive/Provisional Indicator']]
```

```
# Show top 5 records
sunspots_filtered.head()
```

Date	Yearly Mean Total Sunspot Number	Yearly Mean Standard Deviation	Number of Observations	Definitive/Provisional Indicator
2015-12-31	69.8	6.4	8903.0	1.0
2016-12-31	39.8	3.9	9940.0	1.0
2017-12-31	21.7	2.5	11444.0	1.0
2018-12-31	7.0	1.1	12611.0	1.0
2019-12-31	3.6	0.5	12401.0	0.0

图 2-10

输出结果如图 2-11 所示。

Date	Yearly Mean Total Sunspot Number	Definitive/Provisional Indicator
1700-12-31	8.3	1.0
1701-12-31	18.3	1.0
1702-12-31	26.7	1.0
1703-12-31	38.3	1.0
1704-12-31	60.0	1.0

图 2-11

（4）pandas 库提供了选择行的功能，可以在 DataFrame 对象中选择行，代码如下。

```
# Select rows using index
sunspots["20020101": "20131231"]
```

输出结果如图 2-12 所示。

Date	Yearly Mean Total Sunspot Number	Yearly Mean Standard Deviation	Number of Observations	Definitive/Provisional Indicator
2002-12-31	163.6	9.8	6588.0	1.0
2003-12-31	99.3	7.1	7087.0	1.0
2004-12-31	65.3	5.9	6882.0	1.0
2005-12-31	45.8	4.7	7084.0	1.0
2006-12-31	24.7	3.5	6370.0	1.0
2007-12-31	12.6	2.7	6841.0	1.0
2008-12-31	4.2	2.5	6644.0	1.0
2009-12-31	4.8	2.5	6465.0	1.0
2010-12-31	24.9	3.4	6328.0	1.0
2011-12-31	80.8	6.7	6077.0	1.0
2012-12-31	84.5	6.7	5753.0	1.0
2013-12-31	94.0	6.9	5347.0	1.0

图 2-12

（5）可以使用布尔条件查询数据，它类似于 SQL 的 WHERE 子句条件。下面过滤大于算术平均值的数据，代码如下。

```
# Boolean Filter
sunspots[sunspots['Yearly Mean Total Sunspot Number'] > sunspots['Yearly Mean Total Sunspot Number'].mean()]
```

输出结果如图 2-13 所示。

Date	Yearly Mean Total Sunspot Number	Yearly Mean Standard Deviation	Number of Observations	Definitive/Provisional Indicator
1705-12-31	96.7	NaN	NaN	1.0
1717-12-31	105.0	NaN	NaN	1.0
1718-12-31	100.0	NaN	NaN	1.0
1726-12-31	130.0	NaN	NaN	1.0
1727-12-31	203.3	NaN	NaN	1.0
1728-12-31	171.7	NaN	NaN	1.0
1729-12-31	121.7	NaN	NaN	1.0
1736-12-31	116.7	NaN	NaN	1.0
1737-12-31	135.0	NaN	NaN	1.0
1738-12-31	185.0	NaN	NaN	1.0
1739-12-31	168.3	NaN	NaN	1.0
1740-12-31	121.7	NaN	NaN	1.0

图 2-13

2.15 DataFrame 对象的统计函数

DataFrame 对象有十几种统计函数，表 2-3 中列出了这些函数，以及每个函数的简短描述。

表 2-3

函数	描述
describe()	该函数返回一个带有描述性统计的小表格
count()	该函数返回非 NaN 数值的数量
mad()	该函数返回平均绝对偏差，这是一个类似于标准差的稳健测量值
median()	该函数返回中位数
min()	该函数返回最小值
max()	该函数返回最大值
mode()	该函数返回众数，即出现次数最多的值
std()	该函数返回标准差，用于衡量分散性。标准差是方差的平方根
var()	该函数返回方差
skew()	该函数返回偏度，偏度是衡量分布对称性的指标
kurt()	该函数返回峰度，峰度是描述分布形状的指标

下面使用上一节中用到的数据来演示部分统计函数。使用 `describe()` 函数可返回描述性统计，代码如下。

```
# Describe the dataset
df.describe()
```

输出结果如图 2-14 所示。

	CountryID	Continent	Adolescent fertility rate (%)	Adult literacy rate (%)	Gross national income per capita (PPP international $)	Net primary school enrolment ratio female (%)	Net primary school enrolment ratio male (%)	Population (in thousands) total
count	202.000000	202.000000	177.000000	131.000000	178.000000	179.000000	179.000000	1.890000e+02
mean	101.500000	3.579208	59.457627	78.871756	11250.112360	84.033520	85.698324	3.409964e+04
std	58.456537	1.808263	49.105286	20.415760	12586.753417	17.788047	15.451212	1.318377e+05
min	1.000000	1.000000	0.000000	23.600000	260.000000	6.000000	11.000000	2.000000e+00
25%	51.250000	2.000000	19.000000	68.400000	2112.500000	79.000000	79.500000	1.328000e+03
50%	101.500000	3.000000	46.000000	86.500000	6175.000000	90.000000	90.000000	6.640000e+03
75%	151.750000	5.000000	91.000000	95.300000	14502.500000	96.000000	96.000000	2.097100e+04
max	202.000000	7.000000	199.000000	99.800000	60870.000000	100.000000	100.000000	1.328474e+06

图 2-14

`count()` 函数用于对每一列中数据的数量进行统计，可帮助我们检查数据集中的缺失值，代码如下。

```
# Count number of observation
df.count()
```

输出结果如图 2-15 所示。

```
Country                                                     202
CountryID                                                   202
Continent                                                   202
Adolescent fertility rate (%)                               177
Adult literacy rate (%)                                     131
Gross national income per capita (PPP international $)      178
Net primary school enrolment ratio female (%)               179
Net primary school enrolment ratio male (%)                 179
Population (in thousands) total                             189
dtype: int64
```

图 2-15

由图 2-15 可知，此数据集除了初始的 3 列，其他的列都有缺失值。可以使用相应的方法计算中位数、标准差、平均绝对偏差、方差、偏度和峰度。

计算数据集中所有列的中位数，代码如下。

```
# Compute median of all the columns
df.median()
```

输出结果如图 2-16 所示。

计算数据集中所有列的标准差，代码如下。

```
# Compute the standard deviation of all the columns
df.std()
```

输出结果如图 2-17 所示。

```
CountryID                                                  101.5
Continent                                                    3.0
Adolescent fertility rate (%)                               46.0
Adult literacy rate (%)                                     86.5
Gross national income per capita (PPP international $)    6175.0
Net primary school enrolment ratio female (%)               90.0
Net primary school enrolment ratio male (%)                 90.0
Population (in thousands) total                           6640.0
dtype: float64
```

图 2-16

```
CountryID                                                     58.456537
Continent                                                      1.808263
Adolescent fertility rate (%)                                 49.105286
Adult literacy rate (%)                                       20.415760
Gross national income per capita (PPP international $)     12586.753417
Net primary school enrolment ratio female (%)                 17.788047
Net primary school enrolment ratio male (%)                   15.451212
Population (in thousands) total                           131837.708677
dtype: float64
```

图 2-17

2.16　DataFrame 对象的分组和连接

分组是一种数据聚合操作。"分组"一词来自关系数据库,可以在分组的基础上应用聚合函数,如求平均值、求最小值、求最大值、计数、求和等函数。DataFrame 对象提供了分组功能,它是基于"分割—应用—合并"策略来进行操作的。

下面先将数据分成若干组,然后对每组进行求平均值、求最小值、求最大值、计数和求和等聚合操作,再将每组的结果进行合并,代码如下。

```
# Group By DataFrame on the basis of Continent column
df.groupby('Continent').mean()
```

输出结果如图 2-18 所示。

Continent	CountryID	Adolescent fertility rate (%)	Adult literacy rate (%)	Gross national income per capita (PPP international $)	Net primary school enrolment ratio female (%)	Net primary school enrolment ratio male (%)	Population (in thousands) total
1	110.238095	37.300000	76.900000	14893.529412	85.789474	88.315789	16843.350000
2	100.333333	20.500000	97.911538	19777.083333	92.911111	93.088889	17259.627451
3	99.354167	111.644444	61.690476	3050.434783	67.574468	72.021277	16503.195652
4	56.285714	49.600000	91.600000	24524.000000	95.000000	94.400000	73577.333333
5	94.774194	77.888889	87.940909	7397.142857	89.137931	88.517241	15637.241379
6	121.228571	39.260870	87.607143	12167.200000	89.040000	89.960000	25517.142857
7	80.777778	57.333333	69.812500	2865.555556	85.444444	88.888889	317683.666667

图 2-18

下面根据 Adult literacy rate(%) 列对 DataFrame 对象进行分组,代码如下。

```
# Group By DataFrame on the basis of continent and select adult literacy
rate(%)
df.groupby('Continent').mean()['Adult literacy rate (%)']
```

输出结果如图 2-19 所示。

```
Continent
1    76.900000
2    97.911538
3    61.690476
4    91.600000
5    87.940909
6    87.607143
7    69.812500
Name: Adult literacy rate (%), dtype: float64
```

图 2-19

在前面的例子中，计算了各洲的 Adult literacy rate(%) 列的平均值，也可以通过向 groupby() 函数传递一个列的列表来基于多列进行分组。

连接是表格式数据库的一种合并操作。"连接"的概念也来自关系数据库。在关系数据库中，可对表进行规范化或分解操作，以避免数据冗余和不一致的情况，以及连接多个表。数据分析师经常需要将多个来源的数据进行合并，pandas 库提供了连接功能，使用 merge() 函数可将多个 DataFrame 对象进行连接。

为了理解连接功能，下面以一个出租车公司的例子来说明，其中会用到两个文件：dest.csv 和 tips.csv。每当乘客到达目的地下车时，就在 dest.csv 文件中插入一条记录（包括出租车司机的编号和目的地）。每当司机收到小费时，就将一条记录（包括出租车的编号和小费金额）插入 tips.csv 文件中。

使用 read_csv() 函数读取 dest.csv 文件，代码如下。

```
# Import pandas
import pandas as pd

# Load data using read_csv()
dest = pd.read_csv("dest.csv")

# Show DataFrame
dest.head()
```

	EmpNr	Dest
0	5	The Hague
1	3	Amsterdam
2	9	Rotterdam

图 2-20

输出结果如图 2-20 所示。

使用 read_csv() 函数读取 tips.csv 文件，代码如下。

```
# Load data using read_csv()
tips = pd.read_csv("tips.csv")

# Show DataFrame
tips.head()
```

	EmpNr	Amount
0	5	10.0
1	9	5.0
2	7	2.5

图 2-21

输出结果如图 2-21 所示。

下面检查各种类型的连接。

- **内连接（Inner Join）** 相当于集合的交集操作，它只选择两个 DataFrame 对象中的共同记录。若要执行内连接，可使用 merge() 函数与相关参数。on 参数基于将要执行的连接来提供共同属性，how 参数用于定义连接的类型。示例代码如下。

```
# Join DataFrame using Inner Join
df_inner= pd.merge(dest, tips, on='EmpNr', how='inner')
df_inner.head()
```

输出结果如图 2-22 所示。

- **完全外连接（Full Outer Join）** 相当于集合的联合操作。它用于合并两个 DataFrame 对象，并用 NaN 填充无法匹配的地方，合并后的对象会拥有来自两个 DataFrame 对象的所有记录，代码如下。

	EmpNr	Dest	Amount
0	5	The Hague	10.0
1	9	Rotterdam	5.0

图 2-22

```
# Join DataFrame using Full Outer Join
df_outer= pd.merge(dest, tips, on='EmpNr', how='outer')
df_outer.head()
```

输出结果如图 2-23 所示。

- **通过右外部连接（Right Outer Join）** 可选择 DataFrame 对象右侧的所有记录，如果左侧 DataFrame 对象中有不匹配的地方，则用 NaN 值填充，代码如下。

```
# Join DataFrame using Right Outer Join
df_right= pd.merge(dest, tips, on='EmpNr', how='right')
```

	EmpNr	Dest	Amount
0	5	The Hague	10.0
1	3	Amsterdam	NaN
2	9	Rotterdam	5.0
3	7	NaN	2.5

图 2-23

```
df_right.head()
```

输出结果如图 2-24 所示。

- **通过左外部连接（Left Outer Join）** 可选择 DataFrame 对象左侧的所有记录，如果右侧 DataFrame 对象中有不匹配的地方，则用 NaN 值填充，代码如下。

	EmpNr	Dest	Amount
0	5	The Hague	10.0
1	9	Rotterdam	5.0
2	7	NaN	2.5

图 2-24

```
# Join DataFrame using Left Outer Join
df_left= pd.merge(dest, tips, on='EmpNr', how='left')
df_left.head()
```

输出结果如图 2-25 所示。

	EmpNr	Dest	Amount
0	5	The Hague	10.0
1	3	Amsterdam	NaN
2	9	Rotterdam	5.0

图 2-25

2.17 处理缺失值

现实中大多数的数据集都是杂乱无章且有噪声的,其中很多值要么是错误的,要么是缺失的。pandas 提供了很多内置函数来处理 DataFrame 对象中的缺失值。

- **检查 DataFrame 中的缺失值**。pandas 的 `isnull()` 函数用于检查数据集中是否存在 null 值,并返回 True 或 False,其中 True 代表 null 值,False 代表非 null 值。`sum()` 函数用于对所有的非 null 值求和,并返回缺失值的数量。下面使用两种方法统计缺失值的数量,两种方法的输出结果是一样的。

第一种方法的代码如下。

```
# Count missing values in DataFrame
pd.isnull(df).sum()
```

第二种方法的代码如下。

```
df.isnull().sum()
```

两种方法的输出结果均如图 2-26 所示。

```
Country                                                   0
CountryID                                                 0
Continent                                                 0
Adolescent fertility rate (%)                            25
Adult literacy rate (%)                                  71
Gross national income per capita (PPP international $)   24
Net primary school enrolment ratio female (%)            23
Net primary school enrolment ratio male (%)              23
Population (in thousands) total                          13
dtype: int64
```

图 2-26

- **删除缺失值**。处理缺失值的一种非常简单的方法就是删除缺失值,以便进行数据分析。pandas 的 `dropna()` 函数可以从 DataFrame 中清除或删除缺失值。inplace 属性在原始 DataFrame 中进行修改,示例代码如下。

```
# Drop all the missing values
df.dropna(inplace=True)

df.info()
```

输出结果如图 2-27 所示,可以看出,数值的数量减少到了 118。

```
<class 'pandas.core.frame.DataFrame'>
Int64Index: 118 entries, 1 to 200
Data columns (total 9 columns):
Country                                                   118 non-null object
CountryID                                                 118 non-null int64
Continent                                                 118 non-null int64
Adolescent fertility rate (%)                             118 non-null float64
Adult literacy rate (%)                                   118 non-null float64
Gross national income per capita (PPP international $)    118 non-null float64
Net primary school enrolment ratio female (%)             118 non-null float64
Net primary school enrolment ratio male (%)               118 non-null float64
Population (in thousands) total                           118 non-null float64
dtypes: float64(6), int64(2), object(1)
memory usage: 9.2+ KB
```

图 2-27

- **填充缺失值**。还有一种处理缺失值的方法是用零、平均值、中位数或常量来填充缺失值，示例代码如下。

```
# Fill missing values with 0
df.fillna(0,inplace=True)

df.info()
```

输出结果如图 2-28 所示，已将缺失值填充为 0。

```
<class 'pandas.core.frame.DataFrame'>
RangeIndex: 202 entries, 0 to 201
Data columns (total 9 columns):
Country                                                   202 non-null object
CountryID                                                 202 non-null int64
Continent                                                 202 non-null int64
Adolescent fertility rate (%)                             202 non-null float64
Adult literacy rate (%)                                   202 non-null float64
Gross national income per capita (PPP international $)    202 non-null float64
Net primary school enrolment ratio female (%)             202 non-null float64
Net primary school enrolment ratio male (%)               202 non-null float64
Population (in thousands) total                           202 non-null float64
dtypes: float64(6), int64(2), object(1)
memory usage: 14.3+ KB
```

图 2-28

2.18 创建数据透视表

数据透视表是一个汇总表，它是 Excel 中的一个流行的功能。大多数数据分析师都将它作为一个方便的工具来汇总自己的结果。pandas 库提供了 `pivot_table()` 函数来汇总 DataFrame 对象。一个 DataFrame 对象是使用一个聚合函数来汇总的，如求平均值、求最小值、求最大值或求和的函数。

使用 `read_csv()` 函数读取 `purchase.csv` 文件，代码如下。

```
# Import pandas
import pandas as pd

# Load data using read_csv()
```

```
purchase = pd.read_csv("purchase.csv")

# Show initial 10 records
purchase.head(10)
```

输出结果如图 2-29 所示。

使用下面的代码对 DataFrame 对象进行汇总。

```
# Summarise dataframe using pivot table
pd.pivot_table(purchase,values='Number', index=['Weather',],
                    columns=['Food'], aggfunc=np.sum)
```

输出结果如图 2-30 所示。

	Weather	Food	Price	Number
0	cold	soup	3.745401	8
1	hot	soup	9.507143	8
2	cold	icecream	7.319939	8
3	hot	chocolate	5.986585	8
4	cold	icecream	1.560186	8
5	hot	icecream	1.559945	8
6	cold	soup	0.580836	8

图 2-29

Food	chocolate	icecream	soup
Weather			
cold	NaN	16.0	16.0
hot	8.0	8.0	8.0

图 2-30

在前面的代码中，对 DataFrame 对象进行了汇总，其中 `index` 的值是 `Weather` 列，`columns` 的值是 `Food` 列，`values` 是 `Number` 列的汇总求和，`aggfunc` 用 `np.sum` 参数进行初始化。

2.19 处理日期

处理日期是很复杂的。在时间序列数据集中会遇到日期。pandas 库中提供了日期范围函数，可以用于重新采样时间序列数据和执行日期运算操作。

下面创建一个从 2000 年 1 月 1 日开始，持续 45 天的日期范围，代码如下。

```
pd.date_range('01-01-2000', periods=45, freq='D')
```

输出结果如下。

```
DatetimeIndex(['2000-01-01', '2000-01-02', '2000-01-03', '2000-01-04',
               '2000-01-05', '2000-01-06', '2000-01-07', '2000-01-08',
               '2000-01-09', '2000-01-10', '2000-01-11', '2000-01-12',
               '2000-01-13', '2000-01-14', '2000-01-15', '2000-01-16',
               '2000-01-17', '2000-01-18', '2000-01-19', '2000-01-20',
               '2000-01-21', '2000-01-22', '2000-01-23', '2000-01-24',
               '2000-01-25', '2000-01-26', '2000-01-27', '2000-01-28',
```

```
             '2000-01-29', '2000-01-30', '2000-01-31', '2000-02-01',
             '2000-02-02', '2000-02-03', '2000-02-04', '2000-02-05',
             '2000-02-06', '2000-02-07', '2000-02-08', '2000-02-09',
             '2000-02-10', '2000-02-11', '2000-02-12', '2000-02-13',
             '2000-02-14'],
            dtype='datetime64[ns]', freq='D')
```

因为 1 月的天数少于 45 天，所以结束日期落在 2 月。

date_range() 函数的 freq 参数有多个可选值，例如 B 代表工作日频率，W 代表周频率，H 代表小时频率，M 代表分钟频率，S 代表秒频率，L 代表毫秒频率，U 代表微秒频率。更多信息可以参考 pandas 库的官方文档。

使用 to_datetime() 函数将时间戳字符串转换为日期和时间，代码如下。

```
# Convert argument to datetime
pd.to_datetime('1/1/1970')
```

输出结果如下。

```
Timestamp('1970-01-01 00:00:00')
```

将时间戳字符串转换为指定格式的 datetime 对象，代码如下。

```
# Convert argument to datetime in specified format
pd.to_datetime(['20200101', '20200102'], format='%Y%m%d')
```

输出结果如下。

```
DatetimeIndex(['2020-01-01', '2020-01-02'], dtype='datetime64[ns]',
freq=None)
```

未知的字符串格式可能会导致数据出现错误，代码如下。

```
# Value error
pd.to_datetime(['20200101', 'not a date'])
```

输出结果如下。

```
ValueError: ('Unknown string format:', 'not a date')
```

使用 coerce 错误参数来解决此问题，coerce 参数会将无效的字符串设置为 NaT 值，代码如下。

```
# Handle value error
pd.to_datetime(['20200101', 'not a date'], errors='coerce')
```

输出结果如下。

```
DatetimeIndex(['2020-01-01', 'NaT'], dtype='datetime64[ns]',
freq=None)
```

在前面的代码中，第二个日期是无效的，且不能转换为 datetime 对象。coerce 参数通过设置 NaT 值（而不是时间）来处理该日期。

2.20 总结

本章探讨了 NumPy 数组和 pandas 库,它们都用于处理数组和 DataFrame 对象,NumPy 数组具有处理多维数组的能力。本章还介绍了数组的属性、操作、数据类型、堆叠、拆分、切片和索引。

本章重点介绍了 Python 的 pandas 库及其高效查询、聚合、操作和连接数据的功能。

NumPy 数组和 pandas 库很好地结合在一起,使得进行基本的数据分析成为可能。

在掌握了基础知识后,就可以利用统计函数进行数据分析。

第 3 章 统计学

探索性数据分析（Exploratory Data Analysis，EDA） 是进行数据分析和建立机器学习模型的第一步。统计学为探索性数据分析提供了基础和工具。本章旨在为数据分析做准备。专业人员需要了解真实的数据，这些数据一般都是有噪声和有缺失值的，并且有各种不同来源。

在进行数据预处理和分析之前，需要熟悉数据，而统计学可以帮助我们获得对数据的初步理解。例如，分析员工每月工作时间的算术平均值有助于了解员工的工作量；分析月工作时间的标准差有助于推断工作时间的范围；分析血压和患者年龄这两个变量之间的相关性有助于了解血压和年龄之间的关系。采样方法对于原始数据收集是非常有用的，可以通过参数检验和非参数检验来推断有关情况。

在本章中，我们将学习以下内容。

- 数据的属性及其类型。
- 测量集中趋势。
- 测量分散。
- 偏度和峰度。
- 使用协方差和相关系数理解关系。
- 中心极限定理。
- 收集样本。
- 参数检验。
- 非参数检验。

3.1 技术要求

本章的技术要求如下。

- 可以从异步社区获取本书配套的代码和数据集。本章的代码可以在 `ch3.ipynb` 中找到。
- 本章将使用 NumPy、pandas 和 SciPy 这几个库。

3.2 数据的属性及其类型

数据是原始事实和统计数据的集合，包括数字、文字等。属性是代表对象特征的列、数据字段或序列，也称为变量、特征或维度。统计学家喜欢使用变量（Variable）一词，而机器学习工程师更喜欢使用特征（Feature）一词，在数据仓库中常用维度（Dimension）一词，数据库专业人员则喜欢使用属性（Attribute）一词。

3.2.1 属性类型

属性的数据类型对于数据分析来说非常关键，因为某些情况下需要特定的数据类型。弄清楚属性的数据类型可以帮助数据分析人员选择正确的方法进行数据分析和可视化绘图。以下是各种常用属性的说明。

（1）**名称属性**。名称是指分类变量的名称或标签。名称属性的值可以是项目的符号或名称。它的值是分类的、定性的、无序的，如产品名称、品牌名称、邮政编码、国家、性别、婚姻状况等。找出定性值和分类值的平均值和中位数没有任何意义，数据分析人员可以计算众数，即最常出现的值。

（2）**序数属性**。序数是指具备有意义的顺序或排名的名称或标签。这类属性用于单独衡量主观素质，但数值的大小是未知的。这就是它们在调查中常用来表示客户满意度评分、产品评分和电影等级评分的原因。例如，客户满意度等级常按以下顺序显示。

- 1：非常不满意。
- 2：有点不满意。
- 3：中性。
- 4：满意。
- 5：非常满意。

序数属性的值只能通过众数和中位数来测量。因为其定性的性质，所以通常不能计算其平均值。序数属性也可以通过对定量变量离散化，将其值划分为有限的数字范围来重新创建。

（3）**数值属性**。数值属性以整数或实数的形式定量呈现。数值属性有两种类型：区间标度和比率标度。

区间标度属性是以均等单位的有序标度来衡量的。两个区间标度属性值的有意义的差值可以被计算出来，例如出生年份的差值和温度（单位为°C）的差值。区间标度属性值没有一个真零值，例如，温度为0°C并不意味着没有温度。

区间标度属性值之间可以进行加减运算，但不能进行乘除运算，因为它们没有真零值。除了可以计算区间标度属性值的中位数和众数外，还可以计算区间标度属性值的平均值。

比率标度属性是在均等单位的有序标度上测量的，类似于存在固有零点的区间标度，如身高、体重、经纬度、年限和文档中的单词数。可以对比率标度属性值进行乘法和除法运算，也可以计算比率标度值之间的差，还可以计算其平均数、中位数和众数等集中趋势度量的值。摄氏温度和华氏温度是用区间标度测量的，而开尔文温度是用比率标度测量的，因为它有一个真正的零点。

3.2.2 离散和连续属性

属性的分类有多种，在本小节中，我们将看到另一种类型的属性分类，即离散和连续属性。离散变量只接收可计数的有限数，如一个班级的学生人数，卖出的汽车数量，出版的书本数量。离散变量的值可以通过计数来获得。连续变量可接收无限数量的可能值，如学生的体重和身高。连续变量的值可以通过测量得到。

离散变量接收的是整数，而连续变量接收的是实数。换句话说，离散变量接收分数是没有意义的，而连续变量接收分数则是有意义的。离散属性使用有限的值，而连续属性使用无限的值。

3.3 测量集中趋势

集中趋势是指数值围绕数据的平均值、众数和中位数等聚集的趋势。对一组观测值而言，集中趋势决定了描述性的总结，提供了定量信息。它可代表整个观测值的集合。下面将详细介绍每种类型的集中趋势。

3.3.1 平均值

平均值（Mean）是算术平均值或平均数，其计算方法是观测值的总和除以观测值的数量。它对异常值和噪声很敏感，因此，每当不常见或异常的值被添加到一个组中时，该组数据的平均值就会偏离典型的中心值。假设 x_1、x_2……x_N 是 N 个观测值，这些值的平均值的计算公式如式 3-1 所示。

$$\text{Mean} = \frac{1}{N}\sum_{i=1}^{N} x_i \qquad (\text{式 3-1})$$

下面用 pandas 库来计算 communication_skill_score 列的平均值，代码如下。

```
# Import pandas library
import pandas as pd

# Create dataframe
sample_data = {'name': ['John', 'Alia', 'Ananya', 'Steve', 'Ben'],
               'gender': ['M', 'F', 'F', 'M', 'M'],
               'communication_skill_score': [40, 45, 23, 39, 39],
               'quantitative_skill_score': [38, 41, 42, 48, 32]}

data = pd.DataFrame(sample_data, columns = ['name', 'gender',
'communication_skill_score', 'quantitative_skill_score'])

# find mean of communication_skill_score column
data['communication_skill_score'].mean(axis=0)
```

输出结果如下。

```
37.2
```

前面的代码创建了一个名为 data 的 DataFrame 对象，该 DataFrame 对象有 4 列（name、gender、communication_skill_score 和 quantitative_skill_score），并使用 mean(axis=0) 函数计算出了 communication_skill_score 列的平均值。此处 axis=0 代表计算行的平均值。

3.3.2 众数

众数是一组观测值中出现频率最高的项。众数在数据中频繁出现，多用作分类值。如果一组数据中所有的值都是唯一的或不重复的，那么就没有众数。也可能多个值具有相同的出现频率，在这种情况下可以有多个众数。

下面用 pandas 库中的 mode() 函数来计算 communication_skill_score 列的众数，代码如下。

```
# find mode of communication_skill_score column
data[communication _skill_score'].mode()
```

输出结果如下。

```
39
```

3.3.3 中位数

中位数是一组观测值的中间值。与平均值相比,中位数受异常值和噪声的影响较小,这就是为什么中位数被认为是一种更适合报告的统计度量。中位数更接近典型的中心值。

下面用 pandas 库中的 median() 函数计算 communication_skill_score 列的中位数,代码如下。

```
# find median of communication_skill_score column
data['communication_skill_score'].median()
```

输出结果如下。

```
39.0
```

3.4 测量分散

集中趋势呈现了一组观测值的中间值,但并不能呈现观测值的整体情况。分散度量指标用于衡量观测值的偏差。流行的分散度量有范围、四分位距、方差和标准差。这些分散度量指标用于对观测值的差异性或观测值的分布进行估计。下面来看看每个分散度量指标的细节。

- **范围**是指观测值的最大值和最小值的差值,它易计算且容易理解。范围的单位与观测值的单位相同。下面计算 communication_skill_score 列的范围,代码如下。

```
column_range=data['communcation_skill_score'].max()-
data['communication_skill_score'].min()
print(column_range)
```

输出结果如下。

```
22
```

前面的代码通过最大和最小分数的差值计算出了 communication_skill_score 的范围。最高分和最低分是用 max() 和 min() 函数计算出来的。

- **四分位距**(**InterQuartile Range,IQR**)是第三个四分位数和第一个四分位数的差,它易计算且容易理解。它的单位与观测值的单位相同,它衡量的是观测值中间 50%的数据,代表大部分观测值所在的范围。下面计算 communication_skill_score 列的四分位距,代码如下。

```
# First Quartile
q1 = data[communication_skill_score'].quantile(.25)

# Third Quartile
q3 = data[communication_skill_score'].quantile(.75)
```

```
# Inter Quartile Ratio
iqr=q3-q1
print(iqr)
```

输出结果如下。

1.0

前面的代码通过第一四分位数和第三四分位数的差来计算 communication_skill_score 的四分位距。第一四分位数和第三四分位数的值分别用 quantile(.25) 和 quantile(.75) 函数计算。

- **方差（Variance）** 衡量的是与平均值的偏差。方差是观测值和平均值之间的平方差的平均值。使用方差进行衡量时，应明确其测量单位，因为要对观测值和平均值之间的差进行平方。假设有 x_1、x_2……x_N 总共 N 个观测值，那么这些数值的方差计算公式如式 3-2 所示。

$$\text{Variance} = \frac{1}{N}\sum_{i=1}^{N}(x_i - \overline{x})^2 \qquad (式\ 3\text{-}2)$$

使用 var() 函数计算 communication_skill_score 列的方差，代码如下。

```
# Variance of communication_skill_score
data[communication_skill_score'].var()
```

输出结果如下。

69.2

- **标准差（Standard Deviation）** 是方差的平方根，其单位与原始观测值相同。这使得分析者更容易评估观测值与平均值的确切偏差。标准差的值越小，表示观测值与平均值的距离越小，这意味着观测值的分布范围越小。标准差值越大，表示观测值与平均值的距离越大，也就是说观测值分布很广。标准差在数学上用希腊字母 sigma（Σ）表示。假设有 x_1、x_2……x_N 总共 N 个观测值，这些数值的标准差计算公式如式 3-3 所示。

$$\text{StandardDeviation} = \sqrt{\frac{1}{N}\sum_{i=1}^{N}(x_i - \overline{x})^2} \qquad (式\ 3\text{-}3)$$

使用 std() 函数计算 communication_skill_score 列的标准差，代码如下。

```
# Standard deviation of communication_skill_score
data['communication_skill_score'].std()
```

输出结果如下。

8.318653737234168

可以用 describe() 函数同时得到所有的汇总统计值。使用 describe() 函数可以返回 DataFrame 对象中每个数字列的计数、平均值、标准差、第一四分位数、中位数、第三四分位数、最小值和最大值，代码如下。

```
# Describe dataframe
data.describe()
```

输出结果如下。

```
       communcation_skill_score  quantitative_skill_score
count          5.000000                  5.000000
mean          37.200000                 40.200000
std            8.318654                  5.848077
min           23.000000                 32.000000
25%           39.000000                 38.000000
50%           39.000000                 41.000000
75%           40.000000                 42.000000
max           45.000000                 48.000000
```

3.5 偏度和峰度

偏度用于衡量分布的对称性，显示数据分布偏离正态分布的程度。偏度的值可以是零、正数和负数。偏度为零代表一个完全对称的分布形状。偏度为正数代表曲线尾部指向右边，也就是说，离群值偏向右边，数据堆积在左边。偏度为负数代表曲线尾部指向左边，即离群值偏向左边，数据堆积在右边。当平均值大于中位数和众数时，偏度为正数；当平均值小于中位数和众数时，偏度为负数。

使用 skew() 函数计算 communication_skill_score 列的偏度，代码如下。

```
# skewness of communication_skill_score column
data['communication_skill_score'].skew()
```

输出结果如下。

```
-1.704679180800373
```

峰度衡量的是与正态分布相比的曲线尾部的厚度。高峰度值代表重尾，意味着观测值中存在较多的异常值；低峰度值代表轻尾，意味着观测值中存在较少的异常值。峰度形状有 3 种：中峰（Mesokurtic）、扁峰（Platykurtic）和尖峰（Leptokurtic），如图 3-1 所示。

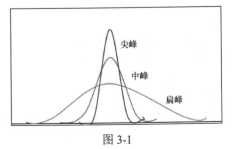

图 3-1

- 峰度为零的正态分布称为中峰分布。
- 扁峰分布的峰度值为负数，与正态分布相比，它的曲线尾部较平缓。
- 尖峰分布的峰度值大于 3，与正态分布相比它的曲线尾部较陡峭，也称肥尾分布。

直方图是呈现偏度和峰度的有效媒介。下面使用 kurtosis() 函数计算 communication_skill_score 列的峰度,代码如下。

```
# kurtosis of communication_skill_score column
data['communication_skill_score'].kurtosis()
```

输出结果如下。

```
3.6010641852384015
```

3.6 使用协方差和相关系数理解关系

了解变量之间的关系有助于数据分析人员了解变量之间的动态关系,例如,人力资源经理需要了解员工绩效得分和满意度得分之间的关系强度。统计学提供了协方差和相关系数两种方法来了解变量之间的关系。协方差用于衡量一对变量之间的关系,显示变量的变化程度,即一个变量的变化如何影响另一个变量,它的取值范围是负无穷大到正无穷大。协方差不能提供有效的结论,因为它没有被标准化。下面用协方差来寻找 communication_skill_score 列和 quantitative_skill_score 列之间的关系,代码如下。

```
# Covariance between columns of dataframe
data.cov()
```

输出结果如图 3-2 所示。

	communcation_skill_score	quantitative_skill_score
communcation_skill_score	69.20	-6.55
quantitative_skill_score	-6.55	34.20

图 3-2

前面的代码使用 cov() 函数计算了协方差。输出结果是协方差矩阵。

3.6.1 皮尔逊相关系数

皮尔逊相关系数(Pearson Correlation Coefficient)显示变量之间是如何关联的。皮尔逊相关系数比协方差更好理解,并且它是协方差的标准化版本。皮尔逊相关系数的取值范围是 −1～1。负值代表一个变量的增加使其他变量减少。正值代表一个变量的增加引起另一个变量的增加。零代表变量之间没有关系,或者变量之间相互独立。请看下面的代码。

```
# Correlation between columns of dataframe
data.corr(method ='pearson')
```

输出结果如图 3-3 所示。

	communcation_skill_score	quantitative_skill_score
communcation_skill_score	1.00000	-0.13464
quantitative_skill_score	-0.13464	1.00000

图 3-3

`method` 参数有以下 3 个可选值。

- `Pearson`：皮尔逊相关系数。
- `Kendall`：肯德尔等级相关系数。
- `Spearman`：斯皮尔曼等级相关系数。

3.6.2 斯皮尔曼等级相关系数

斯皮尔曼等级相关系数（Spearman's Rank Correlation Coefficient）是观测值等级的皮尔逊相关系数。它是一种等级相关的非参数测量值。它用于评估两个排名变量之间的关联强度，排名变量是按顺序排列的序数。它的使用方法为：首先对观测值进行排名，然后计算排名的相关性。斯皮尔曼等级相关系数适用于连续和离散的序数变量。当数据的分布偏斜或有异常值时，使用斯皮尔曼等级相关系数代替皮尔逊相关系数，因为斯皮尔曼等级相关系数不会对数据分布进行任何假设。

3.6.3 肯德尔等级相关系数

肯德尔等级相关系数（Kendall's Rank Correlation Coefficient 或 Kendall's Tau Coefficient）是一种非参数统计值，用于衡量两个有序变量之间的关联性。它是等级相关的一种系数，也可用于衡量两个变量之间的相似性或不相似性。如果两个变量都是二进制的，那么皮尔逊相关系数、斯皮尔曼等级相关系数和肯德尔等级相关系数相等。

3.7 中心极限定理

数据分析方法包括假设检验和确定置信区间两个步骤。所有的统计检验都假定数据总体是正态分布的。中心极限定理是假设检验的核心。根据该定理可知，随着样本量的增加，数据的分布会越来越接近正态分布。同时，样本的平均值也会越来越接近群体的平均值，样本的标准差也会越来越小。这个定理对于推论统计至关重要，它可以帮助数据分析人员弄清楚如何从样本获得对整体的结论。

那么应该采取多大的样本量或多大样本量更具群体代表性呢？可以借助图 3-4 来理解

这个问题。

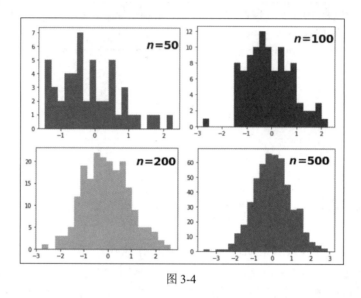

图 3-4

从图 3-4 中可以看到 4 个不同样本（样本量分别是 50、100、200 和 500）的直方图，随着样本量的增加，直方图越来越接近正态分布曲线。

3.8　收集样本

样本是用于数据分析的一小部分数据。采样是指从各种来源收集样本数据的方法或过程。这是数据收集中最关键的部分。一个实验的成功与否取决于收集的数据的好坏。如果采样有任何问题，都将极大地影响最终结果。采样可以帮助研究人员从样本中推断出群体的情况，并减少调查成本和收集、管理数据的工作量。有很多采样技术可供选择，这些技术可以分为两类：概率采样和非概率采样，下面将详细介绍。

- **概率采样**。利用这种技术在群体中进行随机选择，被选中作为样本的机会是均等的。这种类型的采样技术比较费时费力，且费用较高，包括以下几种。
    - **简单随机采样**。使用该技术，样本都是被偶然选中的，即每个样本被选中的机会是均等的。这是一种简单而直接的方法，例如，从 500 种产品中随机抽取 20 种产品进行质量检测。
    - **分层采样**。使用这种技术，整个群体被划分成多个小的群体（基于一些相似性标准实现），称为分层，分层大小可以是不相等的。这种技术通过减少选择偏差来增强准确性。

- ■ 系统采样。在这种技术下，按照系统的顺序从目标人群中选取样本，例如从群体中每隔 n 个调查者就选取一个。
- ■ 聚类采样。使用这种采样技术，整个群体根据性别、地点、职业等因素被划分为多个聚类或部分，这些聚类整个被用来采样。

- 非概率采样。这种采样方法以非随机的方式选择群体中的每一个样本，选择样本的机会不均等，结果可能有偏差。这种类型的采样技术的成本比较低，也比较方便，具体包括以下几种。
  - ■ 便利采样。这是最简单的一种数据采样技术，它根据被调查者是否有时间和是否愿意参与来选择。由于成本低和数据采样速度快，统计学家更倾向于将此技术用于初始调查，这种调查结果容易出现偏差。
  - ■ 目的性采样。这种调查也被称为判断性采样，它依赖于统计学家的判断。统计学家在使用该方法时根据某些预定义的特征来决定谁将参与调查。新闻记者常使用这种技术来选择希望调查的人。
  - ■ 配额采样。使用这种技术需预先定义样本的层级的属性和比例，选择的样本需达到一个确定的比例。它与分层采样在选择策略上有所不同，它是用随机采样的方法来选择分层的项目。
  - ■ 雪球采样。这种技术用于在群体中获取很少且难以追踪的调查者的情况，如非法移民或艾滋病患者等问题。它也被称为转介采样，例如统计人员与志愿者联系，以联系到具体的被调查者。

3.9 参数检验

假设是推理统计学的核心主题。本节将重点介绍参数检验。参数检验的基本假设是基本的统计分布。大多数初级统计方法都具有参数检验的性质。参数检验可用于处理定量和连续数据，其中参数是代表整个群体的数值量。参数检验比非参数检验的功能更强大、更可靠，其结论是在群体分布的参数基础上提出的。下面是一些参数检验的方法及例子。

- t 检验是参数检验的一种方法，常用于检查两个平均数之间是否存在显著差异。它是最常用的推断统计学方法之一，其结果遵循正态分布。t 检验有 3 种类型：单样本 t 检验、双样本 t 检验和配对样本 t 检验。
  - ■ 单样本 t 检验用于检查样本的平均值与假设的群体平均值之间是否存在显著差异。下面以 10 名学生为例，用 t 检验来检查他们的平均体重是否为 68 千克。

首先，创建一个由 10 个学生体重组成的数组，并使用 np.mean() 函数计算这些学生体重的算术平均值，代码如下。

```
import numpy as np

from scipy.stats import ttest_1samp

# Create data
data=np.array([63, 75, 84, 58, 52, 96, 63, 55, 76, 83])

# Find mean
mean_value = np.mean(data)

print("Mean:",mean_value)
```

输出结果如下。

```
Mean: 70.5
```

接下来执行单样本 t 检验，代码如下。

```
# Perform one-sample t-test
t_test_value, p_value = ttest_1samp(data, 68)

print("P Value:",p_value)

print("t-test Value:",t_test_value)

# 0.05 or 5% is significance level or alpha
if p_value < 0.05:
    print("Hypothesis Rejected")

else:
    print("Hypothesis Accepted")
```

输出结果如下。

```
P Value: 0.5986851106160134
t-test Value: 0.5454725779039431
Hypothesis Accepted
```

前面的代码使用 ttest_1samp() 函数检验了原假设（10 名学生的平均体重是 68 千克）。输出结果显示，原假设被接受，置信区间为 95%，即 10 名学生所代表的群体的平均体重为 68 千克。

- 双样本 t 检验用于比较两个独立组之间是否存在显著性差异，这种检验也称为独立样本 t 检验。下面比较两个独立学生组的平均权重。

原假设 H_0：样本平均值相等——$\mu_1=\mu_2$。

备选假设 H_a：样本平均值不相等——$\mu_1>\mu_2$ 或者 $\mu_2>\mu_1$。

下面的代码创建了两个包含 10 名学生体重的数组。

```
from scipy.stats import ttest_ind

# Create numpy arrays
data1=np.array([63, 75, 84, 58, 52, 96, 63, 55, 76, 83])

data2=np.array([53, 43, 31, 113, 33, 57, 27, 23, 24, 43])
```

接下来执行两个样本的 t 检验，代码如下。

```
# Compare samples

stat, p = ttest_ind(data1, data2)

print("p-values:",p)

print("t-test:",stat)

# 0.05 or 5% is significance level or alpha

if p < 0.05:
    print("Hypothesis Rejected")

else:
    print("Hypothesis Accepted")
```

输出结果如下。

```
p-values: 0.015170931362451255
t-test: 2.6835879913819185
Hypothesis Rejected
```

前面的代码用 ttest_ind() 函数对两组的假设平均权重进行了检验，输出结果显示，原假设被拒绝的置信区间为 95%，即两个样本平均值不同。

- 配对样本 t 检验是一种相关样本 t 检验，用于确定同组两次观测值之间的平均值的差是否为零。例如，比较一组患者在进行某种药物治疗前后血压平均值的差。配对样本 t 检验相当于一个样本的 t 检验，也称为相关样本 t 检验。下面进行配对 t 检验来评估 10 名患者在治疗前后的体重，可以用以下假设来表示。

原假设 H_0：两个样本的平均值的差为 0。

备选假设 H_a：两个样本的平均值的差不为 0。

下面的代码创建了两个数组，分别包含 10 名患者的治疗前和治疗后的体重。

```
# paired test
from scipy.stats import ttest_rel
```

```
# Weights before treatment
data1=np.array([63, 75, 84, 58, 52, 96, 63, 65, 76, 83])

# Weights after treatment
data2=np.array([53, 43, 67, 59, 48, 57, 65, 58, 64, 72])
```

接下来进行配对样本 t 检验，代码如下。

```
# Compare weights

stat, p = ttest_rel(data1, data2)

print("p-values:",p)

print("t-test:",stat)

# 0.05 or 5% is the significance level or alpha.

if p < 0.05:
    print("Hypothesis Rejected")
else:
    print("Hypothesis Accepted")
```

输出结果如下。

```
p-values: 0.013685575312467715
t-test: 3.0548295044306903
Hypothesis Rejected
```

前面的代码用 `ttest_rel()` 函数检验了治疗前后两组平均体重的假设。输出结果显示，原假设被拒绝的置信区间为 95%，也就是说，减肥治疗对患者的体重有显著影响。

t 检验仅涉及两组数据，但有时需要对两组以上的数据同时进行比较，这时就需要使用其他的方法。

- **方差分析**（Analysis Of Variance，ANOVA）是一种用于比较多组数据的统计推理检验方法。它用于分析多组数据之间和多组数据内部的方差，并同时检验几个原假设。它通常用于比较两组以上的数据并检查其统计显著性。可以用 3 种方法进行方差分析：单因素方差分析、双因素方差分析和 N 因素多元方差分析。
  - 在单因素方差分析检验中，只根据一个自变量对多个组的数据进行比较。例如，一家 IT 公司希望根据绩效得分来比较多个员工或团队的生产力。下面比较一家 IT 公司的 3 个地点（孟买、芝加哥和伦敦）的员工的绩效。此处将执行单因素方差分析检验，以检查 3 个地点绩效得分是否存在显著差异。原假设和备选假设如下。

原假设 H_0：3 个地点的平均绩效得分没有差异。

备选假设 H_a：3 个地点的平均绩效得分存在差异。

下面的代码为 3 个地点（孟买、芝加哥和伦敦）创建了 3 个员工绩效分数列表。

```
from scipy.stats import f_oneway

# Performance scores of Mumbai location
mumbai=[0.14730927, 0.59168541, 0.85677052, 0.27315387,
0.78591207,0.52426114,0.05007655, 0.64405363, 0.9825853 ,
0.62667439]

# Performance scores of Chicago location
chicago=[0.99140754,0.76960782,0.51370154,0.85041028,
0.19485391,0.25269917,0.19925735, 0.80048387, 0.98381235,
0.5864963 ]

# Performance scores of London location
london=[0.40382226, 0.51613408, 0.39374473, 0.0689976 ,
0.28035865,0.56326686,0.66735357, 0.06786065, 0.21013306,
0.86503358]
```

接下来执行单因素方差分析检验，代码如下。

```
# Compare results using Oneway ANOVA
stat, p = f_oneway(mumbai, chicago, london)

print("p-values:", p)

print("ANOVA:", stat)

if p < 0.05:
    print("Hypothesis Rejected")

else:
    print("Hypothesis Accepted")
```

输出结果如下。

```
p-values: 0.27667556390705783
ANOVA: 1.3480446381965452
Hypothesis Accepted
```

前面的代码用 f_oneway() 函数检验了不同地点的平均绩效得分没有差异的假设。输出结果显示，原假设被接受，置信区间为 95%，即不同地点的平均绩效得分之间不存在显著差异。

- 在双因素方差分析检验中，基于两个独立变量对多组数据进行比较。例如，一家 IT 公司希望基于工作时间和项目复杂度来比较多个员工小组或团队的生产力。

- 在 N 因素方差分析检验中,基于 N 个独立变量对多组数据进行比较。例如,一家 IT 公司希望基于工作时间、项目复杂度、员工培训及员工福利和设施来比较多个员工组或团队的生产力。

3.10 非参数检验

非参数检验不依赖于任何统计分布,这就是为什么它被称为无分布假设检验。非参数检验没有群体的参数,这种类型的检验用于观测样本的顺序和等级,需要特殊的排序和计数方法。下面是一些非参数检验的方法和例子。

- χ^2 检验(chi-square test,又称卡方检验)用于检验来自单一群体的两个分类变量之间的显著差异或关系。一般来说,这种检验评估分类变量的分布是否不同,它也被称为 χ^2 拟合良好性检验或独立性的 χ^2 检验。小的 χ^2 统计值,说明观察到的数据与预期数据吻合;大的 χ^2 统计值,说明观察到的数据与预期数据不吻合。例如,可以通过 χ^2 检验来评估性别对投票偏好的影响或公司规模对医疗保险的影响,如式 3-4 所示。

$$\chi^2 = \sum_{i=1}^{n} \frac{(O_i - E_i)^2}{E_i} \quad \text{(式 3-4)}$$

在式 3-4 中,O 是观测值,E 是期望值,i 表示列联表中的第 i 个位置。

下面通过一个例子来理解 χ^2 检验。假设在某公司对 200 名员工进行了调查,询问了他们的最高学历(初中、高中、本科、研究生),并将其与绩效水平(如一般、优秀)进行比较。下面是原假设和备选假设。

原假设 H_0:两个分类变量是独立的——员工绩效水平与最高学历无关。

备选假设 H_a:两个分类变量不独立——员工绩效水平并非独立于最高学历。

调查结果如表 3-1 所示。

表 3-1

	初中	高中	本科	研究生
一般	20	16	13	7
优秀	31	40	50	13

下面分别创建一个绩效一般和一个绩效优秀的员工列表,并创建一个列联表。

```
from scipy.stats import chi2_contingency
```

```
# Average performing employees
average=[20, 16, 13, 7]

# Outstanding performing employees
outstanding=[31, 40, 60, 13]

# contingency table
contingency_table= [average, outstanding]
```

下面执行χ^2检验,检查两个变量是否是独立的。

```
# Apply Test
stat,p,dof,expected = chi2_contingency(contingency_table)

print("p-values:",p)

if p < 0.05:
    print("Hypothesis Rejected")

else:
    print("Hypothesis Accepted")
```

输出结果如下。

```
p-values: 0.059155602774381234
Hypothesis Accepted
```

前面的代码检验了员工绩效水平与最高学历无关的假设,输出结果显示,原假设被接受,置信区间为95%,即员工绩效水平与最高学历无关。

- **Mann-Whitney U 检验**是双样本 t 检验的无参数版本。它假设样本之间的差异不是正态分布的。Mann-Whitney U 检验是在观测值为序数且不满足 t 检验的假设时使用的。例如,从给定的电影评分中比较两组电影的差异。下面用以下条件来比较两组电影的评分。

原假设 H_0:两组样本分布之间没有差异。

备选假设 H_a:两组样本分布之间有差异。

先用下面的代码创建两个数据列表。

```
from scipy.stats import mannwhitneyu

# Sample1

data1=[7,8,4,9,8]

# Sample2

data2=[3,4,2,1,1]
```

接下来执行 Mann-Whitney U 检验，代码如下。

```
# Apply Test
stat, p = mannwhitneyu(data1, data2)

print("p-values:",p)

# 0.01 or 1% is significance level or alpha.

if p < 0.01:
    print("Hypothesis Rejected")

else:
    print("Hypothesis Accepted")
```

输出结果如下。

```
p-values: 0.007666581056801412
Hypothesis Rejected
```

前面的代码用 `mannwhitneyu()` 检验了两个电影评分组的分布没有差异的假设。输出结果显示以大于 99% 的置信区间拒绝了原假设，这意味着两个电影评分组的分布存在显著差异。

- **Wilcoxon 符号秩检验**用于检验两个配对样本。它是配对 t 检验的一个非参数对应版本。它用于检验两个配对样本是否属于同一分布。例如，比较多组的两个治疗观测值之间的差异。用以下条件来比较两个治疗观测值之间的差异。

原假设 H_0：样本分布之间没有差异。

备选假设 H_a：样本分布之间存在差异。

先用下面的代码创建两个数据列表。

```
from scipy.stats import Wilcoxon

# Sample-1
data1 = [1, 3, 5, 7, 9]

# Sample-2 after treatment
data2 = [2, 4, 6, 8, 10]
```

接下来执行 Wilcoxon 符号秩检验，代码如下。

```
# Apply
stat, p = wilcoxon(data1, data2)

print("p-values:",p)

# 0.01 or 1% is significance level or alpha.
```

```
if p < 0.01:
    print("Hypothesis Rejected")

else:
    print("Hypothesis Accepted")
```

输出结果如下。

```
p-values: 0.025347318677468252
Hypothesis Accepted
```

前面的代码用 wilcoxon() 函数检验了治疗前后各组观测值无差异的假设。输出结果显示,原假设被接受,置信区间为 99%,即治疗前后各组观测值没有显著差异。

- **Kruskal-Wallis 检验**是单因素方差分析检验的非参数版本,用于评估样本是否属于同一分布。它可以比较两个或多个独立样本,从而扩展了 Mann-Whitney U 检验的极限(只比较两组)。下面来比较 3 个样本组。

原假设 H_0:多个样本分布之间没有差异。

备选假设 H_a:多个样本分布之间存在差异。

先用下面的代码创建 3 个数据列表。

```
from scipy.stats import kruskal

# Data sample-1
X = [38, 18, 39, 83, 15, 38, 63, 1, 34, 50]

# Data sample-2
Y = [78, 32, 58, 59, 74, 77, 29, 77, 54, 59]

# Data sample-3
Z = [117, 92, 42, 79, 58, 117, 46, 114, 86, 26]
```

接下来执行 Kruskal-Wallis 检验,代码如下。

```
# Apply kruskal-wallis test
stat, p = kruskal(x,y,z)

print("p-values:",p)

# 0.01 or 1% is significance level or alpha.

if p < 0.01:
    print("Hypothesis Rejected")

else:
    print("Hypothesis Accepted")
```

输出结果如下。
```
p-values: 0.019979223691381510
Hypothesis Accepted
```

在前面的代码中，用 kruskal() 函数检验了 3 个样本组之间没有差异的假设。输出结果显示，原假设被接受，置信区间为 99%，即 3 个样本组之间没有差异。

下面对比参数检验和非参数检验，如表 3-2 所示。

表 3-2

特征	参数检验	非参数检验
检验的统计量	分布	任意或无分布
属性类型	数值	名称性或序数性
集中趋势测量	平均值	中位数
相关性检验	皮尔逊相关系数	斯皮尔曼等级相关系数
关于群体的信息	完整信息	无信息

3.11 总结

掌握统计学的基础知识可为数据分析奠定基础，促进对数据的描述和理解。本章介绍了统计学的基础知识，如属性及其不同类型、名称、序数和数值等。

本章还介绍了测量集中趋势的平均数、中位数和众数；范围、四分位距、方差和标准差用于评估数据的可变性；偏度和峰度用于了解数据分布；协方差和相关系数用于了解变量之间的关系。本章讲解了推理统计学的知识，如中心极限定理、采集样本、参数检验和非参数检验，还使用 pandas 和 scipy.stats 库对统计概念进行了编程实践。

第 4 章
线性代数

　　线性代数和统计学都是数据分析的基础。统计学可以帮助我们获得对数据的初步描述性认识并进行推断。线性代数是基本的数学学科，是数据专业人员应掌握的核心基础知识。线性代数对于处理向量和矩阵非常有用，大多数数据都是以向量或矩阵的形式存在的。对线性代数进行深入了解有助于我们理解机器学习和深度学习算法的工作流程，从而根据业务需求灵活设计和修改算法。如果想使用**主成分分析**（**Principal Component Analysis，PCA**），就必须了解特征值和特征向量的基础知识；如果想开发一个推荐系统，就必须知道**奇异值分解**（**Singular Value Decomposition，SVD**）。扎实的数学和统计学知识有助于我们顺利地进行数据分析。

　　本章主要介绍线性代数的核心概念，如多项式、行列式、逆矩阵、线性方程的求解、SVD、特征向量和特征值、随机数、二项分布和正态分布、正态性检验、掩码数组等。可以使用 NumPy 和 SciPy 库在 Python 中执行线性代数的相关操作，NumPy 和 SciPy 库都提供了用于线性代数运算的 linalg 包。

　　在本章中，我们将学习以下内容。

- 用 NumPy 库进行多项式拟合。
- 行列式。
- 求解矩阵的秩。
- 使用 NumPy 库求逆矩阵。
- 使用 NumPy 库求解线性方程。
- 使用 SVD 分解矩阵。
- 使用特征向量和特征值。
- 生成随机数。

- 二项分布。
- 正态分布。
- 使用 SciPy 库测试数据的正态性。
- 使用 numpy.ma 子程序包创建掩码数组。

4.1 技术要求

本章的技术要求如下。

- 可以从异步社区获取本书配套的代码和数据集。本章的代码可以在 ch4.ipynb 中找到。
- 本章将使用 NumPy、SciPy、Matplotlib 和 Seaborn 这几个库。

4.2 用 NumPy 库进行多项式拟合

多项式是具有非负数策略的数学表达式。多项式函数有线性函数、二次函数、三次函数和四次函数。NumPy 库提供的 `polyfit()` 函数可使用最小二乘法生成多项式，这个函数将 x 坐标、y 坐标和度数作为参数，并返回一个多项式系数的列表。

NumPy 库提供的 `polyval()` 函数可用来计算给定多项式的值。这个函数接收多项式的系数和点的数组，并返回多项式的结果。NumPy 库提供的 `linspace()` 函数用于生成一个具有相等间隔的数值序列。它需要起始值、终止值及起始值与终止值之间的数值作为参数。

下面使用 NumPy 库提供的函数进行多项式拟合，代码如下。

```
# Import required libraries NumPy, polynomial and matplotlib
import numpy as np
import matplotlib.pyplot as plt

# Generate two random vectors
v1=np.random.rand(10)
v2=np.random.rand(10)

# Creates a sequence of equally separated values
sequence = np.linspace(v1.min(),v1.max(), num=len(v1)*10)

# Fit the data to polynomial fit data with 4 degrees of the polynomial
coefs = np.polyfit(v1, v2, 3)

# Evaluate polynomial on given sequence
```

```
polynomial_sequence = np.polyval(coefs,sequence)

# plot the polynomial curve
plt.plot(sequence, polynomial_sequence)

# Show plot
plt.show()
```

输出结果如图 4-1 所示。

每次运行上述代码，得到的结果可能都不相同，其原因是向量的随机生成。

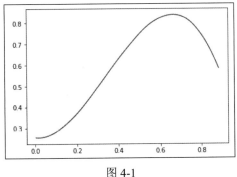

图 4-1

4.3 行列式

行列式是线性代数的基本概念，它是一个标量，是对一个行、列数量相等的矩阵（方阵）进行计算得来的。计算行列式是一种基本的操作，可以帮助我们创建逆矩阵和求解线性方程。numpy.linalg 子程序包提供了 det() 函数，它用于计算一个给定矩阵的行列式。

使用 np.linalg.det() 函数计算一个给定矩阵的行列式，代码如下。

```
# Import numpy
import numpy as np

# Create matrix using NumPy
mat=np.mat([[2,4],[5,7]])
print("Matrix:\n",mat)

# Calculate determinant
print("Determinant:",np.linalg.det(mat))
```

输出结果如下。

```
Matrix:
 [[2 4]
 [5 7]]
Determinant: -5.999999999999998
```

4.4 求解矩阵的秩

秩是一个非常重要的概念。矩阵的秩代表保留在矩阵中的信息量。秩越小意味着信息量越少，秩越大意味着信息量越多。秩可以定义为矩阵中线性独立的行或列的数量。

numpy.linalg 子程序包提供的 matrix_rank() 函数将矩阵作为参数，并返回计算出的矩阵的秩。下面的代码演示了 matrix_rank() 函数的使用方法。

```
# import required libraries
```

```
import numpy as np
from numpy.linalg import matrix_rank

# Create a matrix
mat=np.array([[5, 3, 1],[5, 3, 1],[1, 0, 5]])

# Compute rank of matrix
print("Matrix: \n", mat)
print("Rank:",matrix_rank(mat))
```

输出结果如下。

```
Matrix:
[[5 3 1]
 [5 3 1]
 [1 0 5]]
Rank: 2
```

4.5 使用 NumPy 库求逆矩阵

矩阵是由按行和列排列的数字、表达式或符号组成的矩形序列。一个方阵和它的逆矩阵的积等于单位矩阵 I，可以用式 4-1 来表示。

$$AA^{-1}=I \qquad \text{（式 4-1）}$$

下面用 numpy.linalg 子程序包来求解一个矩阵的逆矩阵。首先用 mat() 函数创建一个矩阵，然后用 inv() 函数计算出矩阵的逆矩阵，代码如下。

```
# Import numpy
import numpy as np

# Create matrix using NumPy
mat=np.mat([[2,4],[5,7]])
print("Input Matrix:\n",mat)

# Find matrix inverse
inverse = np.linalg.inv(mat)
print("Inverse:\n",inverse)
```

输出结果如下。

```
Input Matrix:
[[2 4]
 [5 7]] Inverse:
[[-1.16666667  0.66666667]
 [ 0.83333333 -0.33333333]]
```

 如果给定的矩阵不是方阵或奇异矩阵，则会引发 LinAlgError 错误。

4.6 使用 NumPy 库求解线性方程

通过矩阵运算可以将一个向量转化为另一个向量,这有助于求出线性方程的解。NumPy 库提供的 `solve()` 函数可用来求解 $Ax=B$ 形式的线性方程,其中,A 是 $n×n$ 的矩阵,B 是已知的一维向量,x 是未知的一维向量。可使用 `dot()` 函数来计算两个浮点向量的点积。

下面来求解一个线性方程组,方程组如下。

$$\begin{cases} x_1 + x_2 = 200 \\ 3x_1 + 2x_2 = 450 \end{cases}$$

对给定的方程组创建矩阵 A 和向量 B,代码如下。

```
# Create matrix A and Vector B using NumPy
A=np.mat([[1,1],[3,2]])
print("Matrix A:\n",A)

B = np.array([200,450])
print("Vector B:", B)
```

输出结果如下。

```
Matrix A:
[[1 1]
 [3 2]]
Vector B: [200 450]
```

使用 numpy.linalg 子程序包中的 `solve()` 函数求解线性方程组,代码如下。

```
# Solve linear equations
solution = np.linalg.solve(A, B)
print("Solution vector x:", solution)
```

输出结果如下。

```
Solution vector x: [ 50. 150.]
```

使用 `dot()` 函数检查得出的结果是否正确,代码如下。

```
# Check the solution
print("Result:",np.dot(A,solution))
```

输出结果如下,可以看出矩阵 A 和解的点积等于向量 B。

```
Result: [[200. 450.]]
```

4.7 使用 SVD 分解矩阵

矩阵分解(Matrix Decomposition)是指将矩阵分成多个部分的过程。有很多矩阵分解方法，如 LU 分解（Lower-Upper Decomposition）、QR 分解（其中 Q 指分解出一个正交矩阵，R 指分解出一个上三角矩阵）、楚列斯基分解（Cholesky Decomposition）和奇异值分解（Singular Value Decomposition，SVD）。

特征分析用于将一个矩阵分解为向量和数值。SVD 用于将一个矩阵分解为奇异向量和奇异值。SVD 广泛应用于信号处理、计算机视觉、**自然语言处理（Natural Language Processing，NLP）**和机器学习领域，例如主题建模和推荐系统。SVD 的公式如式 4-2 所示。

$$A = U \Sigma V^{\mathrm{T}}$$ （式 4-2）

在式 4-2 中，A 是一个 $m \times n$ 的左奇异矩阵，Σ 是一个 $n \times n$ 的对角线矩阵，V 是一个 $m \times n$ 的右奇异矩阵，V^{T} 是 V 的转置矩阵。numpy.linalg 子程序包中提供了 `svd()` 函数来分解矩阵。下面看一个 SVD 的例子，代码如下。

```python
# import required libraries
import numpy as np
from scipy.linalg import svd

# Create a matrix
mat=np.array([[5, 3, 1],[5, 3, 0],[1, 0, 5]])

# Perform matrix decomposition using SVD
U, Sigma, V_transpose = svd(mat)

print("Left Singular Matrix:",U)
print("Diagonal Matrix: ", Sigma)
print("Right Singular Matrix:", V_transpose)
```

输出结果如下。

```
Left Singular Matrix: [[-0.70097269 -0.06420281 -0.7102924 ]
                       [-0.6748668  -0.26235919  0.68972636]
                       [-0.23063411  0.9628321   0.14057828]]

Diagonal Matrix: [8.42757145 4.89599358 0.07270729]

Right Singular Matrix: [[-0.84363943 -0.48976369 -0.2200092 ]
                        [-0.13684207 -0.20009952  0.97017237]
                        [ 0.51917893 -0.84858218 -0.10179157]]
```

在前面的代码中，使用 scipy.linalg 子程序包中的 `svd()` 函数将给定的矩阵分解成了 3 个部分：左奇异矩阵、对角线矩阵和右奇异矩阵。

4.8　特征向量和特征值

特征向量和特征值是理解线性映射和变换所需的工具。特征值是方程 $Ax = \lambda x$ 的解，其

中 A 是方阵，x 是特征向量，λ 是特征值。numpy.linalg 子程序包提供了函数 eig()和 eigvals()。eig()函数用于返回一个特征值和特征向量的元组，eigvals()函数用于返回特征值。

特征向量和特征值是线性代数的基本原理，应用于 SVD、谱系聚类和 PCA 中。

下面计算一个矩阵的特征向量和特征值。

使用 NumPy 库中的 mat()函数创建矩阵，代码如下。

```
# Import numpy
import numpy as np

# Create matrix using NumPy
mat=np.mat([[2,4],[5,7]])
print("Matrix:\n",mat)
```

输出结果如下。

```
Matrix: [[2 4]
         [5 7]]
```

使用 eig()函数计算矩阵的特征向量和特征值，代码如下。

```
# Calculate the eigenvalues and eigenvectors
eigenvalues, eigenvectors = np.linalg.eig(mat)
print("Eigenvalues:", eigenvalues)
print("Eigenvectors:", eigenvectors)
```

输出结果如下。

```
Eigenvalues: [-0.62347538  9.62347538]

Eigenvectors: [[-0.83619408 -0.46462222]
 [ 0.54843365 -0.885509  ]]
```

使用 eigvals()函数计算特征值，代码如下。

```
# Compute eigenvalues
eigenvalues= np.linalg.eigvals(mat)
print("Eigenvalues:", eigenvalues)
```

输出结果如下。

```
Eigenvalues: [-0.62347538  9.62347538]
```

4.9 生成随机数

随机数有多种应用，如蒙特卡洛模拟、加密、初始化密码和随机过程。生成真正的随机数并不容易，因此实际上大多数应用都使用伪随机数。除了一些特殊情况，伪随机数对大多数情况来说是够用的。随机数可以从离散和连续数据中生成。使用 numpy.random() 函数可生成给定大小的随机数矩阵。

> 随机数生成器基于梅森旋转（Mersenne Twister）算法。

使用 random.random() 函数生成一个 3×3 的随机数矩阵，代码如下。

```
# Import numpy
import numpy as np

# Create an array with random values
random_mat=np.random.random((3,3))
print("Random Matrix: \n",random_mat)
```

输出结果如下。

```
Random Matrix: [[0.90613234 0.83146869 0.90874706]
                [0.59459996 0.46961249 0.61380679]
                [0.89453322 0.93890312 0.56903598]]
```

4.10 二项分布

二项分布对重复性试验进行建模，每次试验的概率相同且独立，每次试验有两种可能的结果——成功和失败。二项分布的计算公式如式 4-3 所示。

$$P(X) = \frac{n!}{(n-X)!X!} \cdot (p)^X \cdot (q)^{n-X} \qquad （式4-3）$$

在式 4-3 中，p 和 q 是成功和失败的概率，n 是试验次数，X 是试验结果为成功的次数。

numpy.random 子程序包中提供了 binomial() 函数，使用该函数可以根据给定参数的二项分布来生成样本。

下面模拟一个游戏，翻转 9 枚硬币，如果得到 5 个或更多的正面就获得 1 个积分，否则就输掉 1 个积分。可以用 binomial() 函数编写代码模拟该游戏，假设初始积分为 500，进行 5000 次试验，代码如下。

```
# Import required libraries
import numpy as np
import matplotlib.pyplot as plt

# Create an numpy vector of size 5000 with value 0
cash_balance = np.zeros(5000)

cash_balance[0] = 500
```

```
# Generate random numbers using Binomial
samples = np.random.binomial(9, 0.5, size=len(cash_balance))

# Update the cash balance
for i in range(1, len(cash_balance)):
if samples[i] < 5:
    cash_balance[i] = cash_balance[i - 1] - 1
else:
    cash_balance[i] = cash_balance[i - 1] + 1

# Plot the updated cash balance
plt.plot(np.arange(len(cash_balance)), cash_balance)
plt.show()
```

输出结果如图4-2所示。

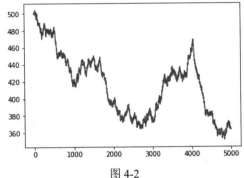

图 4-2

在前面的代码中，首先创建了一个大小为5000的全零数组 `cash_balance` 来记录积分，并用500更新第一个值；然后使用 `binomial()` 函数生成了 0~9 的数值；最后根据抛硬币的结果更新了 `cash_balance` 数组，并使用 Matplotlib 库绘制了 `cash_balance` 数组。

在每次执行代码后会产生不同的结果，如果想让结果恒定，则需要使用 `binomial()` 函数中的种子值。

4.11 正态分布

正态分布在现实生活中经常出现，由于其特殊的形状，也被称为钟形曲线。概率密度函数用于对连续分布建模。`numpy.random` 子程序包中提供了很多与连续分布（如 β、γ、logistic、指数、多元正态分布和正态分布）相关的函数。`normal()` 函数常用于从高斯或正态分布中找到样本。

下面使用 `normal()` 函数编写可视化正态分布的代码。

```
# Import required library
import numpy as np
import matplotlib.pyplot as plt

sample_size=225000

# Generate random values sample using normal distribution
sample = np.random.normal(size=sample_size)
```

```
# Create Histogram
n, bins, patch_list = plt.hist(sample, int(np.sqrt(sample_size)),
density=True)

# Set parameters
mu, sigma=0,1

x= bins
y= 1/(sigma * np.sqrt(2 * np.pi)) * np.exp( - (bins - mu)**2 / (2 *
sigma**2) )

# Plot line plot(or bell curve)
plt.plot(x,y,color='red',lw=2)
plt.show()
```

输出结果如图 4-3 所示。

前面的代码使用 numpy.random 子程序包中的 normal() 函数生成了随机数，并使用钟形曲线或理论**概率密度函数**（**Probability Density Function，PDF**）来显示这些随机数，其平均值为 0，标准差为 1。

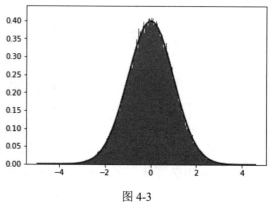

图 4-3

4.12 用 SciPy 库测试数据的正态性

正态分布通常在科学和统计操作中广泛使用。根据中心极限定理，随着样本数量的增加，样本分布逐渐接近正态分布。正态分布很容易使用。在大多数情况下，建议确认数据的正态性，特别是在参数方法中，假设数据往往是高斯分布的。有很多种正态性检验，如 **Shapiro-Wilk** 检验、**Anderson-Darling** 检验和 **D'Agostino-Pearson** 检验。scipy.stats 子程序包提供了很多与正态性检验相关的函数。

在本节中，我们将学习如何在数据上应用正态性检验。现有小型、中型、大型 3 个随机数据的样本，接下来使用 normal() 函数生成这 3 个样本的数据样本，代码如下。

```
# Import required library
import numpy as np

# Create small, medium, and large samples for normality test
small_sample = np.random.normal(loc=100, scale=60, size=15)
medium_sample = np.random.normal(loc=100, scale=60, size=100)
large_sample = np.random.normal(loc=100, scale=60, size=1000)
```

下面将使用多种技术来检验数据的正态性。

- **使用直方图**。直方图是检验数据正态性最简单和最快的方法。使用它将数据分成若干个区间（bin），并对每个区间中的观察值进行计数，最后将数据可视化。下面使用 Seaborn 库中的 `distplot()` 函数来绘制直方图和核密度估计（Kernel Density Estimation，KDE）。

先处理一个小型随机数样本，代码如下。

```
# Histogram for small
import seaborn as sns
import matplotlib.pyplot as plt

# Create distribution plot
sns.distplot(small_sample)

plt.show()
```

输出结果如图 4-4 所示。

处理中型随机数样本，代码如下。

```
# Histogram for medium
import seaborn as sns
import matplotlib.pyplot as plt

# Create distribution plot
sns.distplot(medium_sample)

plt.show()
```

输出结果如图 4-5 所示。

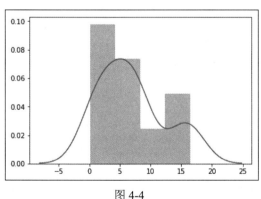

图 4-4

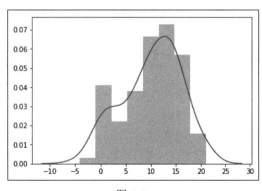

图 4-5

处理大型随机数样本，代码如下。

```
# Histogram for large
import seaborn as sns
import matplotlib.pyplot as plt
```

```
# Create distribution plot
sns.distplot(large_sample)

plt.show()
```

输出结果如图 4-6 所示。

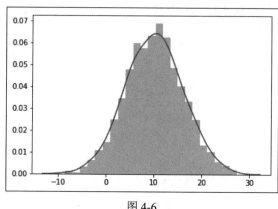

图 4-6

从图 4-4、图 4-5、图 4-6 中可以观察到，随着样本数量的增加，曲线逐渐接近正态曲线。直方图是检验数据正态性的一个很好的工具。

- **Shapiro-Wilk 检验**。这个检验用于评估数据的正态性。在 Python 中，scipy.stats 子程序包中的 shapiro() 函数可以用来评估数据正态性。shapiro() 函数将返回两个元组：测试统计数据元组和 p 值元组。示例代码如下。

```
# Import shapiro function
from scipy.stats import shapiro

# Apply Shapiro-Wilk Test
print("Shapiro-Wilk Test for Small Sample: ",shapiro(small_sample))
print("Shapiro-Wilk Test for Medium Sample: ",shapiro(medium_sample))
print("Shapiro-Wilk Test for Large Sample: ",shapiro(large_sample))
```

输出结果如下。

```
Shapiro-Wilk Test for Small Sample: (0.9081739783287048, 0.2686822712421417)
Shapiro-Wilk Test for Medium Sample: (0.9661878347396851, 0.011379175819456577)
Shapiro-Wilk Test for Large Sample: (0.9991633892059326, 0.9433153867721558)
```

从前面的输出结果中可以看到，小型数据集和大型数据集的 p 值均大于 0.05，所以原假设无法拒绝，这意味着样本是高斯或正态分布；而中型数据集的 p 值小于 0.05，所以原假设被拒绝，这意味着样本不是高斯或正态分布。

可以使用 scipy.stats 子程序包中的 anderson() 和 normaltest() 函数分别进行 Anderson-Darling 检验和 D'Agostino-Pearson 检验，从而进行正态性检验。在可视化方面，

可以尝试使用箱形图（将在 5.3.4 小节中介绍）和**分位数**（**Quantile-Quantile，QQ**）图技术来评估数据的正态性。

4.13 使用 numpy.ma 子程序包创建掩码数组

在大多数情况下，现实生活中的数据是杂乱无章的，可能包含大量的空白或缺失字符。在这种情况下掩码数组很有用，并且可以解决这些问题。应注意，掩码数组可能包含无效和缺失的值。numpy.ma 子程序包提供了所需的掩码数组。下面使用面部图像作为原始图像，并对掩码数组取对数，代码如下。

```python
# Import required library
import numpy as np
from scipy.misc import face
import matplotlib.pyplot as plt

face_image = face()
mask_random_array = np.random.randint(0, 3, size=face_image.shape)

fig, ax = plt.subplots(nrows=2, ncols=2)

# Display the Original Image
plt.subplot(2,2,1)
plt.imshow(face_image)
plt.title("Original Image")
plt.axis('off')

# Display masked array
masked_array = np.ma.array(face_image, mask=mask_random_array)
plt.subplot(2,2,2)
plt.title("Masked Array")
plt.imshow(masked_array)
plt.axis('off')

# Log operation on original image
plt.subplot(2,2,3)
plt.title("Log Operation on Original")
plt.imshow(np.ma.log(face_image).astype('uint8'))
plt.axis('off')

# Log operation on masked array
plt.subplot(2,2,4)
plt.title("Log Operation on Masked")
plt.imshow(np.ma.log(masked_array).astype('uint8'))
plt.axis('off')

# Display the subplots
plt.show()
```

输出结果如图 4-7 所示。

图 4-7

在前面的代码中，首先从 scipy.misc 子程序包中加载了面部图像，并使用 randint() 函数创建了一个随机掩码。然后，在面部图像上应用随机掩码。接着，对原始面部图像和应用随机掩码的面部图像取对数。最后，在 2×2 的图中显示所有的图像。可以使用 numpy.ma 子程序包尝试对图像进行一系列的掩码操作。在这里，我们只用关注掩码数组的取对数操作。

4.14 总结

线性代数是机器学习算法的基础。本章介绍了基本的线性代数概念，使用了 NumPy 和 SciPy 库。本章的重点是多项式、行列式、矩阵逆运算、解线性方程、特征值和特征向量、SVD、生成随机数、二项分布和正态分布、正态性检验、掩码数组等。

第 2 部分
探索性数据分析和数据清洗

本部分主要帮助读者培养**探索性数据分析**（Exploratory Data Analysis，EDA）和数据清洗技能，这些技能包括数据可视化，数据的检索、处理和存储，清洗混乱数据等。本部分将主要使用 Matplotlib、Seaborn、Bokeh、pandas、Scikit-learn、NumPy 和 SciPy 库。同时，本部分还关注信号处理和时间序列分析。

本部分包括以下几章。

- 第 5 章　数据可视化。
- 第 6 章　数据的检索、处理和存储。
- 第 7 章　清洗混乱的数据。
- 第 8 章　信号处理和时间序列分析。

第 5 章 数据可视化

数据可视化是数据分析的第一步，旨在帮助人们轻松理解和交流信息。数据可视化是使用图表、图形、曲线和地图等视觉元素来表示数据，以帮助数据分析人员了解数据的模式、趋势、异常值、分布和关系，它是处理大量数据的一种有效方式。

Python 提供了多种数据可视化的库，如 Matplotlib、Seaborn 和 Bokeh 库。本章将先介绍 Matplotlib 库，它是基本的可视化库。然后介绍 Seaborn 库，它提供高级和先进的统计图。最后将使用 Bokeh 库进行交互式数据可视化操作。

在本章中，我们将学习以下内容。

- 使用 Matplotlib 库实现数据可视化。
- 使用 Seaborn 库实现高级的数据可视化。
- 使用 Bokeh 库实现交互式数据可视化。

5.1 技术要求

本章的技术要求如下。

- 可以从异步社区获取本书配套的代码和数据集。本章的代码可以在 `ch5.ipynb` 文件中找到。
- 本章只使用一个 CSV 文件（`HR_comma_sep.csv`）进行练习。
- 本章将使用 Matplotlib、pandas、Seaborn 和 Bokeh 这几个库。

5.2 使用 Matplotlib 库实现数据可视化

众所周知，一图胜千言。数据可视化有助于将数据向不同类型的受众展示，并可以很容易地解释复杂的现象。Python 提供了一些可视化库,如 Matplotlib、Seaborn 和 Bokeh 库。

Matplotlib 库是用于数据可视化的最流行的 Python 库之一,它是大多数高级 Python 可视化库(如 Seaborn)的基础库,为创建图表提供了灵活、易使用的内置函数。

在安装 Anaconda 的同时安装了 Matplotlib 库。如果未安装 Matplotlib 库,可以通过以下方式安装它。

可以执行 pip 命令安装 Matplotlib 库。
```
pip install matplotlib
```
对于 Python 3,可以执行以下命令安装 Matplotlib 库。
```
pip3 install matplotlib
```
也可以在命令提示符下执行以下命令来安装 Matplotlib 库。
```
conda install matplotlib
```
为了在 Matplotlib 库中进行基本的绘图,需要使用 matplotlib.pyplot 子程序包中的 plot() 函数。这个函数用于为由已知 x 和 y 坐标的点组成的单个列表或多个列表生成一幅二维图。

下面为简单的数据可视化演示代码。
```
# Add the essential library matplotlib
import matplotlib.pyplot as plt
import numpy as np

# create the data
a = np.linespace(0, 20)

# Draw the plot
plt.plot(a, a + 0.5, label='linear')
# Display the chart
plt.show()
```
输出结果如图 5-1 所示。

在前面的代码中,首先导入了 Matplotlib 和 NumPy 库,然后使用 NumPy 库中的 linespace() 函数生成数据,并以这些数据为基础,使用 Matplotlib 库中的 plot() 函数绘图,最后使用 show() 函数来显示图。

图类似于容器,所有的东西都画在上面。图包括主图、子图、坐标轴、标题和图例等附件。

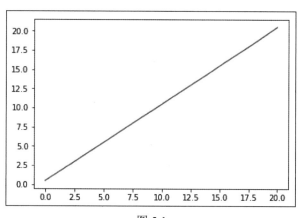

图 5-1

5.2.1 图的附件

使用 Matplotlib 库可以向图中添加标题和坐标轴标签。可以用 `plt.title()` 函数添加标题，用 `plt.xlabel()` 和 `plt.ylabel()` 函数添加坐标轴标签。

图有多种类型，如折线图、柱状图和散点图等。不同系列的点可以显示在一幅图上。图例反映了 y 轴的情况。图例位于一个方框内，通常放置在图形的右边或左边，以说明图中的每个元素代表什么。下面来看看如何在图中使用这些附件，代码如下。

```python
# Add the required libraries
import matplotlib.pyplot as plt

# Create the data
x = [1,3,5,7,9,11]
y = [10,25,35,33,41,59]

# Let's plot the data
plt.plot(x, y, label='Series-1', color='blue')

# Create the data
x = [2,4,6,8,10,12]
y = [15,29,32,33,38,55]

# Plot the data
plt.plot(x, y, label='Series-2', color='red')

# Add X Label on X-axis
plt.xlabel("X-label")

# Add Y Label on Y-axis
plt.ylabel("Y-label")

# Append the title to graph
plt.title("Multiple Python Line Graph")

# Add legend to graph
plt.legend()

# Display the plot
plt.show()
```

输出结果如图 5-2 所示。

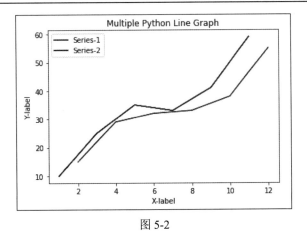

图 5-2

在图 5-2 中,两条线显示在一张图上。前面代码的 `plot()` 函数中使用了两个额外的参数:`label` 和 `color`。`label` 定义了系列的名称,`color` 定义了图的颜色(可从异步社区下载本书的彩图资源)。

5.2.2 散点图

散点图使用笛卡儿坐标来显示数据点,可表示两个数据点的关系。可以使用 Matplotlib 库中的 `scatter()` 函数创建一幅散点图,代码如下。

```
# Add the essential library matplotlib
import matplotlib.pyplot as plt

# create the data
x = [1,3,5,7,9,11]
y = [10,25,35,33,41,59]

# Draw the scatter chart
plt.scatter(x, y, c='blue', marker='*',alpha=0.5)

# Append the label on X-axis
plt.xlabel("X-label")

# Append the label on Y-axis
plt.ylabel("Y-label")

# Add the title to graph
plt.title("My First Python Scatter Graph")

# Display the chart
plt.show()
```

输出结果如图 5-3 所示。

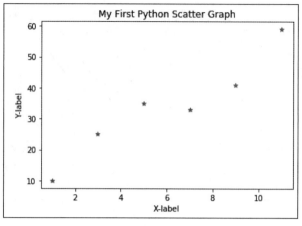

图 5-3

在前面的代码中，scatter()函数接收 x 坐标值和 y 坐标值。还可以使用该函数的一些可选的参数，如 c 表示颜色，alpha 表示透明度（取值范围为 0~1），marker 表示散点图中点的形状。

5.2.3 折线图

折线图用于显示两个变量之间的线的关系，它用线段连接一连串的数据点。绘制折线图的代码如下。

```
# Add the essential library matplotlib
import matplotlib.pyplot as plt

# create the data
x = [1,3,5,7,9,11]
y = [10,25,35,33,41,59]

# Draw the line chart
plt.plot(x, y)

# Append the label on X-axis
plt.xlabel("X-label")

# Append the label on Y-axis
plt.ylabel("Y-label")

# Append the title to chart
plt.title("My First Python Line Graph")

# Display the chart
plt.show()
```

输出结果如图 5-4 所示。

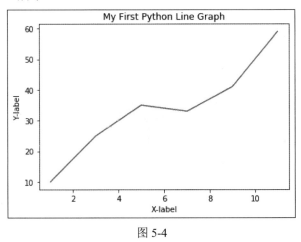

图 5-4

在前面的代码中，plot()函数接收 x 坐标值和 y 坐标值。

5.2.4 饼图

饼图是被分割成多个扇形的圆形图，每一个扇形都与它代表的值成正比。饼的总值是百分之百。绘制饼图的代码如下。

```
# Add the essential library matplotlib
import matplotlib.pyplot as plt

# create the data
subjects = ["Mathematics","Science","Communication Skills","Computer Application"]
scores = [85,62,57,92]

# Plot the pie plot
plt.pie(scores,
        labels=subjects,
        colors=['r','g','b','y'],
        startangle=90,
        shadow= True,
        explode=(0,0.1,0,0),
        autopct='%1.1f%%')

# Add title to graph
plt.title("Student Performance")

# Draw the chart
plt.show()
```

输出结果如图 5-5 所示。

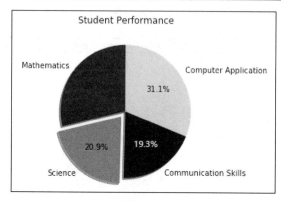

图 5-5

在前面的代码中，指定了 `values`、`labels`、`colors`、`startangle`、`shadow`、`explode` 和 `autopct` 的值，其中，`values` 是学生 4 门科目的分数，`labels` 是科目名称的列表，使用 `colors` 参数为各个科目的分数指定了颜色列表，使用 `startangle` 参数指定了第一个值的角度为 90 度，这意味着第一条线是垂直分布的。

还可以使用 `shadow` 参数来指定饼图的阴影，使用 `explode` 参数来设置饼图的块离开中心的距离值的列表。如果想分离出饼图的第二个部分，那么 `explode` 参数的值是(0, 0.1, 0, 0)。

5.2.5 柱状图

柱状图是一种用于比较多组数值的可视化工具，它可以在水平或垂直方向上绘制。可以使用 `bar()` 函数创建一幅柱状图，代码如下。

```
# Add the essential library matplotlib
import matplotlib.pyplot as plt

# create the data
movie_ratings = [1,2,3,4,5]
rating_counts = [21,45,72,89,42]

# Plot the data
plt.bar(movie_ratings, rating_counts, color='blue')

# Add X Label on X-axis
plt.xlabel("Movie Ratings")

# Add Y Label on Y-axis
plt.ylabel("Rating Frequency")

# Add a title to graph
plt.title("Movie Rating Distribution")
```

```
# Show the plot
plt.show()
```

输出结果如图 5-6 所示。

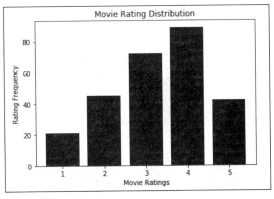

图 5-6

在前面的代码中，bar() 函数接收 x 坐标值、y 坐标值和颜色值。这里绘制的是电影评分和评分频率。x 轴表示电影评分，y 轴表示评分频率，color 参数指定柱状图中柱形的颜色。

5.2.6 直方图

直方图常用于显示数字变量的分布。可使用 hist() 函数创建一幅直方图，它会显示一个连续变量的概率分布。直方图适合展示单个变量，而柱状图适合展示两个变量。绘制直方图的代码如下。

```
# Add the essential library
import matplotlib.pyplot as plt

# Create the data
employee_age = [21,28,32,34,35,35,37,42,47,55]

# Create bins for histogram
bins = [20,30,40,50,60]

# Plot the histogram
plt.hist(employee_age, bins, rwidth=0.6)

# Add X Label on X-axis
plt.xlabel("Employee Age")

# Add Y Label on Y-axis
plt.ylabel("Frequency")
```

```
# Add title to graph
plt.title("Employee Age Distribution")

# Show the plot
plt.show()
```

输出结果如图 5-7 所示。

图 5-7

在前面的代码中，hist()函数接收 values、bins 和 rwidth 参数的值。这里绘制的是雇员的年龄分布，并使用区间（bins）来表示。bins 的值为 20 岁到 60 岁，间隔为 10 岁。这里使用的是 0.6 的相对条形宽度，也可以选择其他的宽度。

5.2.7 气泡图

气泡图是散点图的一种。它不仅使用笛卡儿坐标显示数据点，而且还在数据点上创建气泡。使用气泡图可以在二维图中处理多个变量。气泡图显示 3 类数据：x 坐标值、y 坐标值、数据点（或气泡）的大小。绘制气泡图的代码如下。

```
# Import the required modules
import matplotlib.pyplot as plt
import numpy as np

# Set figure size
plt.figure(figsize=(8,5))

# Create the data
countries = 
['Qatar','Luxembourg','Singapore','Brunei','Ireland','Norway','UAE',
'Kuwait']
populations = [2781682,604245,5757499,428963,4818690,5337962,9630959,4137312]
```

```
gdp_per_capita = [130475, 106705, 100345, 79530, 78785, 74356,69382, 67000]

# scale GDP per capita income to shoot the bubbles in the graph
scaled_gdp_per_capita = np.divide(gdp_per_capita, 80)

colors = np.random.rand(8)

# Draw the scatter diagram
plt.scatter(countries, populations, s=scaled_gdp_per_capita, c=colors,
cmap="Blues",edgecolors="grey", alpha=0.5)

# Add X Label on X-axis
plt.xlabel("Countries")

# Add Y Label on Y-axis
plt.ylabel("Population")

# Add title to graph
plt.title("Bubble Chart")

# rotate x label for clear visualization
plt.xticks(rotation=45)

# Show the plot
plt.show()
```

输出结果如图 5-8 所示。

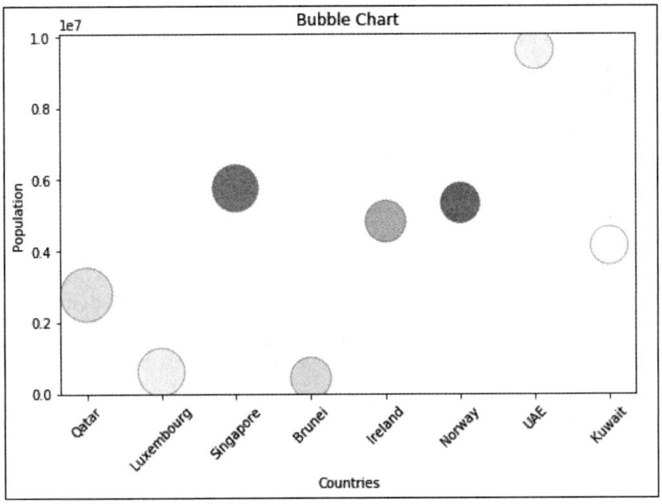

图 5-8

在前面的代码中，使用 scatter() 函数创建了一幅气泡图。此处重要的是 scatter() 函数的 s（大小）参数的值为 scaled_gdp_per_capita。在图 5-8 中，x 轴表示 Countries，

y 轴表示 Population，人均 GDP 用气泡的大小表示。这里为气泡分配了随机的颜色，以使其具有吸引力。从气泡的大小可以看到，Qatar 的人均 GDP 最高，Kuwait 的人均 GDP 最低。在前面的小节中，我们已经学习了大部分的 Matplotlib 图。下面将介绍如何使用 pandas 库绘图。

5.2.8 使用 pandas 库绘图

pandas 库提供了 `plot()` 函数作为 Matplotlib 库的一个封装器。`plot()` 函数允许直接在 DataFrame 对象上创建图。以下是 `plot()` 函数的参数。

- `kind`：图形类型的字符串参数，其值为 `line`、`bar`、`barh`、`his`、`box`、`KDE`、`pie`、`area` 或 `scatter`。
- `figsize`：用于定义图的大小，是一个形式为（宽度,高度）的元组。
- `title`：用于定义图的标题。
- `grid`：布尔参数，用于定义轴的网格线。
- `legend`：用于定义图例。
- `xticks`：用于定义 x 轴刻度线的序列。
- `yticks`：用于定义 y 轴刻度线的序列。

下面使用 pandas 库中的 `plot()` 函数创建一幅散点图，代码如下。

```
# Import the required modules
import pandas as pd
import matplotlib.pyplot as plt

# Let's create a Dataframe
df = pd.DataFrame({
        'name':['Ajay','Malala','Abhijeet','Yming','Desilva','Lisa'],
        'age':[22,72,25,19,42,38],
        'gender':['M','F','M','M','M','F'],
        'country':['India','Pakistan','Bangladesh','China','Srilanka','UK'],
        'income':[2500,3800,3300,2100,4500,5500]
    })

# Create a scatter plot
df.plot(kind='scatter', x='age', y='income', color='red', title='Age Vs Income')

# Show figure
plt.show()
```

输出结果如图 5-9 所示。

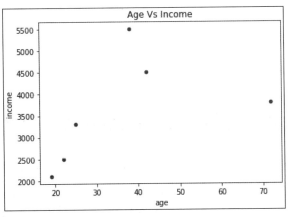

图 5-9

在前面的代码中，plot()函数接收 kind、x、y、color 和 title 参数的值。这里绘制的为体现年龄和收入关系的散点图，使用'scatter'作为 kind 参数的值。'age'和'income'分别为 x 和 y 参数的值。散点的颜色和图的标题分别为 color 和 title 参数的值。

使用 plot()函数绘制一幅柱状图，代码如下。

```
import matplotlib.pyplot as plt
import pandas as pd

# Create bar plot
df.plot(kind='bar',x='name', y='age', color='blue')

# Show figure
plt.show()
```

输出结果如图 5-10 所示。

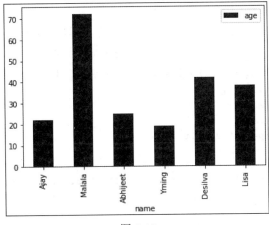

图 5-10

在前面的代码中，plot()函数接收 kind、x、y、color 参数的值。这里使用 'bar'作为 kind 参数的值来绘制年龄和收入的柱状图。'name'和'age'分别为 x 和 y 参数的值。条形的颜色为 color 参数的值。这就是关于使用 pandas 库绘图的全部内容。

5.3　使用 Seaborn 库实现高级的数据可视化

数据可视化可以以图片的形式表现结论，帮助人们轻松理解复杂的模式和概念。在前面一节中，我们已经了解了用于可视化的 Matplotlib 库。下面将探索 Seaborn 库，它用于绘制高级的统计图。Seaborn 是一个开源的 Python 库，用于进行高级交互式和有吸引力的统计可视化操作。Seaborn 库使用 Matplotlib 库作为基础库，可实现简单、易懂、互动性强和有吸引力的可视化效果。

在 Anaconda 中，可以通过以下方式安装 Seaborn 库。

执行 pip 命令安装 Seaborn 库。
```
pip install seaborn
```
对于 Python 3，可执行以下命令安装 Seaborn 库。
```
pip3 install seaborn
```
可以执行以下命令通过终端或命令提示符安装 Seaborn 库。
```
conda install seaborn
```
如果要把它安装到 Jupyter Notebook 中，需要在 pip 命令前加上感叹号（!）。
```
!pip install seaborn
```

5.3.1　lm 图

lm 图中包括散点图，以及拟合的回归模型。散点图是体现两个变量的关系的好方法，其输出的可视化结果是两个变量的联合分布。lmplot()函数需要两个列名（x 和 y），其中一个作为字符串，另一个作为 DataFrame 对象的变量，代码如下。

```
# Import the required libraries
import pandas as pd
import seaborn as sns
import matplotlib.pyplot as plt

# Create DataFrame
df=pd.DataFrame({'x':[1,3,5,7,9,11],'y':[10,25,35,33,41,59]})

# Create lmplot
sns.lmplot(x='x', y='y', data=df)
```

```
# Show figure
plt.show()
```

输出结果如图 5-11 所示。

默认情况下，lmplot()函数会拟合回归线。可以将 fit_reg 参数的值设置为 False，这样就不生成回归线，代码如下。

```
# Create lmplot
sns.lmplot(x='x', y='y', data=df, fit_reg=False)

# Show figure
plt.show()
```

输出结果如图 5-12 所示。

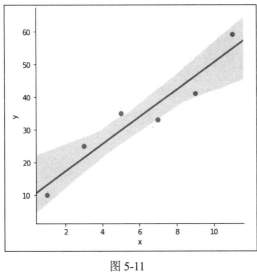
图 5-11

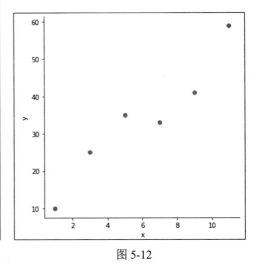
图 5-12

下面以 HR Analytics 的数据集为例，使用 lmplot()函数来绘图，代码如下。

```
# Load the dataset
df=pd.read_csv("HR_comma_sep.csv")

# Create lmplot
sns.lmplot(x='satisfaction_level', y='last_evaluation', data=df,
fit_reg=False, hue='left')

# Show figure
plt.show()
```

输出结果如图 5-13 所示。

在前面的代码中，last_evaluation 是公司对员工的考评结果，对应 *x* 轴；

satisfaction_level 是员工对公司的满意程度，对应 y 轴。left 值为 1 表示员工离开公司。left 是通过 hue 参数传递的。hue 参数的值用颜色的明暗来表示。从图 5-13 中可以清楚地看到，已经离开的员工聚集成 3 组。

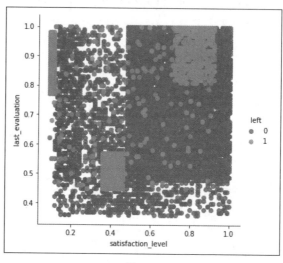

图 5-13

5.3.2 柱状图

barplot()函数用于绘制展示分类变量和连续变量之间的关系的柱状图，它使用长度可变的矩形条来表示数据，代码如下。

```
# Import the required libraries
import pandas as pd
import seaborn as sns
import matplotlib.pyplot as plt

# Create DataFrame
df=pd.DataFrame({'x':['P','Q','R','S','T','U'],'y':[10,25,35,33,41,59]})

# Create lmplot
sns.barplot(x='x', y='y', data=df)

# Show figure
plt.show()
```

输出结果如图 5-14 所示。

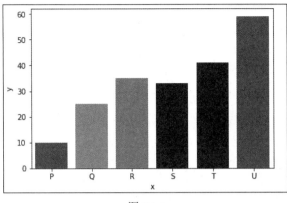

图 5-14

在前面的代码中，柱状图是用 `barplot()` 函数绘制的，它需要两个列名（x 和 y）及一个 DataFrame 对象作为输入数据。

5.3.3 分布图

下面将绘制分布图中的单变量分布图，它是一个带有默认 bin 的直方图和**核密度估计**（**Kernel Density Estimation, KDE**）图的组合。使用 `distplot()` 函数绘制 `satisfaction_level` 的分布图，代码如下。

```
# Create a distribution plot (also known as Histogram)
sns.distplot(df.satisfaction_level)

# Show figure
plt.show()
```

输出结果如图 5-15 所示，可以看到 `satisfaction_level` 的分布有两个峰值。

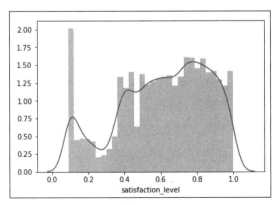

图 5-15

5.3.4 箱形图

箱形图又称盒须图，是体现变量的四分位数分布的最佳图示之一，它可以是水平或垂直的。它在每个变量的箱形里显示该变量的四分位数分布，这被称为须（Whisker）。箱形图还可以显示数据的最小值、最大值及异常值。可以用 Seaborn 库轻松地创建一个箱形图，代码如下。

```
# Create boxplot
sns.boxplot(data=df[['satisfaction_level','last_evaluation']])

# Show figure
plt.show()
```

输出结果如图 5-16 所示。

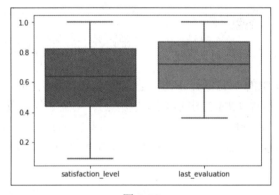

图 5-16

前面的代码使用了两个变量来绘制箱形图。图 5-16 中的箱形图表示 satisfaction_level 的范围大于 last_evaluation。

5.3.5 KDE 图

KDE 图是对一个给定连续变量的概率密度估计图，它是一种非参数性的估计方法。在下面的代码中，kdeplot() 函数使用 satisfaction_level 参数来绘制 KDE 图。

```
# Create density plot
sns.kdeplot(df.satisfaction_level)

# Show figure
plt.show()
```

输出结果如图 5-17 所示。

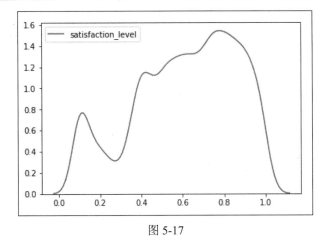

图 5-17

5.3.6 小提琴图

小提琴图是箱形图和 KDE 图的组合形式,它提供了容易理解的分布分析方法,代码如下。

```
# Create violin plot
sns.violinplot(data=df[['satisfaction_level','last_evaluation']])

# Show figure
plt.show()
```

输出结果如图 5-18 所示。

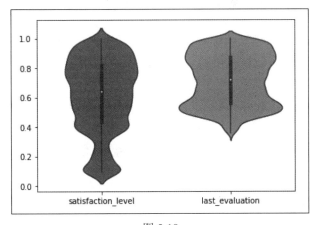

图 5-18

前面的代码使用了两个变量来绘制小提琴图。从图 5-18 中可以得出结论,`satisfaction_level` 的范围大于 `last_evaluation`,并且两个变量在分布上都有两个峰值。

5.3.7 计数图

countplot()函数用于绘制一种特殊类型的柱状图,它显示每个分类变量的频率,因此也被称为分类变量的直方图。在 Matplotlib 库中,要绘制一幅计数图,需要先将数据按类别分组并计算每个类别的频率,然后将每个类别的频率通过 Matplotlib 库的柱状图表现出来。使用 Seaborn 库中的 countplot()函数来绘制计数图则更加简单,代码如下。

```
# Create count plot (also known as Histogram)
sns.countplot(x='salary', data=df)

# Show figure
plt.show()
```

输出结果如图 5-19 所示。

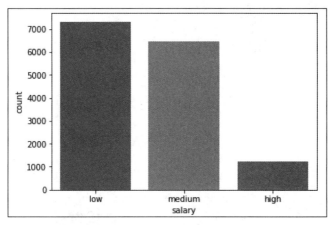

图 5-19

前面的代码计算了 salary 变量的值。countplot()函数需要使用一个单列变量和一个 DataFrame 对象变量。可以很容易地从图 5-19 中得出结论,大多数员工的工资都处于中低水平。

还可以使用 hue 作为第三个变量,将 left 作为 hue 的变量值,代码如下。

```
# Create count plot (also known as Histogram)
sns.countplot(x='salary', data=df, hue='left')

# Show figure
plt.show()
```

输出结果如图 5-20 所示,可以看出离开公司的员工中工资较低的占大多数。

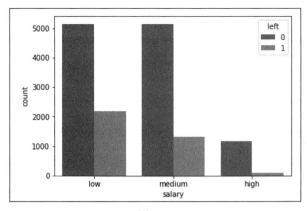

图 5-20

5.3.8 联合图

联合图具有多面板的可视化效果，可以在一幅图中显示两个变量的关系和各个变量的分布情况。也可以使用 jointplot()函数及其 kind 参数来绘制 KDE 图。设置 kind 参数的值为"kde"即可绘制 KDE 图，代码如下。

```
# Create joint plot using kernel density estimation(kde)
sns.jointplot(x='satisfaction_level', y='last_evaluation', data=df,
kind="kde")

# Show figure
plt.show()
```

输出结果如图 5-21 所示。

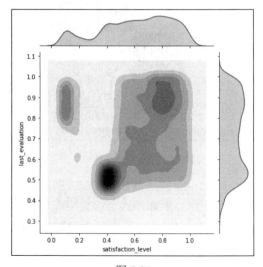

图 5-21

前面的代码用 `jointplot()` 函数绘制了联合图，还通过设置 `kind` 参数的值为"kde"绘制了 KDE 图。

5.3.9 热力图

热力图具有二维的网格表示效果，网格中的每个单元格包含相关矩阵的一个值。热力图中可显示每个单元格的注释，代码如下。

```
# Import required library
import seaborn as sns

# Read iris data using load_dataset() function
data = sns.load_dataset("iris")

# Find correlation
cor_matrix=data.corr()

# Create heatmap
sns.heatmap(cor_matrix, annot=True)

# Show figure
plt.show()
```

输出结果如图 5-22 所示。

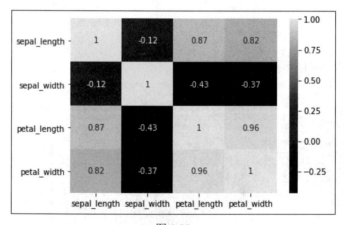

图 5-22

前面的代码使用 `load_dataset()` 函数加载 iris 数据集，并使用 `corr()` 函数计算其相关性。`corr()` 函数用于返回相关矩阵，这个相关矩阵使用 `heatmap()` 函数绘制，以获得相关矩阵的网格视图。`heatmap()` 函数需要两个参数——相关矩阵参数和 `annot` 参数。`annot` 参数值为 True。在图 5-22 中，我们可以看到一个对称的矩阵，其对角线上的所有值都是 1，这表示变量与它自身具有完全相关性。

可以使用 cmap 参数为不同的单元格设置新的颜色。例如，使用 YlGnBu（黄色、绿色、蓝色）组合的 cmap 参数值，代码如下。

```
# Create heatmap
sns.heatmap(cor_matrix, annot=True, cmap="YlGnBu")

# Show figure
plt.show()
```

输出结果如图 5-23 所示（可从异步社区下载本书的彩图资源）。

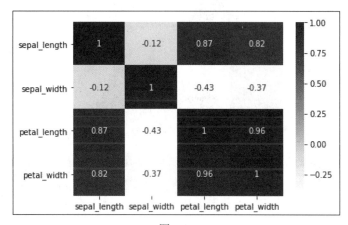

图 5-23

5.3.10 配对图

Seaborn 库的配对图可用于对关系和个体分布进行快速的探索性数据分析。配对图可通过直方图显示单一分布情况，通过散点图显示联合分布情况，代码如下。

```
# Load iris data using load_dataset() function
data = sns.load_dataset("iris")

# Create a pair plot
sns.pairplot(data)

# Show figure
plt.show()
```

输出结果如图 5-24 所示。

前面的代码使用 load_dataset() 函数加载 iris 数据集，并将该数据集传入 pairplot() 函数中。图 5-24 中显示了一个 $n \times n$ 的矩阵（或网格），对角线上的图显示列的分布，非对角线上的图显示散点分布，这有助于了解所有变量之间的关系。

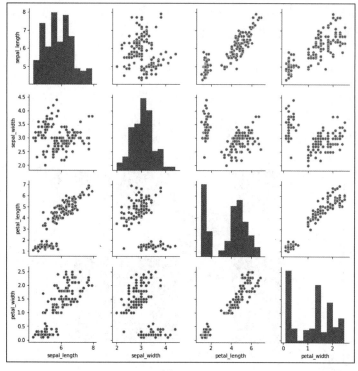

图 5-24

5.4 使用 Bokeh 库实现交互式数据可视化

Bokeh 是一个交互式的、高质量的、多功能的、集中的且功能强大的可视化库，适用于可视化大容量和流式数据。它为现代网络浏览器提供了丰富的交互式效果。它的输出结果可以被映射到 Jupyter Notebook、HTML 或服务器上。

Matplotlib 和 Bokeh 库有不同的用途。Matplotlib 库专注于静态、简单和快速的可视化效果，而 Bokeh 库专注于互动性强、动态、基于网络和高质量的可视化库。因此 Matplotlib 库一般用于发布可视化的图像，而 Bokeh 库则是为网络用户服务的。下面将介绍使用 Bokeh 库进行绘图的基本方法，可以使用 Bokeh 库为数据探索创建更多的交互式可视化效果。

安装 Bokeh 库的一种简单方法是使用 Anaconda，可执行以下命令。
```
conda install bokeh
```
也可以执行 pip 命令来安装它。
```
pip install bokeh
```

5.4.1 绘制简单的图

下面用 Bokeh 库绘制一幅简单的图。为此，需要导入 bokeh.plotting 子程序包。使用 output_notebook() 函数可将图呈现在 Jupyter Notebook 上。figure 对象是绘制图表和图形的核心对象。figure 对象可用于设置图的标题、大小、标签、网格和样式等，还可用于设置多种添加数据的方法。使用 Bokeh 库绘制图的代码如下。

```
# Import the required modules
from bokeh.plotting import figure
from bokeh.plotting import output_notebook
from bokeh.plotting import show

# Create the data
x = [1,3,5,7,9,11]
y = [10,25,35,33,41,59]

# Output to notebook
output_notebook()

# Instantiate a figure
fig= figure(plot_width = 500, plot_height = 350)

# Create scatter circle marker plot by rendering the circles
fig.circle(x, y, size = 10, color = "red", alpha = 0.7)

# Show the plot
show(fig)
```

输出结果如图 5-25 所示。

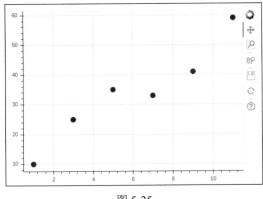

图 5-25

在设置好 figure 对象后，使用 circle() 函数创建一幅散点图。circle() 函数接收数据点的 x 轴和 y 轴坐标值，以及 size、color 和 alpha 参数的值。一旦所有的特征和数据被添加到图中，show() 函数就会将最终绘制效果输出。

5.4.2 标志符

Bokeh 库使用视觉化的标志符（glyph）来传达数据中的信息。标志符可以是圆形、直线、三角形、正方形、条形、菱形或其他形状的。下面使用 `line()` 函数绘制折线图，代码如下。

```
# Import the required modules
from bokeh.plotting import figure, output_notebook, show

# Import the required modules
from bokeh.plotting import figure
from bokeh.plotting import output_notebook
from bokeh.plotting import show

# Create the data
x_values = [1,3,5,7,9,11]
y_values = [10,25,35,33,41,59]

# Output to notebook
output_notebook()

# Instantiate a figure
p = figure(plot_width = 500, plot_height = 350)

# create a line plot
p.line(x_values, y_values, line_width = 1, color = "blue")

# Show the plot
show(p)
```

输出结果如图 5-26 所示。

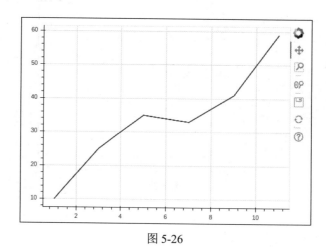

图 5-26

在前面的代码中，line()函数接收数据点的 x 轴和 y 轴的坐标值，以及 line_width 和 color 参数的值。

5.4.3 布局

Bokeh 库提供了用于组织图和部件的布局功能。使用它可在一个面板中组织多幅图，以实现交互式可视化；还可设置缩放模式，以根据面板的大小调整图和附件的大小。布局可分为以下类型。

- **行式布局**：将所有的图组织成一行，或以水平方式组织。
- **列式布局**：将所有的图组织成一列，或以垂直方式组织。
- **嵌套布局**：行式布局和列式布局的组合。
- **网格布局**：提供了一个用于布置图的矩阵网格。

下面看一个行式布局的例子，代码如下。

```
# Import the required modules
from bokeh.plotting import figure
from bokeh.plotting import output_notebook, show
from bokeh.layouts import row, column

# Import iris flower dataset as pandas DataFrame
from bokeh.sampledata.iris import flowers as df

# Output to notebook
output_notebook()

# Instantiate a figure
fig1 = figure(plot_width = 300, plot_height = 300)
fig2 = figure(plot_width = 300, plot_height = 300)
fig3 = figure(plot_width = 300, plot_height = 300)

# Create scatter marker plot by render the circles
fig1.circle(df['petal_length'], df['sepal_length'], size=8, color = "green", alpha = 0.5)
fig2.circle(df['petal_length'], df['sepal_width'], size=8, color = "blue", alpha = 0.5)
fig3.circle(df['petal_length'], df['petal_width'], size=8, color = "red", alpha = 0.5)

# Create row layout
row_layout = row(fig1, fig2, fig3)

# Show the plot
show(row_layout)
```

输出结果如图 5-27 所示。

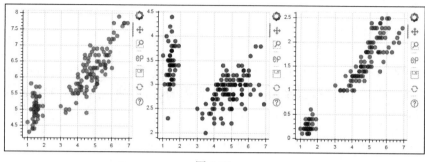

图 5-27

在前面的代码中,从 Bokeh 库的样本数据中加载了 iris 数据集,并实例化了 3 个具有特定绘图宽度和高度的 figure 对象,然后使用它们分别创建了 3 个散点圆标记,并创建了行式布局。这个行式布局将 figure 对象作为参数,并使用 show() 函数进行绘制。

还可以创建一个列式布局来代替行式布局,代码如下。

```
# Create column layout
col_layout = column(fig1, fig2, fig3)

# Show the plot
show(col_layout)
```

输出结果如图 5-28 所示,显示了 3 幅图的列式布局。

下面介绍嵌套布局,以获得更强大的可视化效果。

嵌套布局是多个行式布局和列式布局的组合。看以下的示例代码。

```
# Import the required modules
from bokeh.plotting import figure, output_notebook, show

# Import the required modules
from bokeh.plotting import figure
from bokeh.plotting import output_notebook
from bokeh.plotting import show
from bokeh.layouts import row, column

# Import iris flower dataset as pandas DataFrame
from bokeh.sampledata.iris import flowers as df

# Output to notebook
output_notebook()

# Instantiate a figure
```

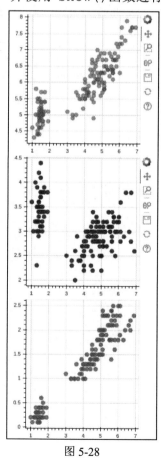

图 5-28

```
fig1 = figure(plot_width = 300, plot_height = 300)
fig2 = figure(plot_width = 300, plot_height = 300)
fig3 = figure(plot_width = 300, plot_height = 300)

# Create scatter marker plot by render the circles
fig1.circle(df['petal_length'], df['sepal_length'], size=8, color =
"green", alpha = 0.5)
fig2.circle(df['petal_length'], df['sepal_width'], size=8, color =
"blue",alpha = 0.5)
fig3.circle(df['petal_length'], df['petal_width'], size=8, color = "red",
alpha = 0.5)

# Create nested layout
nasted_layout = row(fig1, column(fig2, fig3))

# Show the plot
show(nasted_layout)
```

输出结果如图 5-29 所示。

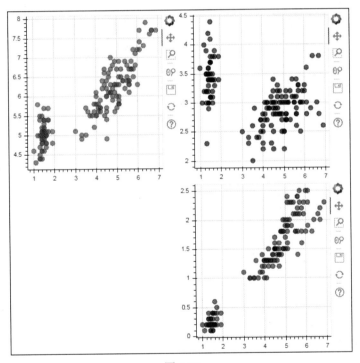

图 5-29

图 5-29 可以看成一个由两部分组成的行式布局，其中第一部分是 fig1，第二部分是 fig2 和 fig3 的列式布局。因此，这个布局为 2×2 的嵌套布局，其中第一列只有一个附件，第二列有两个附件。

5.4.4 多重图

使用网格布局还可以创建多重图。网格布局以"行-列"矩阵的方式排列对象，矩阵中的每一行对应一个图形对象的列表。可以使用 None 作为占位符，代码如下。

```
# Import the required modules
from bokeh.plotting import figure
from bokeh.plotting import output_notebook
from bokeh.plotting import show
from bokeh.layouts import gridplot

# Import iris flower dataset as pandas DataFrame
from bokeh.sampledata.iris import flowers as df

# Output to notebook
output_notebook()

# Instantiate a figure
fig1 = figure(plot_width = 300, plot_height = 300)
fig2 = figure(plot_width = 300, plot_height = 300)
fig3 = figure(plot_width = 300, plot_height = 300)

# Create scatter marker plot by render the circles
fig1.circle(df['petal_length'], df['sepal_length'], size=8, color = "green", alpha = 0.5)
fig2.circle(df['petal_length'], df['sepal_width'], size=8, color = "blue", alpha = 0.5)
fig3.circle(df['petal_length'], df['petal_width'], size=8, color = "red", alpha = 0.5)

# Create a grid layout
grid_layout = gridplot([[fig1, fig2], [None,fig3]])

# Show the plot
show(grid_layout)
```

输出结果如图 5-30 所示。

图 5-30 中的布局效果与嵌套布局类似。这里的代码使用了 gridplot() 函数将附件排列成行和列。网格图采用行图的列表，列表中的第一项是 fig1 和 fig2，第二项是 None 和 fig3，每一项都是网格矩阵中的一行。None 占位符用来让单元格为空。

缩放模式可以帮助我们配置图形的大小。Bokeh 库提供以下尺寸调整参数。

- fixed：保留原始宽度和高度。
- stretch_width：根据其他组件的类型，拉伸到可用的宽度，不保持原来的宽高比。

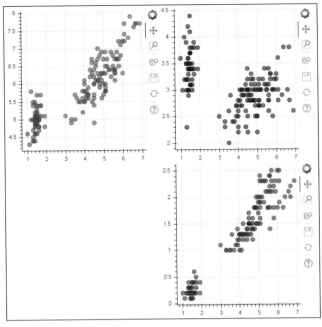

图 5-30

- stretch_height：根据其他组件的类型，拉伸到可用的高度，不保持原来的宽高比。
- stretch_both：根据其他组件的类型同时拉伸到可用的宽度和高度，不保持原来的宽高比。
- scale_width：根据其他组件的类型，拉伸到可用的宽度，同时保持原来的宽高比。
- scale_height：根据其他组件的类型，拉伸到可用的高度，同时保持原来的宽高比。
- scale_both：根据其他组件的类型，同时拉伸到可用的宽度和高度，并且保持原来的宽高比。

5.4.5 交互

Bokeh 库为在运行时可操作的图提供交互式图例。单击图例，可以隐藏或低亮图中对应的标志符。可以使用 click_policy 参数并单击图例条目来实现该效果。

1. 单击隐藏策略

单击隐藏策略：通过单击图例条目来隐藏相应的标志符。单击隐藏策略的代码如下。

```python
# Import the required modules
from bokeh.plotting import figure
from bokeh.plotting import output_notebook
from bokeh.plotting import show
from bokeh.models import CategoricalColorMapper

# Import iris flower dataset as pandas DataFrame
from bokeh.sampledata.iris import flowers as df


# Output to notebook
output_notebook()

# Instantiate a figure object
fig = figure(plot_width = 500, plot_height = 350, title="Petal length Vs.Petal Width", x_axis_label='petal_length', y_axis_label='petal_width')

# Create scatter marker plot by render the circles
for specie, color in zip(['setosa', 'virginica','versicolor'], ['blue', 'green', 'red']):
    data = df[df.species==specie]
    fig.circle('petal_length', 'petal_width', size=8, color=color, alpha = 0.7,
               legend_label=specie, source=data)

# Set the legend location and click policy
fig.legend.location = 'top_left'
fig.legend.click_policy="hide"

# Show the plot
show(fig)
```

输出结果如图 5-31 所示。

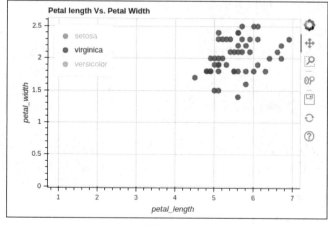

图 5-31

可以使用图对象的 `legend.click_policy` 参数来设置单击隐藏策略。此外，还需要为单击的每种类型的标志符或图例元素执行一个 `for` 循环。在前面的代码中，为数据集中各种类型的品种和颜色执行了一个 `for` 循环。当单击图例中的任何条目时，将过滤相应数据并隐藏相应标志符。

2. 单击低亮策略

单击低亮策略通过单击图例条目来高亮显示需要的标志符，低亮显示不感兴趣的标志符，不会隐藏标志符。代码如下。

```
# Import the required modules
from bokeh.plotting import figure
from bokeh.plotting import output_notebook
from bokeh.plotting import show
from bokeh.models import CategoricalColorMapper

# Import iris flower dataset as pandas DataFrame
from bokeh.sampledata.iris import flowers as df

# Output to notebook
output_notebook()

# Instantiate a figure object
fig = figure(plot_width = 500, plot_height = 350, title="Petal length Vs.Petal
Width", x_axis_label='petal_length', y_axis_label='petal_width')

# Create scatter marker plot by render the circles
for specie, color in zip(['setosa', 'virginica','versicolor'], ['blue',
'green', 'red']):
    data = df[df.species==specie]
    fig.circle('petal_length', 'petal_width', size=8, color=color, alpha = 0.7,
               legend_label=specie,source=data, muted_color=color, muted_alpha=0.2)

# Set the legend location and click policy
fig.legend.location = 'top_left'
fig.legend.click_policy="mute"

# Show the plot
show(fig)
```

输出结果如图 5-32 所示。

可以用 `legend.click_policy` 参数设置单击低亮策略。另外，还需要为单击的每种类型的标志符或图例元素执行 `for` 循环。在前面的代码中，为数据集中各种类型和颜色执行了 `for` 循环。当单击图例中的任何条目时，将过滤相应数据并高亮和低亮显示相应标志符。除此之外，还需要为散点圆添加 `muted_color` 和 `muted_alpha` 参数。

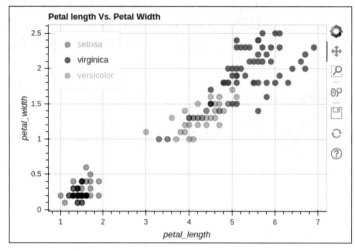

图 5-32

5.4.6 注释

Bokeh 库为可视化提供了以下一些注释。

- **Titles**：用于显示图的名称。
- **Axis labels**：用于显示轴的标签，可帮助我们理解 x 轴和 y 轴代表的内容。
- **Legends**：通过颜色或形状表示第三个变量，并帮助我们将特征联系起来，以便于理解。
- **Color bars**：用于显示颜色条，是使用 ColorMapper 的调色板创建的。

下面看一个注释的例子，代码如下。

```
# Import the required modules
from bokeh.plotting import figure
from bokeh.plotting import output_notebook
from bokeh.plotting import show
from bokeh.models import CategoricalColorMapper

# Import iris flower dataset as pandas DataFrame
from bokeh.sampledata.iris import flowers as df

# Output to notebook
output_notebook()

# Create color mapper for categorical column
color_mapper = CategoricalColorMapper(factors=['setosa', 'virginica',
```

```
'versicolor'], palette=['blue', 'green', 'red'])

color_dict={'field': 'species','transform': color_mapper }

# Instantiate a figure object
p = figure(plot_width = 500, plot_height = 350, title="Petal length Vs.Petal
           Width", x_axis_label='petal_length', y_axis_label='petal_width')

# Create scatter marker plot by render the circles
p.circle('petal_length', 'petal_width', size=8, color=color_dict, alpha = 0.5,
         legend_group='species', source=df)

# Set the legend location
p.legend.location = 'top_left'

# Show the plot
show(p)
```

在前面的代码中，CategoricalColorMapper 被导入，通过定义 iris 种类中的因素或唯一项及它们各自的颜色来创建对象。通过定义映射器的 field 和 transform 参数来创建颜色字典。还需要定义图的标题，x_axis_label 和 y_axis_label 在 figure() 函数中定义。图例通过圆形散点标记函数定义了 species 列，其位置用 figure 对象的 location 参数来定义。输出结果如图 5-33 所示。

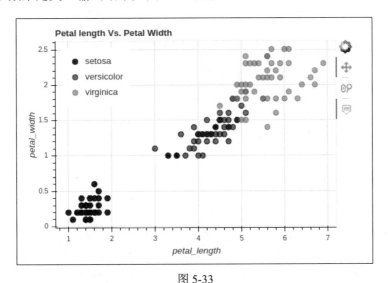

图 5-33

5.4.7 悬停工具

只要鼠标指针放在一个特定的区域中，悬停工具就会显示相关信息。下面通过一个例子来介绍悬停工具，代码如下。

```python
# Import the required modules
from bokeh.plotting import figure
from bokeh.plotting import output_notebook
from bokeh.plotting import show
from bokeh.models import CategoricalColorMapper
from bokeh.models import HoverTool

# Import iris flower dataset as pandas DataFrame
from bokeh.sampledata.iris import flowers as df

# Output to notebook
output_notebook()

# Create color mapper for categorical column
mapper = CategoricalColorMapper(factors=['setosa', 'virginica', 'versicolor'],
                                palette=['blue', 'green', 'red'])

color_dict={'field': 'species','transform': mapper}

# Create hovertool and specify the hovering information
hover = HoverTool(tooltips=[('Species type','@species'),
                            ('IRIS Petal Length','@petal_length'),
                            ('IRIS Petal Width', '@petal_width')])

# Instantiate a figure object
p = figure(plot_width = 500, plot_height = 350, title="Petal length Vs.
        Petal Width", x_axis_label='petal_length', y_axis_label='petal_width',
        tools=[hover, 'pan', 'wheel_zoom'])

# Create scatter marker plot by render the circles
p.circle('petal_length', 'petal_width', size=8, color=color_dict, alpha = 0.5,
        legend_group='species',source=df)

# Set the legend location
p.legend.location = 'top_left'

# Show the plot
show(p)
```

输出结果如图 5-34 所示。

前面的代码从 bokeh.models 子程序包中导入了 HoverTool，并通过定义鼠标悬停时显示的信息来创建 hover 对象。此处的元组列表为定义的信息，每个元组有两个参数，第一个是字符串标签，第二个是实际值（前面有@）。hover 对象被传递到 figure 对象中作为 tools 参数的值。

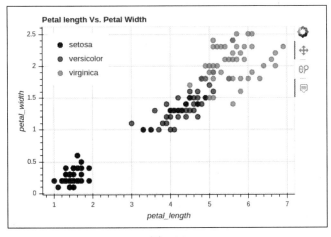

图 5-34

5.4.8 小部件

小部件用于在前端提供实时互动的功能,且具有在运行时修改和更新图的功能。它们可以通过 Bokeh 服务器或一个独立的 HTML 应用程序来运行。要使用小部件,就需要指定其功能。小部件可以嵌套在布局中,有以下两种方法可以将小部件添加到程序中。

(1) 使用 CustomJS() 回调函数。

(2) 使用 Bokeh 服务器和事件处理程序,如 onclick 或 onchange event。

1. 标签面板

使用标签面板可在一个窗口中创建多幅图和布局。下面来看一个标签面板的例子,代码如下。

```
# Import the required modules
from bokeh.plotting import figure
from bokeh.plotting import output_notebook
from bokeh.plotting import show
from bokeh.models.widgets import Tabs
from bokeh.models.widgets import Panel

# Import iris flower dataset as pandas DataFrame
from bokeh.sampledata.iris import flowers as df

# Output to notebook
output_notebook()
```

```python
# Instantiate a figure
fig1 = figure(plot_width = 300, plot_height = 300)
fig2 = figure(plot_width = 300,plot_height = 300)

# Create scatter marker plot by render the circles
fig1.circle(df['petal_length'], df['sepal_length'], size=8, color = "green",
            alpha = 0.5)
fig2.circle(df['petal_length'], df['sepal_width'], size=8, color = "blue",
            alpha = 0.5)

# Create panels
tab1 = Panel(child=fig1, title='tab1')
tab2 = Panel(child=fig2, title='tab2')

# Create tab by putting panels into it
tab_layout = Tabs(tabs=[tab1,tab2])

# Show the plot
show(tab_layout)
```

输出结果如图 5-35 所示。

在前面的代码中，通过将 figure 对象传递给面板的 child 参数，以及将 title 对象传递给 Panel 的 title 参数创建了两个面板。将这两个面板组合成一个列表，并传递给 Tabs 布局对象，tab_layout 对象由 show() 函数显示。可以单击相应标签来切换选项卡。

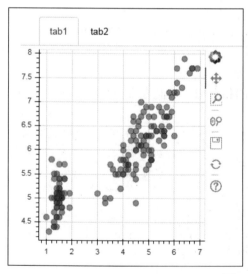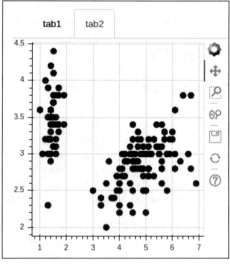

图 5-35

2. 滑块

滑块是一个图形轨迹条，移动它可以改变数值。下面看一个滑块的例子，代码如下。

```
# Import the required modules
from bokeh.plotting import Figure
from bokeh.plotting import output_notebook
from bokeh.plotting import show
from bokeh.models import CustomJS
from bokeh.models import ColumnDataSource
from bokeh.models import Slider
from bokeh.layouts import column

# Show output in notebook
output_notebook()

# Create list of data
x = [x for x in range(0, 100)]
y = x

# Create a DataFrame
df = ColumnDataSource(data={"x_values":x, "y_values":y})

# Instantiate the Figure object
fig = Figure(plot_width=350, plot_height=350)

# Create a line plot
fig.line('x_values', 'y_values', source=df, line_width=2.5, line_alpha=0.8)

# Create a callback using CustomJS
callback = CustomJS(args=dict(source=df), code="""
    var data = source.data;
    var f = cb_obj.value
    var x_values = data['x_values']
    var y_values = data['y_values']
    for (var i = 0; i < x_values.length; i++) {
        y_values[i] = Math.pow(x_values[i], f)
    }
    source.change.emit();
""")

slider_widget = Slider(start=0.0, end=10, value=1, step=.1, title="Display power of x")

slider_widget.js_on_change('value', callback)

# Create layout
slider_widget_layout = column(fig,slider_widget)
```

```
# Display the layout
show(slider_widget_layout)
```

在上方代码中，Bokeh 库中的 Slider() 函数将 start、end、value、step、title 和 CustomJS() 回调函数作为参数，创建了一个滑轨部件，使得可以通过滑块改变 x 变量的幂，从而更改 y 变量的值。需要注意 CustomJS() 回调函数接收 DataFrame 对象的源，使用 cb_obj.value 获取滑块的值，并使用 change.emit() 函数更新滑块值。可以在 for 循环中使用滑块的值来更新 y_value 的值。上方代码的输出结果如图 5-36 所示。

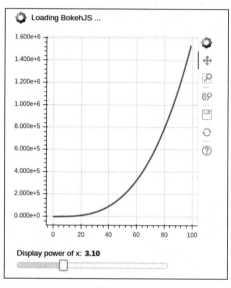

图 5-36

5.5 总结

在这一章中，我们讨论了使用 Matplotlib、pandas、Seaborn 和 Bokeh 库来可视化数据。本章涉及各种图的绘制，包括散点图、折线图、饼图、柱状图、直方图、气泡图、lm 图、分布图、箱形图、KDE 图、小提琴图、计数图、联合图、热力图和配对图等。本章还介绍了图表的附件，包括标题、标签、图例、布局和注释等。此外，本章还介绍了 Bokeh 库的布局、交互、悬停工具和小部件的使用。

第 6 章
数据的检索、处理和存储

数据无处不在，形式多样，我们可以从网络、物联网传感器、电子邮件和数据库中获得数据，也可以通过实验和社会调查收集数据。在进行数据分析之前，我们必须知道如何处理各种数据集，因为这是一个非常重要的技能。我们将在本章中讨论如何检索、处理和存储各种格式的数据，包括 CSV、Excel、JSON、HDF5、HTML、Parquet 和 pickle 等格式的数据。

我们还将介绍如何从关系数据库和非关系数据库中访问数据，包括 SQLite、MySQL、MongoDB、Cassandra 和 Redis 等数据库。在 21 世纪，非关系数据库在大数据和网络中的应用大幅增长，非关系数据库是一种更灵活、更快速和无模式的数据库。非关系数据库可以以多种格式存储数据，包括文档、面向列、对象、图、元组或组合等格式。

在本章中，我们将学习以下内容。

- 用 NumPy 库读取和写入 CSV 文件。
- 用 pandas 库读取和写入 CSV 文件。
- Excel 文件的数据读取和写入。
- JSON 文件的数据读取和写入。
- HDF5 文件的数据读取和写入。
- HTML 表的数据读取和写入。
- Parquet 文件的数据读取和写入。
- pickle 文件的数据读取和写入。
- 用 SQLite3 库进行轻量级访问。
- MySQL 数据库的数据读取和写入。

- MongoDB 数据库的数据读取和写入。
- Cassandra 数据库的数据读取和写入。
- Redis 数据库的数据读取和写入。
- PonyORM。

6.1 技术要求

本章的技术要求如下。

- 可以从异步社区获取本书配套的代码和数据集。本章的代码可以在 `ch6.ipynb` 文件中找到。

- 本章使用 CSV 文件（`demo.csv`、`product.csv`、`demo_sample_df.csv`、`my_first_demo.csv`、`employee.csv`）、Excel 文件（`employee.xlsx`、`employee_performance.xlsx`、`new_employee_details.xlsx`）、JSON 文件（`employee.json` 和 `employee_demo.json`）、HDF5 文件（`employee.h5`）、HTML 文件（`data.html`）、Parquet 文件（`employee.parquet`），以及 pickle 文件（`demo_obj.pkl`）进行练习。

- 本章将使用 pandas、pickle、PyArrow、SQLite3、PyMySQL、MySQL-Connector、PyMongo、Cassandra-Driver 和 Redis 等库。

6.2 用 NumPy 库读取和写入 CSV 文件

在第 2 章中，我们学习了 NumPy 库及其功能。NumPy 库具有读写 CSV 文件，并在 NumPy 数组中将其输出的功能。`genfromtxt()` 函数用于读取数据，而 `savetxt()` 函数用于将数据写入文件。与其他函数相比，`genfromtxt()` 函数读取数据的速度很慢，因为它要进行两个阶段的操作：在第一阶段，它以字符串类型读取数据；在第二阶段，它将字符串类型转换为合适的数据类型。`genfromtxt()` 函数有以下参数。

- `fname`：字符串类型，用于表示文件名或文件路径。
- `delimiter`：字符串类型，可选参数，用于表示单独的字符串值，默认情况下采用连续的空格。
- `skip_header`：整数类型，可选参数，用于表示从文件的开始跳过多少行进行读取。

下面使用 NumPy 库中的 genfromtxt() 函数读取 demo.csv 文件，代码如下。

```
# import genfromtxt function
from numpy import genfromtxt

# Read comma separated file
product_data = genfromtxt('demo.csv', delimiter=',')

# display initial 5 records
print(product_data)
```

输出结果如下。

```
[[14. 32. 33.]
 [24. 45. 26.]
 [27. 38. 39.]]
```

下面使用 NumPy 库中的 savetxt() 函数编写 my_first_demo.csv 文件，代码如下。

```
# import numpy
import numpy as np

# Create a sample array
sample_array = np.asarray([ [1,2,3], [4,5,6], [7,8,9] ])

# Write sample array to CSV file
np.savetxt("my_first_demo.csv", sample_array, delimiter=",")
```

6.3　用 pandas 库读取和写入 CSV 文件

　　pandas 库提供了多种用于文件读取和写入的函数。本节学习 CSV 文件的读写。要读取一个 CSV 文件，可使用 read_csv() 函数，代码如下。

```
# import pandas
import pandas as pd

# Read CSV file
sample_df=pd.read_csv('demo.csv', sep=',' , header=None)

# display initial 5 records
sample_df.head()
```

输出结果如图 6-1 所示。

	0	1	2
0	14	32	33
1	24	45	26
2	27	38	39

图 6-1

使用以下代码将 DataFrame 对象保存为 CSV 文件。

```
# Save DataFrame to CSV file
sample_df.to_csv('demo_sample_df.csv')
```

　　前面的代码中使用 pandas 库中的 read_csv() 和 to_csv() 函数读取并保存了 CSV 文件。

read_csv()函数有以下重要参数。

- `filepath_or_buffer`：用于提供一个文件路径或 URL 的字符串来读取文件。
- `sep`：用于提供字符串中的分隔符，例如逗号",", 分号";"; 默认的分隔符是逗号","。
- `delim_whitespace`：用于替代空格分隔符, 是一个布尔变量; `delim_whitespace` 的默认值是 `False`。
- `header`：用于标识列的名称，其默认值是 `infer`。
- `names`：用于传递一个列名的列表，其默认值是 `None`。

在 pandas 库中，DataFrame 对象可以通过 `to_csv()` 函数导出为 CSV 文件。CSV 文件以逗号分隔数值文件。`to_csv()` 函数可以只有一个参数（作为字符串的文件名），其参数如下。

- `path_or_buf`：用于表示文件路径或文件要输出的位置。
- `sep`：用于表示输出文件的分隔符。
- `header`：用于表示是否包括列名或列别名的列表，其默认值是 `True`。
- `index`：用于表示是否向文件写入索引，默认值是 `True`。

要了解更多的参数和详细说明，可以访问 pandas 官方网站。

6.4 Excel 文件的数据读取和写入

Excel 文件是业务领域中广泛使用的文件。可以使用 pandas 库中的 `read_excel()` 函数轻松地读取 Excel 文件。`read_excel()` 函数需要有文件路径和 `sheet_name` 参数，代码如下。

```
# Read excel file
df=pd.read_excel('employee.xlsx',sheet_name='performance')

# display initial 5 records
df.head()
```

输出结果如图 6-2 所示。

DataFrame 对象可以写入 Excel 文件中。可以使用 `to_excel()` 函数将 DataFrame 对象导入 Excel 文件中。大多数情况下, 除了 `sheet_name` 参数, `to_excel()` 函数的参数与 `to_csv()` 函数相同, 代码如下。

	name	performance_score
0	Allen Smith	723
1	S Kumar	520
2	Jack Morgan	674
3	Ying Chin	556
4	Dheeraj Patel	711

图 6-2

```
df.to_excel('employee_performance.xlsx')
```

前面的代码导出了单个的 DataFrame 对象到一个 Excel 文件中，也可以以不同的工作表名称导出多个 DataFrame 对象到同一个 Excel 文件中，还可以使用 `ExcelWriter()` 函数向一个 Excel 文件中写入多个 DataFrame 对象（每个 DataFrame 对象在不同的工作表中），代码如下。

```
# Read excel file
emp_df=pd.read_excel('employee.xlsx',sheet_name='employee_details')

# write multiple dataframe to single excel file
with pd.ExcelWriter('new_employee_details.xlsx') as writer:
    emp_df.to_excel(writer, sheet_name='employee')
    df.to_excel(writer, sheet_name='perfromance')
```

前面的代码将多个 DataFrame 对象写入了一个 Excel 文件中，每个 DataFrame 对象使用 `ExcelWriter()` 函数存储在不同的工作表中。下一节将介绍如何使用 pandas 库读写 JSON 文件。

6.5　JSON 文件的数据读取和写入

JSON（JavaScript Object Notation） 是一种广泛使用的文件格式，用于在 Web 应用程序和服务器之间交换数据。作为一种数据交换格式，JSON 比 XML 更具可读性。pandas 库中提供的 `read_json()` 函数用于读取 JSON 文件，`to_json()` 函数用于将数据写入 JSON 文件。

使用 `read_json()` 函数读取 JSON 文件，代码如下。

```
# Reading JSON file
df=pd.read_json('employee.json')

# display initial 5 records
df.head()
```

输出结果如图 6-3 所示。

	name	age	income	gender	department	grade
0	Allen Smith	45.0	NaN	None	Operations	G3
1	S Kumar	NaN	16000.0	F	Finance	G0
2	Jack Morgan	32.0	35000.0	M	Finance	G2
3	Ying Chin	45.0	65000.0	F	Sales	G3
4	Dheeraj Patel	30.0	42000.0	F	Operations	G2

图 6-3

接下来使用 `to_json()` 函数将数据写入一个 JSON 文件。

```
# Writing DataFrame to JSON file
df.to_json('employee_demo.json',orient="columns")
```

在 `to_json()` 函数的参数中，`orient` 参数用于处理输出的字符串格式，如记录、列、索引和值的格式，读者可以访问官方网站对其进行更详细的研究。下一节将介绍如何使用 pandas 库读写 HDF5 文件。

6.6　HDF5 文件的数据读取和写入

HDF 是 **Hierarchical Data Format**（分层数据格式）的缩写，它用来存储和管理大量的数据，提供快速的 I/O 处理和异构数据的存储功能。HDF 文件格式有多种，例如 HDF4 和 HDF5。可使用 PyTables 库中的 `read_hdf()` 函数来读取 HDF5 文件，使用 `to_hdf()` 函数将数据写入 HDF5 文件。

使用 `to_hdf()` 函数将数据写入 HDF5 文件，代码如下。

```
# Write DataFrame to hdf5
df.to_hdf('employee.h5', 'table', append=True)
```

前面的代码中，`'table'` 是表格式的格式参数。虽然表格式执行得较慢，但它提供了灵活的操作，如搜索和选择。`append` 参数用于将输入的数据追加到现有的数据文件中。

下面的代码使用 `read_hdf()` 函数读取 HDF5 文件。

```
# Read a hdf5 file
df=pd.read_hdf('employee.h5', 'table')

# display initial 5 records
df.head()
```

输出结果如图 6-4 所示。

	name	age	income	gender	department	grade
0	Allen Smith	45.0	NaN	None	Operations	G3
1	S Kumar	NaN	16000.0	F	Finance	G0
2	Jack Morgan	32.0	35000.0	M	Finance	G2
3	Ying Chin	45.0	65000.0	F	Sales	G3
4	Dheeraj Patel	30.0	42000.0	F	Operations	G2

图 6-4

6.7 HTML 表的数据读取和写入

HTML 表在`<tr></tr>`标签中存储行，每一行都有相应的`<td></td>`标签用于保存值。使用 pandas 库可以从一个文件或 URL 中读写 HTML 表。`read_html()`函数用于从文件或 URL 中读取 HTML 表，并将 HTML 表返回到一个 DataFrame 对象的列表中，代码如下。

```
# Reading HTML table from given URL
table_url = 'http://www.stats.gov.cn/tjsj/zxfb/202205/t20220516_1830449.html'
df_list = pd.read_html(table_url)

print("Number of DataFrame:",len(df_list))
```

输出结果如下所示。

```
Number of DataFrame: 4
```

前面的代码使用 `read_html()` 函数从一个给定的 URL 中读取了 HTML 表，并以 DataFrame 对象的列表形式返回所有的表。下面查看列表中的一个 DataFrame 对象，代码如下。

```
# Check first DataFrame
df_list[0].head()
```

输出结果如图 6-5 所示，其中显示了给定 URL 中第一个表的记录。

	0	1	2	3	4
0	指　标	4月	4月	1—4月	1—4月
1	指　标	绝对量（亿元）	同比增长（%）	绝对量（亿元）	同比增长（%）
2	社会消费品零售总额	29483	-11.1	138142	-0.2
3	其中：除汽车以外的消费品零售额	26916	-8.4	124807	0.8
4	其中：限额以上单位消费品零售额	11012	-14.0	51586	0.6

图 6-5

可以使用 `to_html()` 函数将 DataFrame 对象写入 HTML 表中，代码如下。

```
# Write DataFrame to raw HTML
df_list[1].to_html('data.html')
```

前面的代码将 DataFrame 对象以表的形式写入 HTML 页面中。

6.8 Parquet 文件的数据读取和写入

使用 Parquet 格式可对 DataFrame 对象进行列式序列化，能有效地读取和写入 DataFrame 对象，并且在分布式系统中分享数据时不会有信息损失。Parquet 格式不支持重复列和数字列。

在 pandas 库中，有两种引擎用于读取和写入 Parquet 文件——PyArrow 和 fastparquet。pandas 库的默认引擎是 PyArrow，如果 PyArrow 不可用，则使用 fastparquet。本节使用的是 PyArrow 引擎。下面执行 `pip` 命令安装 PyArrow 引擎，命令如下。

```
pip install pyarrow
```

也可以在 Jupyter Notebook 中安装 PyArrow 引擎，方法是在 `pip` 命令前加上一个感叹号（!），命令如下。

```
!pip install pyarrow
```

下面使用 PyArrow 引擎的 `to_parquet()` 函数编写一个 Parquet 文件，代码如下。

```python
# Write to a parquet file
df.to_parquet('employee.parquet', engine='pyarrow')
```

下面使用 PyArrow 引擎的 `read_parquet()` 函数读取 Parquet 文件，代码如下。

```python
# Read parquet file
employee_df = pd.read_parquet('employee.parquet', engine='pyarrow')

# display initial 5 records
employee_df.head()
```

输出结果如图 6-6 所示。

	name	age	income	gender	department	grade
0	Allen Smith	45.0	NaN	None	Operations	G3
1	S Kumar	NaN	16000.0	F	Finance	G0
2	Jack Morgan	32.0	35000.0	M	Finance	G2
3	Ying Chin	45.0	65000.0	F	Sales	G3
4	Dheeraj Patel	30.0	42000.0	F	Operations	G2

图 6-6

6.9　pickle 文件的数据读取和写入

在准备数据时，我们可能想把多种对象（如字典、列表、数组或 DataFrame）保存起来供将来参考，或者把它们发送给其他人。可以使用 pandas 库中的 pickle 模块将数据序列化，以便保存它们并在以后随时加载它们。pandas 库中提供的 `read_pickle()` 函数用于读取 pickle 文件的数据，`to_pickle()` 函数用于将数据写入 pickle 文件。

```python
# import pandas
import pandas as pd
```

```
# Read CSV file
df=pd.read_csv('demo.csv', sep=',' , header=None)

# Save DataFrame object in pickle file
df.to_pickle('demo_obj.pkl')
```

前面的代码使用 `read_csv()` 函数读取了 demo.csv 文件,该函数有 `sep` 和 `header` 参数。在这里,将 `sep` 参数值设置为逗号,`header` 参数值设置为 None。最后,使用 `to_pickle()` 将数据集写入一个 pickle 文件中。下面使用 `read_pickle()` 函数来读取 pickle 文件,代码如下。

```
#Read DataFrame object from pickle file
pickle_obj=pd.read_pickle('demo_obj.pkl')

# display initial 5 records
pickle_obj.head()
```

输出结果如图 6-7 所示。

	0	1	2
0	14	32	33
1	24	45	26
2	27	38	39

图 6-7

6.10 用 SQLite3 库进行轻量级访问

SQLite 是一个开源的数据库引擎,提供多种功能,例如更快的执行、轻量级处理、无服务器架构、符合 ACID 标准、更少的管理、强稳定性和强可靠性的交易。SQLite 是移动和计算机领域中最流行和部署最广泛的数据库引擎之一。它也被称为嵌入式关系数据库,因为它作为应用程序的一部分运行。SQLite 是一个轻量级的数据库引擎,主要用于小型数据的本地存储和处理。SQLite 数据库引擎的主要优点是易使用、高效、轻巧,并且可以嵌入应用程序中。

可以使用 Python 中的 SQLite3 库来读取和写入数据,因为在所有标准的 Python 发行版中都已经提供了 SQLite3 库,所以不需要专门下载和安装。使用 SQLite3 库可以把数据库存储在文件中,或者把它保存在随机(存取)存储器中。SQLite3 库允许使用 SQL 对数据库进行操作,而不需要任何第三方应用服务器。下面来了解数据库连接,代码如下。

```
# Import sqlite3
import sqlite3

# Create connection. This will create the connection with employee database
# If the database does not exist it will create the database
conn = sqlite3.connect('employee.db')

# Create cursor
cur = conn.cursor()

# Execute SQL query and create the database table
```

```
cur.execute("create table emp(eid int,salary int)")

# Execute SQL query and Write the data into database
cur.execute("insert into emp values(105, 57000)")

# commit the transaction
con.commit()

# Execute SQL query and Read the data from the database
cur.execute('select * from emp')

# Fetch records
print(cur.fetchall())

# Close the Database connection
conn.close()
```

输出结果如下。

[(105, 57000)]

上面的代码导入了 SQLite3 库并使用 connect() 函数创建了一个数据库连接。connect() 函数接收数据库的名称和路径参数；如果数据库不存在，它将用给定的名称和路径来创建数据库。一旦建立了与数据库的连接，就需要创建 Cursor 对象，并使用 execute() 函数执行 SQL 查询。可以使用 execute() 函数创建一个表，就像示例中的 emp 表一样，它是在 employee 数据库中创建的。可以使用带有 insert 查询参数的 execute() 函数写入数据，然后使用 commit() 函数将数据提交到数据库中。可以通过有 select 查询参数的 execute() 函数提取数据，并使用 fetchall() 和 fetchone() 函数来获取数据。fetchone() 函数用于获取一条记录，fetchall() 函数用于从数据库表中获取所有记录。

6.11 MySQL 数据库的数据读取和写入

MySQL 是一个快速、开源且易使用的关系或表格数据库，适用于小型和大型商业应用。它对数据库驱动的 Web 应用非常友好。通过 Python 访问 MySQL 数据库中的数据的方法有很多。MySQLdb、MySQL-Connector 和 PyMySQL 等连接器可用于连接 MySQL 数据库。要进行数据库连接，需要先安装 MySQL 关系数据库和 MySQL-Python 连接器。MySQL 数据库的设置细节可以在其官网上找到。

可以使用 PyMySQL 连接器作为客户端库，它可以用以下命令进行安装。

```
pip install pymysql
```

可以通过以下步骤建立一个数据库连接并进行数据库操作。

(1)导入库。

(2)创建一个数据库连接。

(3)创建一个游标对象。

(4)执行 SQL 查询。

(5)获取记录、更新记录或插入记录。

(6)关闭数据库连接。

在进行数据库连接之前,应先设计和创建一个数据库,然后在 MySQL 数据库中为该数据库创建一个表。

创建一个数据库,代码如下。

```
create database employee
```

使用 employee 数据库,代码如下。

```
use employee
```

在数据库中创建一个表,代码如下。

```
create table emp(eid int, salary int);
```

现在可以在 MySQL 数据库的表中进行插入和获取记录操作。

```
# import pymysql connector module
import pymysql

# Create a connection object using connect() method
connection = pymysql.connect(host='localhost', # IP address of the MySQL
                                               # database server
                             user='root', # user name
                             password='root',# password
                             db='emp', # database name
                             charset='utf8mb4', # character set
                             cursorclass=pymysql.cursors.DictCursor)

# cursor type
try:
    with connection.cursor() as cur:
        # Inject a record in database
        sql_query = "INSERT INTO 'emp' ('eid', 'salary') VALUES (%s, %s)"
        cur.execute(sql_query, (104,43000))

    # Commit the record insertion explicitly.
    connection.commit()

    with connection.cursor() as cur:
        # Read records from employee table
        sql_query = "SELECT * FROM 'emp'"
```

```
            cur.execute(sql_query )
            table_data = cur.fetchall()
            print(table_data)
except:
    print("Exception Occurred")
finally:
    connection.close()
```

在上面的代码中导入了 PyMySQL 库并创建了一个数据库连接。connect() 函数接收主机地址（在上面的代码中是 localhost，也可以使用远程数据库的 IP 地址）、用户名、密码、数据库名称、字符集和游标类。

建立连接后，使用 insert 查询语句来写入数据，使用 select 查询语句来检索数据。通过 insert 查询将要输入的参数传递到数据库，然后使用 commit() 函数将结果提交到数据库中。在执行 select 查询语句后，会得到一些记录。可以使用 fetchone() 和 fetchall() 函数来提取这些记录。

在上面的代码中，所有的读写操作都在一个 try 代码块中进行，并在 finally 代码块中关闭数据库连接。还可以使用 MySQL-Connector 连接器进行 MySQL 数据库和 Python 的连接，它可以用以下命令来安装。

pip install mysql-connector-python

让我们看看下面的示例。

```
# Import the required connector
import mysql.connector
import pandas as pd

# Establish a database connection to mysql
connection=mysql.connector.connect(user='root',password='root',
                                   host='localhost',database='emp')

# Create a cursor
cur=connection.cursor()

# Running sql query
cur.execute("select * from emp")

# Fetch all the records and print it one by one
records=cur.fetchall()
for i in records:
    print(i)

# Create a DataFrame from fetched records.
df = pd.DataFrame(records)

# Assign column names to DataFrame
df.columns = [i[0] for i in cur.description]
```

```
# close the connection
connection.close()
```

前面的代码使用 MySQL-Connector 模块连接器将 Python 与 MySQL 数据库连接起来，检索数据的方法和步骤与使用 PyMySQL 时的相同；还将提取的记录写入了 DataFrame 对象中（将获取的记录传入 DataFrame 对象中，并从游标对象的描述中分配列名）。

前面的代码使用 `insert` 查询语句插入了一条记录。如果想插入多条记录，则需要通过循环来实现。也可以使用 `to_sql()` 函数插入多条记录，代码如下。

```
# Import the sqlalchemy engine
from sqlalchemy import create_engine

# Instantiate engine object
en = create_engine("mysql+pymysql://{user}:{pw}@localhost/{db}"
                   .format(user="root", pw="root", db="emp"))

# Insert the whole dataframe into the database
df.to_sql('emp', con=en, if_exists='append',chunksize=1000, index= False)
```

前面的代码使用用户名、密码和数据库参数为数据库创建连接引擎。`to_sql()` 函数将 DataFrame 对象中的多条记录写入 SQL 数据库中。该函数的参数有表名、连接引擎对象的 `con`、用于检查数据是否追加到新表或用新表替换的 `if_exists`，以及用于分批写入数据的 `chunksize`。

6.12 MongoDB 数据库的数据读取和写入

MongoDB 是一个面向文档的非关系数据库。它使用类似于 JSON 文件的 **BSON**（**Binary Object Notation**）文件来存储数据。MongoDB 数据库有以下特点。

- 它是一个免费、开源且跨平台的数据库。
- 它很容易学习，可以用于开发运行更快的应用程序，支持灵活的架构，可用于处理不同的数据类型，并具有在分布式环境中扩展的能力。
- 它适用于文档的操作。
- 它有数据库、集合、文档、字段和主键。

可以使用 PyMongo 连接器进行 MongoDB 数据库的数据读取和写入操作。为此，需要安装 MongoDB 和 PyMongo 连接器。可以从 MongoDB 的官网下载并安装 MongoDB。PyMongo 是一个纯 Python MongoDB 客户端库，可以使用以下命令安装。

```
pip install pymongo
```

下面使用 PyMongo 连接器进行数据库连接，代码如下。

```
# Import pymongo
import pymongo

# Create mongo client
client = pymongo.MongoClient()

# Get database
db = client.employee

# Get the collection from database
collection = db.emp

# Write the data using insert_one() method
employee_salary = {"eid":114, "salary":25000}
collection.insert_one(employee_salary)

# Create a dataframe with fetched data
data = pd.DataFrame(list(collection.find()))
```

上面的代码先创建了一个 Mongo 客户端，然后插入数据，提取集合的细节，并将其分配给 DataFrame 对象，从而从 MongoDB 数据库集合中提取数据。

6.13 Cassandra 数据库的数据读取和写入

Cassandra 数据库具有较强的可扩展性和可用性，以及持久性和高容错性，并具有较低的管理开销和更快的读写速度，是一个有弹性的面向列的数据库，更易学习和配置。Cassandra 数据库可为相当复杂的问题提供解决方案，支持跨多个数据中心的复制。很多大公司（例如 Apple、eBay 和 Netflix）都在使用 Cassandra 数据库。

在 Python 中，可以使用 Cassandra-Driver 连接器进行 Cassandra 数据库的数据读取和写入操作。为此，需要安装 Cassandra 和 Cassandra-Driver 连接器。可以从 Cassandra 官网下载并安装 Cassandra。Cassandra-Driver 是一个面向 Python 的 Cassandra 客户端库，可以用以下命令安装。

```
pip install cassandra-driver
```

下面使用 Cassandra-Driver 连接器进行数据库连接，代码如下。

```
# Import the cluster
from cassandra.cluster import Cluster

# Creating a cluster object
cluster = Cluster()

# Create connections by calling Cluster.connect():
```

```
conn = cluster.connect()

# Execute the insert query
conn.execute("""INSERT INTO employee.emp_details (eid, ename, age) VALUES
             (%(eid)s, %(ename)s, %(age)s)""",
             {'eid':101, 'ename': "Steve Smith",'age': 42})

# Execute the select query
rows = conn.execute('SELECT * FROM employee.emp_details')

# Print the results
for emp_row in rows:
    print(emp_row.eid, emp_row.ename, emp_row.age)

# Create a dataframe with fetched data
data = pd.DataFrame(rows)
```

上面的代码先创建了一个集群对象，然后使用 `connect()` 函数创建连接，执行插入，并选择查询数据来从 Cassandra 数据库中提取数据，最后将提取的记录分配给 DataFrame 对象。

6.14 Redis 数据库的数据读取和写入

Redis 是一个开源的非关系数据库，也是一个在内存中的键值数据库，读取速度极快且具有很强的可用性，可以用作缓存或充当消息代理。它使用随机（存取）存储器来存储数据，并使用虚拟内存来处理更大量的数据。Redis 数据库提供缓存服务和持久化存储功能。Redis 数据库支持多种数据结构，如字符串、集合、列表、位图、地理空间索引和超日志。Redis 数据库可以处理地理空间、流式和时间序列数据，Redis 数据库的服务是与亚马逊云和谷歌云等云服务一起提供的。

可以使用 Redis 连接器进行 Redis 数据库的数据读取和写入操作。为此，需要安装 Redis 和 Redis 连接器。可以从 GitHub 上下载并安装 Redis。Redis 连接器是一个面向 Python 的 Redis 客户端库，可以用以下命令安装。

```
pip install redis
```

下面用 Redis 连接器进行数据库连接，代码如下。

```
# Import module
import redis

# Create connection
r = redis.Redis(host='localhost', port=6379, db=0)

# Setting key-value pair
r.set('eid', '101')
```

```
# Get valuefor given key
value=r.get('eid')

# Print the value
print(value)
```

上面的代码先从 Redis 数据库中提取了数据,然后创建了一个数据库连接,使用了 `set()` 函数将键值对设置到 Redis 数据库中,最后使用 `get()` 函数提取了给定键值参数的值。

6.15　PonyORM

PonyORM 是一个用 Python 编写的用于**对象关系映射**(**Object Relational Mapping,ORM**)的包,其读取速度快且使用方便,能够以很小的代价执行操作。它提供了自动查询优化功能和图形用户界面数据库模式编辑器,还支持自动事务管理、自动缓存和组合键。PonyORM 使用 Python 生成器表达式,这些表达式在 SQL 数据库中进行翻译。可以用以下命令来安装它。

```
$ pip install pony
```

使用 PonyORM 的代码如下。

```
# Import pony module
from pony.orm import *

# Create database
db = Database()

# Define entities
class Emp(db.Entity):
    eid = PrimaryKey(int,auto=True)
    salary = Required(int)

# Check entity definition
show(Emp)

# Bind entities to MySQL database
db.bind('mysql', host='localhost', user='root', passwd='12345',
        db='employee')

# Generate required mappings for entities
db.generate_mapping(create_tables=True)

# turn on the debug mode
sql_debug(True)

# Select the records from Emp entities or emp table
```

```
select(e for e in Emp)[:]

# Show the values of all the attribute
select(e for e in Emp)[:].show()
```

输出结果如下。

```
eid|salary
---+------
104|43000
104|43000
```

前面的代码先创建了一个 Database 对象并使用 Emp 类定义了实体，然后使用 db.bind() 函数将实体连接到数据库中。可以将其与 4 种数据库（SQLite、MySQL、PostgreSQL 和 Oracle）进行绑定。前面的代码中使用的是 MySQL 数据库并传递凭证的详细信息，如用户名、密码和数据库名称。可以使用 generate_mapping() 函数来执行实体与数据的映射。如果数据库中不存在映射的表，且 create_tables 参数的值为 True，将会创建表。sql_debug(True) 函数用于打开调试模式。select() 函数用于将 Python 生成器翻译成 SQL 查询并返回一个 pony 对象，这个 pony 对象会通过切片操作符（[:]）转换成一个实体列表，而 show() 函数用于以表格的形式显示所有记录。

6.16 总结

在本章中，我们学习了如何检索、处理和存储不同格式的数据，包括 CSV、Excel、JSON、HDF5、HTML、pickle 格式的数据，还学习了如何从关系数据库和非关系数据库中读取和向其中写入数据，包括 SQLite3、MySQL、MongoDB、Cassandra 和 Redis 等数据库。

第 7 章
清洗混乱的数据

数据分析师通常会花很多时间清洗数据并预处理混乱的数据集。虽然这项操作较少被提及,但对于数据分析师来说,它是执行最多的操作之一,也是最重要的操作之一。掌握数据清洗的技能对数据分析师是必要的。数据清洗和预处理是指识别、更新和删除损坏或不正确的数据。数据清洗和预处理的目的是生成高质量的数据,以实现稳健且无错误的分析。高质量数据通常指准确、完整和一致的数据。数据清洗包含一系列操作,如处理缺失值、处理异常值、特征编码、特征缩放、特征转换和特征分割。

本章将从探索数据开始,然后过滤数据,处理缺失值和异常值,接着执行特征编码、特征缩放、特征转换和特征分割。本章将主要使用 pandas 和 Scikit-learn 库。

在本章中,我们将学习以下内容。

- 探索数据。
- 过滤数据。
- 处理缺失值。
- 处理异常值。
- 特征编码。
- 特征缩放。
- 特征转换。
- 特征分割。

7.1 技术要求

以下是本章的技术要求。

- 可以从异步社区获取本书配套的代码和数据集。本章的代码可以在 `ch7.ipynb` 文件中找到。
- 本章只使用一个 CSV 文件（`employee.csv`）进行练习。
- 在本章中，将主要使用 pandas 和 Scikit-learn 这两个库，所以请确保已经安装了它们。

7.2 探索数据

本节将进行**探索性数据分析**（**Exploratory Data Analysis，EDA**）来探索数据。EDA 是数据分析过程中最关键和最重要的部分，具有以下优点。

- 它可以对数据及其上下文进行初步分析。
- 它从数据中快速捕捉见解，并识别出潜在的驱动因素，以便进行预测性分析。它能发现可以用于回答决策目的的查询和问题。
- 它可以评估数据的质量，并帮助建立数据清洗和预处理的路线图。
- 它可以发现缺失值、异常值和重要特征，以便进行数据分析。
- 它使用描述性统计和可视化技术来探索数据。

要进行 EDA，先要读取数据集。可以使用 pandas 库读取数据集。pandas 库提供了多种读取数据的功能，可以读取多种格式的文件，如 CSV、Excel、JSON、Parouet、HTML。这些功能在上一章中都有涉及。读取数据集后，可以探索数据。这种初步的探索可帮助我们理解数据并获得一些初步的结论。

下面读取 `employee.csv` 文件，代码如下。

```
# import pandas
import pandas as pd

# Read the data using csv
data=pd.read_csv('employee.csv')
```

下面用 `head()` 函数查看 `employee.csv` 文件中的前 5 条记录，代码如下。

```
# See initial 5 records
data.head()
```

输出结果如图 7-1 所示。

	name	age	income	gender	department	grade	performance_score
0	Allen Smith	45.0	NaN	NaN	Operations	G3	723
1	S Kumar	NaN	16000.0	F	Finance	G0	520
2	Jack Morgan	32.0	35000.0	M	Finance	G2	674
3	Ying Chin	45.0	65000.0	F	Sales	G3	556
4	Dheeraj Patel	30.0	42000.0	F	Operations	G2	711

图 7-1

下面使用 tail() 函数查看文件中的最后 5 条记录，代码如下。

```
# See last 5 records
data.tail()
```

输出结果如图 7-2 所示。

	name	age	income	gender	department	grade	performance_score
4	Dheeraj Patel	30.0	42000.0	F	Operations	G2	711
5	Satyam Sharma	NaN	62000.0	NaN	Sales	G3	649
6	James Authur	54.0	NaN	F	Operations	G3	53
7	Josh Wills	54.0	52000.0	F	Finance	G3	901
8	Leo Duck	23.0	98000.0	M	Sales	G4	709

图 7-2

使用 columns 参数来查看列的列表，代码如下。

```
# Print list of columns in the data
print(data.columns)
```

输出结果如下。

```
Index(['name', 'age', 'income', 'gender', 'department', 'grade',
       'performance_score'], dtype='object')
```

通过 shape 参数来获取 DataFrame 对象的形状，代码如下。

```
# Print the shape of a DataFrame
print(data.shape)
```

输出结果如下。从输出结果可知，该数据集有 9 行 7 列。

```
(9, 7)
```

可以使用下面的代码来查看数据集的结构，例如它的列、行、数据类型和 DataFrame 对象中的缺失值，代码如下。

```
# Check the information of DataFrame
data.info()
```

输出结果如图 7-3 所示。

```
<class 'pandas.core.frame.DataFrame'>
RangeIndex: 9 entries, 0 to 8
Data columns (total 7 columns):
name                 9 non-null object
age                  7 non-null float64
income               7 non-null float64
gender               7 non-null object
department           9 non-null object
grade                9 non-null object
performance_score    9 non-null int64
dtypes: float64(2), int64(1), object(4)
memory usage: 584.0+ bytes
```

图 7-3

从图 7-3 中可以看到，数据集有 7 列。在这 7 列中，有 3 列（age、income、gender）有缺失值。在这 7 列中，有 4 列是对象，2 列是浮点数，1 列是整数。

下面使用 describe() 函数来查看数据的描述性统计值，这个函数用于描述数字对象。下面统计 age、income 和 performance_score 的计数、平均值、标准差、最小值、最大值，以及第一四分位数、第二四分位数和第三四分位数，代码如下。

```
# Check the descriptive statistics
data.describe()
```

输出结果如图 7-4 所示。可以看到，员工的年龄在 23 岁到 54 岁之间，平均年龄大约是 40 岁，年龄的中位数是 45 岁。接下来介绍如何过滤数据。

	age	income	performance_score
count	7.000000	7.000000	9.000000
mean	40.428571	52857.142857	610.666667
std	12.204605	26028.372797	235.671912
min	23.000000	16000.000000	53.000000
25%	31.000000	38500.000000	556.000000
50%	45.000000	52000.000000	674.000000
75%	49.500000	63500.000000	711.000000
max	54.000000	98000.000000	901.000000

图 7-4

7.3 过滤数据

由于数字化的发展，公司和政府机构的数据规模增加了，也造成了数据中的错误和缺失值的增加。数据过滤可处理此类问题，并对管理、报告和预测进行优化。数据过滤用来处理混乱的或粗糙的数据集，以增强数据的准确性、相关性、完整性、一致性和提高数据的质量。这是数据管理的一个非常关键的步骤，因为它可以决定企业的竞争优势。数据分析人员需要掌握数据过滤的技能。不同类型的数据需要进行不同类型的处理，这就是为什么需要采取系统的方法来进行数据过滤。

数据过滤可以分为列式过滤和行式过滤，下面逐一介绍。

7.3.1 列式过滤

在本小节中，我们将学习如何过滤列数据。可以使用 filter() 函数来过滤列数据。使用 slicing[].filter() 函数可以在以列的形式传递数据时选择列，代码如下。

```
# Filter columns
data.filter(['name', 'department'])
```

输出结果如图 7-5 所示。

	name	department
0	Allen Smith	Operations
1	S Kumar	Finance
2	Jack Morgan	Finance
3	Ying Chin	Sales
4	Dheeraj Patel	Operations
5	Satyam Sharma	Sales
6	James Authur	Operations
7	Josh Wills	Finance
8	Leo Duck	Sales

图 7-5

也可以用切片来过滤列数据。此时，单列数据不需要被传入列表中，但当过滤多列数据时，应该将它们传入列表中。过滤单个列的输出结果是 Series 对象，如果希望输出结果为一个 DataFrame 对象，则需要把单列的名字放到一个列表中，代码如下。

```
# Filter column "name"
data['name']
```

输出结果如下。

```
0         Allen Smith
1             S Kumar
2         Jack Morgan
3           Ying Chin
4       Dheeraj Patel
```

```
5       Satyam Sharma
6        James Authur
7         Josh Wills
8           Leo Duck
Name: name, dtype: object
```

前面的代码选择了一个单列，没有把它传入列表中，输出结果是一个 Series 对象。

下面将单列名字放入 Python 列表中，代码如下。

```
# Filter column "name"
data[['name']]
```

输出结果如图 7-6 所示。可以看到，上述代码的输出结果是一个带有单列数据的 DataFrame 对象。

下面从 DataFrame 对象中过滤多列，代码如下。

```
# Filter two columns: name and department
data[['name','department']]
```

输出结果如图 7-7 所示，可以看到，这里没有使用 filter()函数就对两列数据进行了过滤。

图 7-6

图 7-7

7.3.2 行式过滤

可以使用索引、切片和条件来过滤行数据。在使用索引过滤时，必须传递记录的索引，而在使用切片过滤时，则需要传递切片范围。

下面使用索引来过滤数据，代码如下。

```
# Select rows for the specific index
data.filter([0,1,2],axis=0)
```

输出结果如图 7-8 所示。

	name	age	income	gender	department	grade	performance_score
0	Allen Smith	45.0	NaN	NaN	Operations	G3	723
1	S Kumar	NaN	16000.0	F	Finance	G0	520
2	Jack Morgan	32.0	35000.0	M	Finance	G2	674

图 7-8

下面通过切片过滤数据，代码如下。

```
# Filter data using slicing
data[2:5]
```

输出结果如图 7-9 所示。

	name	age	income	gender	department	grade	performance_score
2	Jack Morgan	32.0	35000.0	M	Finance	G2	674
3	Ying Chin	45.0	65000.0	F	Sales	G3	556
4	Dheeraj Patel	30.0	42000.0	F	Operations	G2	711

图 7-9

在基于条件过滤数据时，必须在方括号[ ]或圆括号( )中添加一些条件。对于单个值，使用==，而对于多个值，使用 isin()函数并传递值的列表。

下面使用==来指定条件，过滤出 department 的值等于 Sales 的数据。

```
# Filter data for specific value
data[data.department=='Sales']
```

输出结果如图 7-10 所示。

	name	age	income	gender	department	grade	performance_score
3	Ying Chin	45.0	65000.0	F	Sales	G3	556
5	Satyam Sharma	NaN	62000.0	NaN	Sales	G3	649
8	Leo Duck	23.0	98000.0	M	Sales	G4	709

图 7-10

下面使用 isin()函数过滤出 department 的值为 Sales 和 Finance 的数据。

```
# Select data for multiple values
data[data.department.isin(['Sales','Finance'])]
```

输出结果如图 7-11 所示。

	name	age	income	gender	department	grade	performance_score
1	S Kumar	NaN	16000.0	F	Finance	G0	520
2	Jack Morgan	32.0	35000.0	M	Finance	G2	674
3	Ying Chin	45.0	65000.0	F	Sales	G3	556
5	Satyam Sharma	NaN	62000.0	NaN	Sales	G3	649
7	Josh Wills	54.0	52000.0	F	Finance	G3	901
8	Leo Duck	23.0	98000.0	M	Sales	G4	709

图 7-11

也可使用>=和<=指定过滤条件。下面的代码中，根据 `performance_score` >=700 的条件来过滤员工数据。

```
# Filter employee who has more than 700 performance score
data[(data.performance_score >=700)]
```

输出结果如图 7-12 所示。

	name	age	income	gender	department	grade	performance_score
0	Allen Smith	45.0	NaN	NaN	Operations	G3	723
4	Dheeraj Patel	30.0	42000.0	F	Operations	G2	711
7	Josh Wills	54.0	52000.0	F	Finance	G3	901
8	Leo Duck	23.0	98000.0	M	Sales	G4	709

图 7-12

下面使用多个条件过滤数据，代码如下。

```
# Filter employee who has more than 500 and less than 700 performance score
data[(data.performance_score >=500) & (data.performance_score < 700)]
```

输出结果如图 7-13 所示。

	name	age	income	gender	department	grade	performance_score
1	S Kumar	NaN	16000.0	F	Finance	G0	520
2	Jack Morgan	32.0	35000.0	M	Finance	G2	674
3	Ying Chin	45.0	65000.0	F	Sales	G3	556
5	Satyam Sharma	NaN	62000.0	NaN	Sales	G3	649

图 7-13

可以在 query() 函数中使用一个布尔表达式来查询列数据。下面的代码中，过滤出 `performance_score`<500 的员工数据。

```
# Filter employee who has performance score of less than 500
data.query('performance_score<500')
```

输出结果如图 7-14 所示。

	name	age	income	gender	department	grade	performance_score
6	James Authur	54.0	NaN	F	Operations	G3	53

图 7-14

7.4 处理缺失值

缺失值是指数据中缺少的数值。缺失值可能是由于人为错误、隐私问题等产生的，这是收集数据时最常见的问题之一。处理缺失值通常是数据预处理的第一步。缺失值会影响机器学习模型的性能。缺失值可以通过以下方式处理。

- 删除存在缺失值的记录。
- 手动填补缺失值。
- 使用集中趋势的衡量标准（如平均数、中位数和众数）填补缺失值。平均数用于表示数字特征，中位数用于表示顺序特征，而众数用于表示分类特征。
- 使用机器学习模型（如回归模型、决策树模型、KNN 模型）填补最可能的值。

在某些情况下，缺失值不会影响数据。例如，驾驶证号码、社保卡号码等都不会影响机器学习模型的性能，因为这些完全随机的值不能作为模型中的特征使用。

下面将更详细地介绍如何处理缺失值。

7.4.1 删除缺失值

在 Python 中，可以使用 dropna() 函数删除存在缺失值的记录，它需要一个参数——how。how 有两个可选值——all 和 any。any 表示只要某行中存在 NaN 或缺失值就删除该行，all 表示仅当某行中的所有值均为 NaN 或缺失值才删除该行，参数 how 的默认值为 any。

下方代码展示如何使用 dropna() 函数删除缺失值。

```
# Drop missing value rows using dropna() function
# Read the data

data=pd.read_csv('employee.csv')
data=data.dropna()
data
```

输出结果如图 7-15 所示。

	name	age	income	gender	department	grade	performance_score
2	Jack Morgan	32.0	35000.0	M	Finance	G2	674
3	Ying Chin	45.0	65000.0	F	Sales	G3	556
4	Dheeraj Patel	30.0	42000.0	F	Operations	G2	711
7	Josh Wills	54.0	52000.0	F	Finance	G3	901
8	Leo Duck	23.0	98000.0	M	Sales	G4	709

图 7-15

7.4.2 填补缺失值

在 Python 中,可以使用 `fillna()` 函数来填补缺失值。`fillna()` 函数接收一个需要在缺失处填充的值,可以使用平均数、中位数和众数来填补缺失值。示例代码如下。

```
# Read the data
data=pd.read_csv('employee.csv')

# Fill all the missing values in the age column with mean of the age column
data['age']=data.age.fillna(data.age.mean())
data
```

输出结果如图 7-16 所示。

	name	age	income	gender	department	grade	performance_score
0	Allen Smith	45.000000	NaN	NaN	Operations	G3	723
1	S Kumar	40.428571	16000.0	F	Finance	G0	520
2	Jack Morgan	32.000000	35000.0	M	Finance	G2	674
3	Ying Chin	45.000000	65000.0	F	Sales	G3	556
4	Dheeraj Patel	30.000000	42000.0	F	Operations	G2	711
5	Satyam Sharma	40.428571	62000.0	NaN	Sales	G3	649
6	James Authur	54.000000	NaN	F	Operations	G3	53
7	Josh Wills	54.000000	52000.0	F	Finance	G3	901
8	Leo Duck	23.000000	98000.0	M	Sales	G4	709

图 7-16

从图 7-16 中可知,age 列中的缺失值已经用 age 列的平均值填补了。下面介绍如何用中位数来填补缺失值,代码如下。

```
# Fill all the missing values in the income column with a median of the
```

```
# income column
data['income']=data.income.fillna(data.income.median())
data
```

输出结果如图 7-17 所示。

	name	age	income	gender	department	grade	performance_score
0	Allen Smith	45.000000	52000.0	NaN	Operations	G3	723
1	S Kumar	40.428571	16000.0	F	Finance	G0	520
2	Jack Morgan	32.000000	35000.0	M	Finance	G2	674
3	Ying Chin	45.000000	65000.0	F	Sales	G3	556
4	Dheeraj Patel	30.000000	42000.0	F	Operations	G2	711
5	Satyam Sharma	40.428571	62000.0	NaN	Sales	G3	649
6	James Authur	54.000000	52000.0	F	Operations	G3	53
7	Josh Wills	54.000000	52000.0	F	Finance	G3	901
8	Leo Duck	23.000000	98000.0	M	Sales	G4	709

图 7-17

从图 7-17 中可知，income 列中的缺失值已经用 income 列的中位数填补了。下面介绍如何用众数来填补缺失值，代码如下。

```
# Fill all the missing values in the gender column(category column) with
# the mode of the gender column
data['gender']=data['gender'].fillna(data['gender'].mode()[0])
data
```

输出结果如图 7-18 所示。可以看出，gender 列中的缺失值已经用 gender 列的众数填补了。

	name	age	income	gender	department	grade	performance_score
0	Allen Smith	45.000000	52000.0	F	Operations	G3	723
1	S Kumar	40.428571	16000.0	F	Finance	G0	520
2	Jack Morgan	32.000000	35000.0	M	Finance	G2	674
3	Ying Chin	45.000000	65000.0	F	Sales	G3	556
4	Dheeraj Patel	30.000000	42000.0	F	Operations	G2	711
5	Satyam Sharma	40.428571	62000.0	F	Sales	G3	649
6	James Authur	54.000000	52000.0	F	Operations	G3	53
7	Josh Wills	54.000000	52000.0	F	Finance	G3	901
8	Leo Duck	23.000000	98000.0	M	Sales	G4	709

图 7-18

7.5 处理异常值

异常值是指那些与大多数点相距甚远的数据点——换句话说，异常值是与众不同的数据。在建立预测模型时，异常值会产生一些影响，如模型训练时间长、准确性差、误差方差增加、正态分布减弱、统计测试的功效下降等。

有两种类型的异常值——单变量的异常值和多变量的异常值。单变量的异常值可以通过单变量分布发现，而多变量的异常值可以在 n 维的空间中发现。可以通过以下方式检测和处理异常值。

- **箱形图**。可以使用箱形图来通过四分位数创建数据点，第一四分位数和第三四分位数之间的数据点组成一个矩形框。使用箱形图还可以通过四分位数范围将异常值显示为单个点。
- **散点图**。散点图中有两个变量，一个变量位于 x 轴上，而另一个位于 y 轴上。
- **Z 分数**。Z 分数（Z-Score）是一种检测异常值的参数化方法，计算方法见式 7-1。它假定数据呈正态分布，异常值位于正态曲线的尾部，并且远离平均值。

$$Z = \frac{x - \mu}{\sigma} \quad \text{（式 7-1）}$$

- **四分位距（IQR）**。IQR 是对数据分散性的一种可靠统计度量。它等于第三四分位数和第一四分位数之间的差值，见式 7-2。这些四分位数可以在箱形图中直观显示。这也被称为中间散布（midspread）、中间 50%，或 H 散布（H-Spread）。

$$IQR = Q3 - Q1 \quad \text{（式 7-2）}$$

- **百分位数**。百分位数是一种统计量。将一组数据从小到大排序，并计算每个数据对应的累计百分位，则某一百分位所对应数据的值就称为这一百分位的百分位数。例如，第 95 个百分位数意味着这组数据中有 95%的数据低于该数据。

下面使用"平均值–3×标准差"作为下限、使用"平均值+3×标准差"作为上限来去除异常值。代码如下。

```
# Dropping the outliers using Standard Deviation
# Read the data
data=pd.read_csv('employee.csv')

# Dropping the outliers using Standard Deviation
upper_limit = data['performance_score'].mean () + 3 *
              data['performance_score'].std ()
```

```
lower_limit = data['performance_score'].mean () - 3 *
              data['performance_score'].std ()
data = data[(data['performance_score'] < upper_limit) &
            (data['performance_score'] > lower_limit)]
data
```

输出结果如图 7-19 所示。

	name	age	income	gender	department	grade	performance_score
0	Allen Smith	45.0	NaN	NaN	Operations	G3	723
1	S Kumar	NaN	16000.0	F	Finance	G0	520
2	Jack Morgan	32.0	35000.0	M	Finance	G2	674
3	Ying Chin	45.0	65000.0	F	Sales	G3	556
4	Dheeraj Patel	30.0	42000.0	F	Operations	G2	711
5	Satyam Sharma	NaN	62000.0	NaN	Sales	G3	649
6	James Authur	54.0	NaN	F	Operations	G3	53
7	Josh Wills	54.0	52000.0	F	Finance	G3	901
8	Leo Duck	23.0	98000.0	M	Sales	G4	709

图 7-19

下面使用百分位数 1 作为下限、使用百分位数 99 作为上限来去除异常值，代码如下。

```
# Read the data
data=pd.read_csv('employee.csv')

# Drop the outlier observations using Percentiles
upper_limit = data['performance_score'].quantile(.99)
lower_limit = data['performance_score'].quantile(.01)
data = data[(data['performance_score'] < upper_limit) &
            (data['performance_score'] > lower_limit)]
data
```

输出结果如图 7-20 所示。

	name	age	income	gender	department	grade	performance_score
0	Allen Smith	45.0	NaN	NaN	Operations	G3	723
1	S Kumar	NaN	16000.0	F	Finance	G0	520
2	Jack Morgan	32.0	35000.0	M	Finance	G2	674
3	Ying Chin	45.0	65000.0	F	Sales	G3	556
4	Dheeraj Patel	30.0	42000.0	F	Operations	G2	711
5	Satyam Sharma	NaN	62000.0	NaN	Sales	G3	649
8	Leo Duck	23.0	98000.0	M	Sales	G4	709

图 7-20

7.6 特征编码

机器学习模型是数学模型，其中涉及数字类型（Numeric）和整数类型（Integer），这样的模型不适用于分类特征。这就是为什么经常需要将分类特征转换为数字特征。机器学习模型的性能受使用的特征编码技术的影响。分类值的范围是从 0 到 N–1。

7.6.1 独热编码

独热编码可以将分类列转化为标签，并将该列分割成多列，分类列的值被替换为二进制值，如 1 或 0。例如，在 color 变量中，有 3 个类别，即 red、green 和 blue。这 3 个类别被标记并编码为二进制列，如图 7-21 所示。

图 7-21

可以使用 get_dummies() 函数进行独热编码，代码如下。

```
# Read the data
data=pd.read_csv('employee.csv')
# Dummy encoding
encoded_data = pd.get_dummies(data['gender'])

# Join the encoded _data with original dataframe
data = data.join(encoded_data)

# Check the top-5 records of the dataframe
data.head()
```

输出结果如图 7-22 所示。

图 7-22

从图 7-22 中可以看到两个列——F 和 M。这两列都是由布尔编码器添加的虚拟列，也可以用 Scikit-learn 库中的 OneHotEncoder 实现同样的功能，代码如下。

```
# Import one hot encoder
from sklearn.preprocessing import OneHotEncoder
```

```
# Initialize the one-hot encoder object
onehotencoder = OneHotEncoder()

# Fill all the missing values in income column(category column) with mode
# of age column
data['gender']=data['gender'].fillna(data['gender'].mode()[0])

# Fit and transforms the gender column
onehotencoder.fit_transform(data[['gender']]).toarray()
```

输出结果如下。

```
array([[1., 0.],
       [1., 0.],
       [0., 1.],
       [1., 0.],
       [1., 0.],
       [1., 0.],
       [1., 0.],
       [1., 0.],
       [0., 1.]])
```

前面的代码中导入了 OneHotEncoder，初始化了其对象，然后在 gender 列上拟合并转换了模型。从输出结果中可以看到，输出的数组中有两列——F 列和 M 列。

7.6.2 标签编码

标签编码也被称为整数编码。标签编码可将分类值替换为数值，即将变量中的唯一值替换为一连串的整数值序列。例如，有 3 个类别 red、green 和 blue，对这 3 个类别进行标签编码：red 是 0，green 是 1，blue 是 2。

对标签进行编码，代码如下。

```
# Import pandas
import pandas as pd

# Read the data
data=pd.read_csv('employee.csv')

# Import LabelEncoder
from sklearn.preprocessing import LabelEncoder

# Instantiate the Label Encoder Object
label_encoder = LabelEncoder()

# Fit and transform the column
encoded_data = label_encoder.fit_transform(data['department'])
```

```
# Print the encoded
print(encoded_data)
```

输出结果如下。

```
[2 1 0 0 2 1 2 1 0 2]
```

使用 LabelEncoder 类对 department 列进行解码时，首先导入并初始化 LabelEncoder 类，然后拟合并对要解码的列进行逆变换，代码如下。

```
# Perform inverse encoding
inverse_encode=label_encoder.inverse_transform([0, 0, 1, 2])

# Print inverse encode
print(inverse_encode)
```

输出结果如下。

```
['Finance' 'Finance' 'Operations' 'Sales']
```

在前面的代码中，用 inverse_transform() 函数对编码值进行了逆变换。这里也可以使用数字变量的独热编码，这样每个唯一的数字都被编码成一个等效的二进制变量。

7.6.3 顺序编码

顺序编码与标签编码类似，只是顺序编码有顺序，输出的编码从 0 开始，以该类数据的个数减 1 作为编码的最后一位。下面看一个员工等级的例子，G0、G1、G2、G3 和 G4 这 5 个等级已经用有序整数进行编码，也就是说，G0 是 0，G1 是 1，G2 是 2，G3 是 3，G4 是 4。可以将这些值的序列定义为一个列表，并将其传递给 category 参数。顺序编码器使用整数类型（integer）或数字类型（numeric）进行编码。在这里，整数类型和数字类型本质上是序数。这种编码有助于机器学习算法利用数据间的顺序关系。

下面看一个顺序编码的例子，代码如下。

```
# Import pandas and OrdinalEncoder
import pandas as pd
from sklearn.preprocessing import OrdinalEncoder

# Load the data
data=pd.read_csv('employee.csv')

# Initialize OrdinalEncoder with order
order_encoder=OrdinalEncoder(categories=['G0','G1','G2','G3','G4'])

# fit and transform the grade
data['grade_encoded'] = label_encoder.fit_transform(data['grade'])

# Check top-5 records of the dataframe
data.head()
```

输出结果如图 7-23 所示。

	name	age	income	gender	department	grade	performance_score	grade_encoded
0	Allen Smith	45.0	NaN	NaN	Operations	G3	723	2
1	S Kumar	NaN	16000.0	F	Finance	G0	520	0
2	Jack Morgan	32.0	35000.0	M	Finance	G2	674	1
3	Ying Chin	45.0	65000.0	F	Sales	G3	556	2
4	Dheeraj Patel	30.0	42000.0	F	Operations	G2	711	1

图 7-23

前面的代码与标签编码的代码类似，只是在 `OrdinalEncoder` 对象初始化时传递的数字顺序不同。在这个例子中，`categories` 参数是在初始化时与等级顺序一起传递的。

7.7 特征缩放

在现实生活中，大多数特征都有不同的范围、幅度和单位，如年龄范围一般是 0~200。从数据分析师或数据科学家的角度来看，当特征有不同的规模时，该如何进行比较？高量级的特征在机器学习模型中的权重会比低量级的特征大，使用特征缩放（又称为特征归一化）可以解决此类问题。

特征缩放用于将所有的特征处理到相同的量级上，并非所有类型的算法都必须这样做，有些算法显然需要缩放数据，如那些依赖欧氏距离测量的算法（k 近邻和 k 均值聚类算法）。

下面来看特征缩放的方法。

- **标准缩放（又称为 Z-Score 归一化）**。这种方法通过一个特征的平均值和标准差来计算该特征的比例值。它适用于正态分布的数据。假设 μ 是平均值，σ 是特征列的标准差，可得到以下公式（式 7-3）。

$$Z_i = \frac{x_i - \mu}{\sigma} \quad \text{（式 7-3）}$$

进行标准缩放时，导入并初始化 `StandardScaler` 对象，然后对要缩放的列进行拟合和转换操作，代码如下。

```
# Import StandardScaler(or z-score normalization)
from sklearn.preprocessing import StandardScaler

# Initialize the StandardScaler
scaler = StandardScaler()

# To scale data
scaler.fit(data['performance_score'].values.reshape(-1,1))
```

```
data['performance_std_scaler']=scaler.transform(data['performance_s
core'].values.reshape(-1,1))
data.head()
```

输出结果如图 7-24 所示。

	name	age	income	gender	department	grade	performance_score	grade_encoded	performance_std_scaler
0	Allen Smith	45.0	NaN	NaN	Operations	G3	723	2	0.505565
1	S Kumar	NaN	16000.0	F	Finance	G0	520	0	-0.408053
2	Jack Morgan	32.0	35000.0	M	Finance	G2	674	1	0.285037
3	Ying Chin	45.0	65000.0	F	Sales	G3	556	2	-0.246032
4	Dheeraj Patel	30.0	42000.0	F	Operations	G2	711	1	0.451558

图 7-24

- **最小—最大缩放**。这个方法将原始数据线性地转换到给定的范围内，保留缩放后的数据与原始数据之间的关系。如果数据的分布不是正态分布，而且标准差的值非常小，那么最小—最大缩放的效果更好，因为在这种情况下它对异常值更敏感。假设 $\min_x$ 是某个特征列的最小值，$\max_x$ 是最大值，而 new_$\min_x$ 和 new_$\max_x$ 是新的最小值和新的最大值，那么就可得到下面的公式（式 7-4）。

$$x'_i = \frac{x_i - \min_x}{\max_x - \min_x}(\text{new}\_\max_x - \text{new}\_\min_x) + \text{new}\_\min_x \quad （式7-4）$$

进行最小—最大缩放时，导入并初始化 `MinMaxScaler` 对象，然后对想要缩放的列进行拟合和转换操作，代码如下。

```
# Import MinMaxScaler
from sklearn.preprocessing import MinMaxScaler

# Initialise the MinMaxScaler
scaler = MinMaxScaler()

# To scale data
scaler.fit(data['performance_score'].values.reshape(-1,1))
data['performance_minmax_scaler']=scaler.transform(data['performance
                                _score'].values.reshape(-1,1))
data.head()
```

输出结果如图 7-25 所示。

	name	age	income	gender	department	grade	performance_score	grade_encoded	performance_std_scaler	performance_minmax_scaler
0	Allen Smith	45.0	NaN	NaN	Operations	G3	723	2	0.505565	0.790094
1	S Kumar	NaN	16000.0	F	Finance	G0	520	0	-0.408053	0.550708
2	Jack Morgan	32.0	35000.0	M	Finance	G2	674	1	0.285037	0.732311
3	Ying Chin	45.0	65000.0	F	Sales	G3	556	2	-0.246032	0.593160
4	Dheeraj Patel	30.0	42000.0	F	Operations	G2	711	1	0.451558	0.775943

图 7-25

- **Robust 缩放**。这种方法类似于最小—最大缩放，但这个方法不使用最小值和最大值，而是使用四分位距，这就是它对异常值具有稳健性的原因。假设 $Q1_x$ 和 $Q3_x$ 是第 x 列的第一四分位数和第三四分位数，可得到以下公式（式 7-5）。

$$x'_i = \frac{x_i - Q1_x}{Q3_x - Q1_x} \qquad \text{（式 7-5）}$$

进行 Robust 缩放时，导入并初始化 RobustScaler 对象，然后拟合并转换想要缩放的列，代码如下。

```
# Import RobustScaler
from sklearn.preprocessing import RobustScaler

# Initialise the RobustScaler
scaler = RobustScaler()

# To scale data
scaler.fit(data['performance_score'].values.reshape(-1,1))
data['performance_robust_scaler']=scaler.transform(data['performance
                                 _score'].values.reshape(-1,1))

# See initial 5 records
data.head()
```

输出结果如图 7-26 所示。

	name	age	income	gender	department	grade	performance_score	performance_std_scaler	performance_minmax_scaler	performance_robust_scaler
0	John Nash	23.0	25000.0	M	Sales	G1	619	0.035578	0.667453	-0.306306
1	Allen Smith	45.0	NaN	NaN	Operations	G3	723	0.528922	0.790094	0.443243
2	S Kumar	NaN	16000.0	F	Finance	G0	520	-0.434048	0.550708	-1.019820
3	Jack Morgan	32.0	35000.0	M	Finance	G2	674	0.296481	0.732311	0.090090
4	Ying Chin	45.0	65000.0	F	Sales	G3	556	-0.263275	0.593160	-0.760360

图 7-26

7.8 特征转换

特征转换用于改变特征，使它们处于所需的形式。特征转换还可以减少异常值的影响，处理偏斜数据，并使模型更加健壮。下面列举了不同种类的特征转换方法，代码如下。

- 对数变换是一种常见的数学变换，用于使偏斜数据呈正态分布。在应用对数变换之前，应确保所有的数据只包含正值，否则将抛出异常或错误信息。
- 平方和立方变换对分布形状有一定的影响，可以用来减少左偏斜。

7.8 特征转换

- 平方根和立方根变换对分布形状有相当强的影响,但它比对数变换的影响弱,可以用来减少右偏斜。
- 离散化可以用来转换数字列或属性。例如,一组候选人的年龄可以分为0~10、11~20等区间。还可以使用离散化来设置概念化的(例如青少年、成年和老年)标签。

如果特征是右偏斜或正向偏斜或特征值较小,那么可以应用平方根、立方根和对数变换;如果特征是左偏斜或负向偏斜或特征值较大,那么可以应用立方和平方变换等。

离散化变换的代码如下。

```
# Read the data
data=pd.read_csv('employee.csv')

# Create performance grade function
def performance_grade(score):
    if score>=700:
        return 'A'
    elif score<700 and score >= 500:
        return 'B'
    else:
        return 'C'

# Apply performance grade function on whole DataFrame using apply() function
data['performance_grade']=data.performance_score.apply(performance_grade)

# See initial 5 records
data.head()
```

输出结果如图7-27所示。

	name	age	income	gender	department	grade	performance_score	performance_grade
0	Allen Smith	45.0	NaN	NaN	Operations	G3	723	A
1	S Kumar	NaN	16000.0	F	Finance	G0	520	B
2	Jack Morgan	32.0	35000.0	M	Finance	G2	674	B
3	Ying Chin	45.0	65000.0	F	Sales	G3	556	B
4	Dheeraj Patel	30.0	42000.0	F	Operations	G2	711	A

图 7-27

前面的代码加载了数据集并创建了 performance_grade() 函数。performance_grade() 函数用于获取性能分数并将其转换为等级,即A、B和C。

7.9　特征分割

特征分割可以帮助数据分析师和数据科学家创建更多新的建模特征，允许机器学习算法理解特征，并为决策发掘潜在的信息。例如，将地址拆分为门牌号、地点、地区、城市和国家。

复合特征（如字符串和日期）不符合整洁的数据原则。如果希望从一个复合特征中得到更多的特征，特征分割是一个很好的方法。可以利用一个列的组成部分来实现特征分割。例如，从一个日期对象中，可以很容易地得到年、月和日，这些特征可能会直接影响预测模型。当进行特征分割时，并没有什么经验法则，这取决于特征的特性，代码如下。

```
# Split the name column in first and last name
data['first_name']=data.name.str.split(" ").map(lambda var: var[0])
data['last_name']=data.name.str.split(" ").map(lambda var: var[1])

# Check top-5 records
data.head()
```

输出结果如图 7-28 所示。

	name	age	income	gender	department	grade	performance_score	performance_grade	first_name	last_name
0	Allen Smith	45.0	NaN	NaN	Operations	G3	723	A	Allen	Smith
1	S Kumar	NaN	16000.0	F	Finance	G0	520	B	S	Kumar
2	Jack Morgan	32.0	35000.0	M	Finance	G2	674	B	Jack	Morgan
3	Ying Chin	45.0	65000.0	F	Sales	G3	556	B	Ying	Chin
4	Dheeraj Patel	30.0	42000.0	F	Operations	G2	711	A	Dheeraj	Patel

图 7-28

前面的代码使用 `split()` 和 `map()` 函数分割了 name 列。`split()` 函数使用空格分割 name 列，而 `map()` 函数将第一个分割的字符串分配给名字，将第二个分割的字符串分配给姓氏。

7.10　总结

本章介绍了如何用 Python 进行数据预处理和特征工程，这些是数据分析的重要技能。本章的重点是清洗和过滤数据。本章从 EDA 开始，讨论了数据过滤、处理缺失值和异常值；然后重点讨论了特征工程，如特征编码、特征缩放、特征转换和特征分割。

第 8 章
信号处理和时间序列分析

信号处理是电气工程和应用数学的一个子领域，包括分析和处理与时间有关的变量或随时间变化的变量，如模拟信号和数字信号。模拟信号是非数字化的信号，如无线电信号或电话信号。数字信号是数字化的、在离散时间采样的信号，如计算机信号和数字设备信号。时间序列分析处理的是有序的或顺序列表中的信号，这种数据可以按小时、日、周、月或年排序。时间序列中的时间成分起着非常重要的作用，有很多例子与时间序列分析有关，如产品的生产和销售分析、以小时或日为单位预测股票价格、经济预测和人口普查分析等。

在本章中，主要使用 NumPy、SciPy、pandas 和 Statsmodels 库进行信号处理和时间序列分析。学好本章有助于我们了解趋势和模式，预测销售额、股票价格、人口数量、降雨量和气温等。

在本章中，我们将学习以下内容。

- Statsmodels 库。
- 移动平均数。
- 窗口函数。
- 协整法。
- STL 分解。
- 自相关。
- 自回归模型。
- ARMA 模型。
- 生成周期性信号。
- 傅里叶分析。

- 频谱分析滤波。

8.1 技术要求

以下是本章的技术要求。

- 可以从异步社区获取本书配套的代码和数据集。本章的代码可以在 ch8.ipynb 文件中找到。
- 本章将使用两个 CSV 文件（`beer_production.csv` 和 `sales.csv`）进行练习。
- 本章将主要使用 pandas 和 Scikit-learn 这两个库。

8.2 Statsmodels 库

Statsmodels 是一个开源的 Python 库，提供了多种统计功能，如求平均值、众数和中位数、标准差、方差，进行相关性和假设检验等。

可以执行以下命令安装 Statsmodels 库。

```
pip3 install statsmodels
```

Statsmodels 库为时间序列操作提供了 statsmodels.tsa 子程序包。statsmodels.tsa 子程序包中提供了有用的时间序列操作方法和技术，如自回归、自相关、部分自相关、移动平均数、SimpleExpSmoothing、Holt's linear、Holt-Winters、ARMA、ARIMA、**向量自回归**（**Vector AutoRegressive，VAR**）模型，以及许多辅助函数。

8.3 移动平均数

移动平均数又称滚动平均数，是一种时间序列过滤器，它通过对观察值的集合或窗口求平均值来过滤扰动影响。它使用窗口的概念，求出每个时期的连续窗口滑动的平均值。式 8-1 为一个简单的移动平均数计算公式。

$$\mathrm{SMA} = \frac{a_m + a_{m-1} + \cdots + a_{m-(n-1)}}{n} \qquad (\text{式 8-1})$$

有多种类型的移动平均数可用，如居中、双倍和加权移动平均数。在计算移动平均数之前需要先加载数据并将其可视化，代码如下。

```
# import needful libraries
import pandas as pd
import statsmodels.api as sm
```

```
import matplotlib.pyplot as plt

# Read dataset
sales_data = pd.read_csv('sales.csv')

# Setting figure size
plt.figure(figsize=(10,6))

# Plot original sales data
plt.plot(sales_data['Time'], sales_data['Sales'], label="Sales-Original")

# Rotate xlabels
plt.xticks(rotation=60)

# Add legends
plt.legend()

#display the plot
plt.show()
```

输出结果如图 8-1 所示。

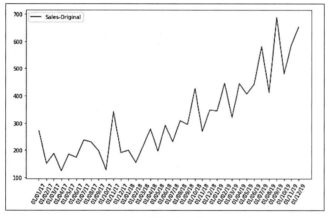

图 8-1

前面的代码读取了从 2017 年 1 月到 2019 年 12 月共 36 个月的销售数据集,并使用 Matplotlib 库对其进行了可视化。下面将使用 rolling() 函数计算移动平均数,代码如下。

```
# Moving average with window 3
sales_data['3MA']=sales_data['Sales'].rolling(window=3).mean()

# Moving average with window 5
sales_data['5MA']=sales_data['Sales'].rolling(window=5).mean()

# Setting figure size
plt.figure(figsize=(10,6))
```

```python
# Plot original sales data
plt.plot(sales_data['Time'], sales_data['Sales'], label="Sales-Original",
color="blue")

# Plot 3-Moving Average of sales data
plt.plot(sales_data['Time'], sales_data['3MA'], label="3-Moving 
        Average(3MA)", color="green")

# Plot 5-Moving Average of sales data
plt.plot(sales_data['Time'], sales_data['5MA'], label="5-Moving 
        Average(5MA)", color="red")

# Rotate xlabels
plt.xticks(rotation=60)

# Add legends
plt.legend()

# Display the plot
plt.show()
```

输出结果如图 8-2 所示。

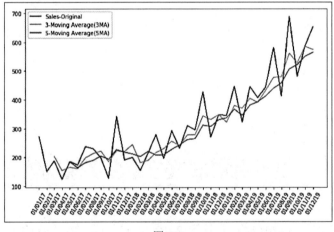

图 8-2

前面的代码计算了窗口分别为 3 和 5 的移动平均数，并使用 Matplotlib 库绘制了移动平均线。

8.4 窗口函数

NumPy 库提供了几个窗口函数，可以用于在移动窗口中计算权重。窗口函数使用间隔来进行频谱分析和滤波器设计。

盒式窗口是一个矩形窗口，其计算公式如式 8-2 所示。

$$w(n) = 1 \qquad \text{（式 8-2）}$$

三角形窗口的计算公式如式 8-3 所示。

$$w(n) = 1 - \left| \frac{n - \frac{N-1}{2}}{\frac{L}{2}} \right| \qquad \text{（式 8-3）}$$

在上述公式中，L 的值可以是 N、$N+1$ 或 $N-1$。如果 L 的值是 $N-1$，它被称为巴特利特窗（Bartlett Window）。

在 pandas 库中，`DataFrame.rolling()` 函数使用 `win_type` 参数为不同的窗口函数提供同样的功能。它的另一个参数用于定义窗口大小，这个参数很容易设置。下面使用不同的 `win_type` 参数值来尝试不同的窗口函数，代码如下。

```
# import needful libraries
import pandas as pd
import statsmodels.api as sm
import matplotlib.pyplot as plt

# Read dataset
sales_data = pd.read_csv('sales.csv', index_col ="Time")

# Apply all the windows on given DataFrame
sales_data['boxcar']=sales_data.Sales.rolling(3, win_type='boxcar').mean()
sales_data['triang']=sales_data.Sales.rolling(3, win_type='triang').mean()
sales_data['hamming']=sales_data.Sales.rolling(3, win_type ='hamming').mean()
sales_data['blackman']=sales_data.Sales.rolling(3, win_type ='blackman').mean()

#Plot the rolling mean of all the windows
sales_data.plot(kind='line',figsize=(10,6))
```

输出结果如图 8-3 所示。

前面的代码使用 `rolling()` 函数和 `win_type` 参数计算了不同窗口函数的移动平均值，包括矩形（Boxcar）、三角形（Triang）、汉明（Hamming）和布莱克曼（Blackman）窗口。

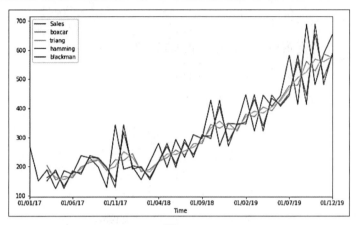

图 8-3

8.5 协整法

协整可以看作定义两个时间序列的相关性的一个高级指标。协整是两个时间序列的线性组合的平稳行为。这样一来,下面的式 8-4 的趋势必须是平稳的。

$$y(t) - a\,x(t) \qquad (式\ 8\text{-}4)$$

例如,一个人和他的狗出去散步,通过相关性能知道他们是否在向同一个方向走,通过协整能知道这个人和他的狗之间的距离随时间的变化。**增广迪基−富勒检验(Augmented Dickey-Fuller test,ADF test)**能测试时间序列中的单位根,可用于确定时间序列的平稳性。

下面通过一个例子来了解两个时间序列间的协整关系,读者可以在配套资源中查看该示例的完整代码。

下面导入所需的库并定义以下函数以获取 ADF 统计信息,代码如下。

```
# Import required library
import statsmodels.api as sm
import pandas as pd
import statsmodels.tsa.stattools as ts
import numpy as np

# Calculate ADF function
def calc_adf(x, y):
    result = sm.OLS(x, y).fit()
    return ts.adfuller(result.resid)
```

下面将 sunspots 数据集加载到 NumPy 数组中,代码如下。

```
# Read the Dataset
data = sm.datasets.sunspots.load_pandas().data.values
```

```
N = len(data)
```

下面生成一个正弦波,并计算正弦与其自身的协整关系,代码如下。
```
# Create Sine wave and apply ADF test
t = np.linspace(-2 * np.pi, 2 * np.pi, N)
sine = np.sin(np.sin(t))
print("Self ADF", calc_adf(sine, sine))
```

输出结果如下。
```
Self ADF (-5.0383000037165746e-16, 0.95853208606005591,0, 308,
{'5%':-2.8709700936076912,'1%':-3.4517611601803702,'10%':
-2.5717944160060719},-21533.113655477719)
```

在输出的结果中,第一个值为 ADF 指标,第二个值为 p 值,可以看到 p 值非常大。后面的数值是滞后期和样本量,最后的字典显示了这个确切样本量的 t 值分布。

下面在正弦波中加入噪声,以演示噪声将如何影响信号,代码如下。
```
# Apply ADF test on Sine and Sine with noise
noise = np.random.normal(0, .01, N)
print("ADF sine with noise", calc_adf(sine, sine + noise))
```

输出结果如下。
```
ADF sine with noise (-7.4535502402193075, 5.5885761455106898e- 11,
3,305,{'5%': -2.8710633193086648, '1%': -3.4519735736206991,
'10%': -2.5718441306100512}, -1855.0243977703672)
```

从输出结果中可知,p 值大大减小了,而且这里的 ADF 指标值小于字典中的所有临界值,这些都是样本不具有协整关系的有力依据。

下面生成一个具有更大幅度和偏移量的余弦,并增加一些噪声,代码如下。
```
# Apply ADF test on Sine and Cosine with noise
cosine = 100 * np.cos(t) + 10

print("ADF sine vs cosine with noise", calc_adf(sine, cosine + noise))
```

输出结果如下。
```
ADF sine vs cosine with noise (-17.927224617871534,
2.8918612252729532e-30,16,292,{'5%': -2.8714895534256861, '1%':
-3.4529449243622383, '10%': -2.5720714378870331},
-11017.837238220782)
```

从输出结果中可以看到有力的依据来证明样本不具有协整关系。

下面检查正弦和 sunspots 数据集之间的协整关系并输出结果,代码如下。
```
print("Sine vs sunspots", calc_adf(sine, data))
```

输出结果如下。
```
Sine vs sunspots (-6.7242691810701016, 3.4210811915549028e-09, 16, 292,
```

```
{'5%': -2.8714895534256861, '1%': -3.4529449243622383,
'10%': -2.5720714378870331}, -1102.5867415291168)
```

前面计算的 4 组协整关系的结果汇总如表 8-1 所示，它们的置信度大致相同，因为协整关系取决于数据点的数量，而这 4 组数据的数据点数量并没有什么变化。

表 8-1

数据对	统计	p 值	5%	1%	10%	是否具有协整关系
Sine with self	−5.03E−16	0.95	−2.87	−3.45	−2.57	是
Sine versus sine with noise	−7.45	5.58E−11	−2.87	−3.45	−2.57	否
Sine versus cosine with noise	−17.92	2.89E−30	−2.87	−3.45	−2.57	否
Sine versus sunspots	−6.72	3.42E−09	−2.87	−3.45	−2.57	否

8.6　STL 分解

STL（Seasonal and Trend decomposition using LOESS） 的意思是**使用 LOESS 的时序性分解**。STL 是一种时间序列分解方法，可以将信号分解为趋势、时序性和残差。它可以估计非线性关系并处理任何类型的时序性。statsmodels.tsa.seasonal 子程序包提供了 `seasonal_decompose()` 函数，它用于将输入的信号拆分为趋势、时序性和残差。

通过下面的例子来理解 STL 分解。下面的代码使用 Statsmodels 库中的 `seasonal_decompose()` 函数将给定的时间序列信号分解为趋势、时序性和残差分量。

```
# import needful libraries
import pandas as pd
import matplotlib.pyplot as plt
from statsmodels.tsa.seasonal import seasonal_decompose

# Read the dataset
data = pd.read_csv('beer_production.csv')
data.columns= ['date','data']

# Change datatype to pandas datetime
data['date'] = pd.to_datetime(data['date'])
data=data.set_index('date')

# Decompose the data
decomposed_data = seasonal_decompose(data, model='multiplicative')

# Plot decomposed data
decomposed_data.plot()
```

```
# Display the plot
plt.show()
```

输出结果如图 8-4 所示。

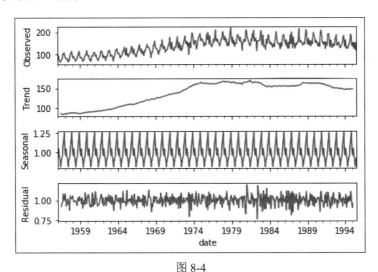

图 8-4

8.7 自相关

自相关（又称滞后相关）是指一个时间序列与它的滞后序列之间的相关性，它表明数据集的趋势。自相关公式如式 8-5 所示。

$$\frac{\sum(Y_t - \overline{Y})(Y_{t-k} - \overline{Y})}{\sum(Y_t - \overline{Y})^2} \qquad (式 8\text{-}5)$$

可以使用 NumPy 库中的 correlate() 函数计算自相关，还可以使用 autocorrelation_plot() 函数直接将自相关可视化。下面来计算自相关并将其可视化，代码如下。

```
# import needful libraries
import pandas as pd
import numpy as np
import statsmodels.api as sm
import matplotlib.pyplot as plt

# Read the dataset
data = sm.datasets.sunspots.load_pandas().data
```

```
# Calculate autocorrelation using numpy
dy = data.SUNACTIVITY - np.mean(data.SUNACTIVITY)
dy_square = np.sum(dy ** 2)

# Cross-correlation
sun_correlated = np.correlate(dy, dy, mode='full')/dy_square
result = sun_correlated[int(len(sun_correlated)/2):]

# Diplay the Chart
plt.plot(result)

# Display grid
plt.grid(True)

# Add labels
plt.xlabel("Lag")

plt.ylabel("Autocorrelation")
# Display the chart
plt.show()
```

输出结果如图 8-5 所示。

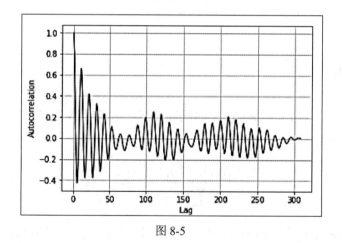

图 8-5

下面用 pandas 库来绘制自相关图，代码如下。

```
from pandas.plotting import autocorrelation_plot

# Plot using pandas function
autocorrelation_plot(data.SUNACTIVITY)
```

输出结果如图 8-6 所示。

前面的代码使用 pandas 库中的 autocorrelation_plot() 函数绘制了一幅自相关图。与 NumPy 库相比，使用 pandas 库绘制自相关图更容易。

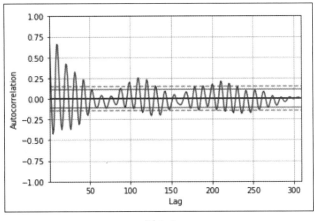

图 8-6

8.8 自回归模型

自回归模型是用于预测时间序列的模型,可用式 8-6 表示。

$$x_t = c + \sum_{i=1}^{p} a_i x_{t-i} + \epsilon_t \qquad (式\ 8\text{-}6)$$

其中,c 是一个常数,ϵ_t 是随机分量,也被称为白噪声。

下面使用 statsmodels.tsa 子程序包建立自回归模型。

导入库并读取 sunspots 数据集,代码如下。

```
# import needful libraries
from statsmodels.tsa.ar_model import AR
from sklearn.metrics import mean_absolute_error
from sklearn.metrics import mean_squared_error
import matplotlib.pyplot as plt
import statsmodels.api as sm
from math import sqrt

# Read the dataset
data = sm.datasets.sunspots.load_pandas().data
```

下面将数据集分成训练集和测试集,代码如下。

```
# Split data into train and test set
train_ratio=0.8

train=data[:int(train_ratio*len(data))]
test=data[int(train_ratio*len(data)):]
```

下面训练并拟合自回归模型，代码如下。

```
# AutoRegression Model training
ar_model = AR(train.SUNACTIVITY)
ar_model = ar_model.fit()

# print lags and
print("Number of Lags:", ar_model.k_ar)
print("Model Coefficients:\n", ar_model.params)
```

输出结果如下。

```
Number of Lags: 15
Model Coefficients:
 const              9.382322
 L1.SUNACTIVITY     1.225684
 L2.SUNACTIVITY    -0.512193
 L3.SUNACTIVITY    -0.130695
 L4.SUNACTIVITY     0.193492
 L5.SUNACTIVITY    -0.168907
 L6.SUNACTIVITY     0.054594
 L7.SUNACTIVITY    -0.056725
 L8.SUNACTIVITY     0.109404
 L9.SUNACTIVITY     0.108993
 L10.SUNACTIVITY   -0.117063
 L11.SUNACTIVITY    0.200454
 L12.SUNACTIVITY   -0.075111
 L13.SUNACTIVITY   -0.114437
 L14.SUNACTIVITY    0.177516
 L15.SUNACTIVITY   -0.091978
dtype: float64
```

下面预测并评估模型的性能，代码如下。

```
# make predictions
start_point = len(train)
end_point = start_point + len(test)-1
pred = ar_model.predict(start=start_point, end=end_point,
dynamic=False)

# Calculate errors
mae = mean_absolute_error(test.SUNACTIVITY, pred)
mse = mean_squared_error(test.SUNACTIVITY, pred)
rmse = sqrt(mse)
print("MAE:",mae)
print("MSE:",mse)
print("RMSE:",rmse)
```

输出结果如下。

```
MAE: 31.17846098350052
MSE: 1776.9463826165913
RMSE: 42.15384184883498
```

前面的代码中对测试集数据进行了预测，并使用**平均绝对误差**（**Mean Absolute Error,
MAE**）、**均方误差**（**Mean Squared Error, MSE**）和**均方根误差**（**Root Mean Squared Error,
RMSE**）评估了模型的性能。

下面绘制原始序列和预测序列的折线图，以更好地了解预测结果，代码如下。

```
# Setting figure size
plt.figure(figsize=(10,6))

# Plot test data
plt.plot(test.SUNACTIVITY, label='Original-Series')

# Plot predictions
plt.plot(pred, color='red', label='Predicted Series')

# Add legends
plt.legend()

# Display the plot
plt.show()
```

输出结果如图 8-7 所示，可以看到原始序列和使用自回归模型预测的序列的折线图。

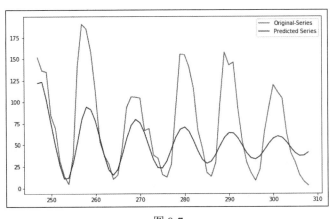

图 8-7

8.9 ARMA 模型

自回归移动平均（**Autoregressive Moving Average，ARMA**）模型是一个更高级的时间序列预测模型，它综合使用了自回归模型和移动平均数。自回归移动平均模型通常被写为 ARMA(p,q)，其中 p 是自回归模型的阶数，q 是移动平均数的阶数，其公式如式 8-7 所示。

$$x_t = c + \sum_{i=1}^{p} a_i x_{t-i} + \sum_{i=1}^{q} b_i \varepsilon_{t-i} + \epsilon_t \qquad \text{(式 8-7)}$$

在式 8-7 中，有一个常数 c 和一个白噪声分量 ϵ_t，试图拟合滞后的噪声成分。

下面导入库并读取 sunspots 数据集，代码如下。

```
# import needful libraries
import statsmodels.api as sm
from statsmodels.tsa.arima_model import ARMA
from sklearn.metrics import mean_absolute_error
from sklearn.metrics import mean_squared_error
import matplotlib.pyplot as plt
from math import sqrt

# Read the dataset
data = sm.datasets.sunspots.load_pandas().data
data.drop('YEAR',axis=1,inplace=True)
```

下面将数据集分成训练集和测试集，代码如下。

```
# Split data into train and test set
train_ratio=0.8
train=data[:int(train_ratio*len(data))]
test=data[int(train_ratio*len(data)):]
```

下面训练并拟合自回归移动平均模型，代码如下。

```
# AutoRegression Model training
arma_model = ARMA(train, order=(10,1))
arma_model = arma_model.fit()
```

下面预测并评估模型的性能，代码如下。其中用到的 MAE、MSE 和 RMSE 将在 9.6 节中详细介绍。

```
# make predictions
start_point = len(train)
end_point = start_point + len(test)-1
pred = arma_model.predict(start_point,end_point)

# Calculate errors
mae = mean_absolute_error(test.SUNACTIVITY, pred)
mse = mean_squared_error(test.SUNACTIVITY, pred)
rmse = sqrt(mse)
print("MAE:",mae)
print("MSE:",mse)
print("RMSE:",rmse)
```

输出结果如下。

```
MAE: 33.95457845540467
MSE: 2041.3857010355755
RMSE: 45.18169652675268
```

下面绘制预测序列和原始序列的折线图,以更好地了解预测结果。

```
# Setting figure size
plt.figure(figsize=(10,6))

# Plot test data
plt.plot(test, label='Original-Series')

# Plot predictions
plt.plot(pred, color='red', label='Predicted Series')

# Add legends
plt.legend()

# Display the plot
plt.show()
```

输出结果如图 8-8 所示,可以看到原始序列和预测序列的折线图。

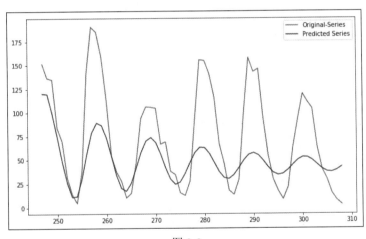

图 8-8

8.10 生成周期性信号

许多自然现象都是有规律的,一些科学家用希尔伯特-黄(Hilbert-Huang)变换发现了太阳黑子活动的 3 个周期。这些周期的持续时间大约为 11 年、22 年和 100 年。通常情况下,我们可以用正弦函数等三角函数来模拟一个周期性信号。由于有 3 个周期,因此创建一个由 3 个正弦函数线性组合而成的模型是合理的。只需要对自回归模型的代码做一个小小的调整即可。

下面创建模型函数、误差函数和拟合函数,代码如下。

```
# Import required libraries
```

```python
import numpy as np
import statsmodels.api as sm
from scipy.optimize import leastsq
import matplotlib.pyplot as plt

# Create model function
def model(p, t):
    C, p1, f1, phi1 , p2, f2, phi2, p3, f3, phi3 = p
    return C + p1 * np.sin(f1 * t + phi1) + p2 * np.sin(f2 * t +
            phi2) + p3 * np.sin(f3 * t + phi3)

# Create error function
def error(p, y, t):
    return y - model(p, t)

# Create fit function
def fit(y, t):
    p0 = [y.mean(), 0, 2 * np.pi/11, 0, 0, 2 * np.pi/22, 0, 0, 2 *
np.pi/100, 0]
    params = leastsq(error, p0, args=(y, t))[0]
    return params
```

下面加载数据集。

```python
# Load the dataset
data_loader = sm.datasets.sunspots.load_pandas()
sunspots = data_loader.data["SUNACTIVITY"].values
years = data_loader.data["YEAR"].values
```

下面应用并拟合模型。

```python
# Apply and fit the model
cutoff = int(.9 * len(sunspots))
params = fit(sunspots[:cutoff], years[:cutoff])
print("Params", params)

pred = model(params, years[cutoff:])
actual =sunspots[cutoff:]
```

下面输出结果。

```python
print("Root mean square error", np.sqrt(np.mean((actual - pred) ** 2)))
print("Mean absolute error", np.mean(np.abs(actual - pred)))
print("Mean absolute percentage error", 100 *
np.mean(np.abs(actual - pred)/actual))
mid = (actual + pred)/2
print("Symmetric Mean absolute percentage error", 100 *
        np.mean(np.abs(actual - pred)/mid))
print("Coefficient of determination", 1 - ((actual - pred)
        **2).sum()/ ((actual - actual.mean()) ** 2).sum())
```

输出结果如下。

```
Params [47.1880006   28.89947462    0.56827279  6.51178464   4.55214564
         0.29372076 -14.30924768  -18.16524123  0.06574835  -4.37789476]
Root mean square error 59.56205597915569
Mean absolute error 44.58158470150657
Mean absolute percentage error 65.16458348768887
Symmetric Mean absolute percentage error 78.4480696873044
Coefficient of determination -0.3635315489903188
```

在上面的输出结果中,第一行显示了建立的模型的系数。MAE 的值约为 44,这意味着在任何一个方向上的平均偏差都是这个值。通常希望决定系数(Coefficient of Determination,又称 R-squared,将在 9.6 节详细讲解)尽可能地接近 1,以便有一个良好的拟合效果,但这里得到了一个负值。接下来创建一幅图以详细了解结果。

绘制原始序列和预测序列的图,代码如下。

```
year_range = data_loader.data["YEAR"].values[cutoff:]

# Plot the actual and predicted data points
plt.plot(year_range, actual, 'o', label="Sunspots")
plt.plot(year_range, pred, 'x', label="Prediction")
plt.grid(True)

# Add labels
plt.xlabel("YEAR")
plt.ylabel("SUNACTIVITY")

# Add legend
plt.legend()

# Display the chart
plt.show()
```

输出结果如图 8-9 所示。

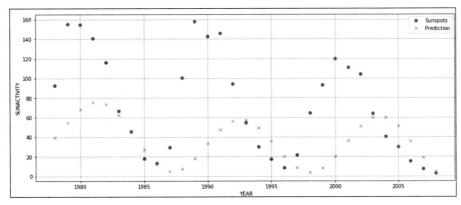

图 8-9

从图 8-9 中可以得出结论，该模型不能捕捉序列的实际模式。这就是为什么得到了一个负的决定系数。

8.11 傅里叶分析

傅里叶分析是时间序列分析的另一个重要技术，它使用的是数学家约瑟夫·傅里叶（Joseph Fourier）提出的傅里叶级数概念。傅里叶级数是一种数学方法，用于将函数表示为正弦和余弦的无限级数，函数可以是实值或复值的，如式 8-8 所示。

$$\sum_{t=-\infty}^{\infty} \chi[t] e^{-i\omega t} \qquad (\text{式 8-8})$$

对于傅里叶分析，最有效的算法之一是**快速傅里叶变换（Fast Fourier Transform, FFT）**。使用快速傅里叶变换可将一个信号分解成不同频率的信号。这意味着它可产生一个给定信号的频谱。SciPy 和 NumPy 库提供了可进行快速傅里叶变换的函数。

`rfft()` 函数用于对实值数据执行快速傅里叶变换。也可以使用 `fft()` 函数进行快速傅里叶变换，但在处理 sunspots 数据集时会给出警告。`fftshift()` 函数用于将零频率分量移到频谱的中间。

通过下面的例子来理解快速傅里叶变换。

导入库，读取 sunspots 数据集并创建正弦波，代码如下。

```
# Import required library
import numpy as np
import statsmodels.api as sm
import matplotlib.pyplot as plt
from scipy.fftpack import rfft
from scipy.fftpack import fftshift

# Read the dataset
data = sm.datasets.sunspots.load_pandas().data

# Create Sine wave
t = np.linspace(-2 * np.pi, 2 * np.pi,
len(data.SUNACTIVITY.values))
mid = np.ptp(data.SUNACTIVITY.values)/2
sine = mid + mid * np.sin(np.sin(t))
```

计算正弦波并对 sunspots 数据集的 SUNACTIVITY 列进行快速傅里叶变换，代码如下。

```
# Compute FFT for Sine wave
sine_fft = np.abs(fftshift(rfft(sine)))
print("Index of max sine FFT", np.argsort(sine_fft)[-5:])
```

```
# Compute FFT for sunspots dataset
transformed = np.abs(fftshift(rfft(data.SUNACTIVITY.values)))
print("Indices of max sunspots FFT", np.argsort(transformed)[-5:])
```

创建子图，绘制原始序列和正弦波及转换后的 sunspots 数据集和正弦波图，代码如下。

```
# Create subplots
fig, axs = plt.subplots(3,figsize=(12,6),sharex=True)
fig.suptitle('Power Specturm')
axs[0].plot(data.SUNACTIVITY.values, label="Sunspots")
axs[0].plot(sine, lw=2, label="Sine")
axs[0].legend() # Set legends
axs[1].plot(transformed, label="Transformed Sunspots")
axs[1].legend() # Set legends
axs[2].plot(sine_fft, lw=2, label="Transformed Sine")
axs[2].legend() # Set legends

# Display the chart
plt.show()
```

输出结果如图 8-10 所示。

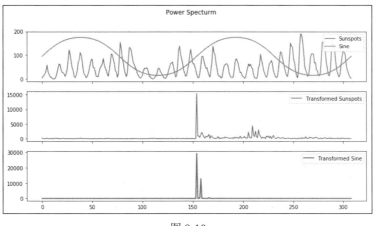

图 8-10

8.12 频谱分析滤波

任何物理信号的功率谱都可以显示信号的能量分布。可以很容易地用下面的代码将转换后的信号平方化来显示功率谱。

```
plt.plot(transformed ** 2, label="Power Spectrum")
```

可以用下面的代码绘制相位谱。

```
plt.plot(np.angle(transformed), label="Phase Spectrum")
```

下面绘制 sunspots 数据集的功率谱和相位谱。

导入库并读取 sunspots 数据集,代码如下。

```
# Import required library
import numpy as np
import statsmodels.api as sm
from scipy.fftpack import rfft
from scipy.fftpack import fftshift
import matplotlib.pyplot as plt

# Read the dataset
data = sm.datasets.sunspots.load_pandas().data
```

对 SUNACTIVITY 列进行快速傅里叶变换并计算功率谱和相位谱,代码如下。

```
# Compute FFT
transformed = fftshift(rfft(data.SUNACTIVITY.values))

# Compute Power Spectrum
power=transformed ** 2

# Compute Phase Spectrum
phase=np.angle(transformed)
```

创建子图,绘制原始数据集及功率谱和相位谱的图,代码如下。

```
# Create subplots
fig, axs = plt.subplots(3,figsize=(12,6),sharex=True)
fig.suptitle('Power Specturm')
axs[0].plot(data.SUNACTIVITY.values, label="Sunspots")
axs[0].legend() # Set legends
axs[1].plot(power, label="Power Spectrum")
axs[1].legend() # Set legends
axs[2].plot(phase, label="Phase Spectrum")
axs[2].legend() # Set legends

# Display the chart
plt.show()
```

输出结果如图 8-11 所示。

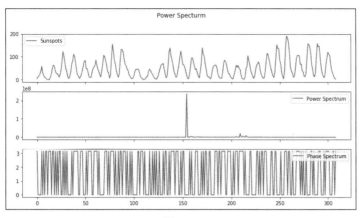

图 8-11

8.13 总结

在本章中,我们学习了移动平均数及如何使用窗口大小将随机变化趋势转换为平滑趋势;学习了 DataFrame.rolling() 函数及可指定不同窗口函数的 win_type 参数;学习了协整是定义两个时间序列相关性的重要指标;还学习了 STL 分解、自相关模型、自回归模型、自回归移动平均模型、傅里叶分析和频谱分析滤波。

第 3 部分
深入研究机器学习

本部分主要帮助读者深入研究机器学习算法和开发预测模型。本部分的重点是回归、分类、PCA 和聚类方法。本部分将主要使用 pandas 和 Scikit-learn 库。

本部分包括以下几章。

- 第 9 章　监督学习——回归分析。
- 第 10 章　监督学习——分类技术。
- 第 11 章　无监督学习——PCA 和聚类。

第 9 章
监督学习——回归分析

回归分析是统计学和机器学习中最常用的方法之一。回归分析是监督学习领域的一部分，可用于预测连续变量，如股票价格、房价、销售额、降雨量和温度。例如，假设你是一家电子商店的销售经理，你需要预测未来几周所有类型产品的销售额，如电视、空调、笔记本电脑、冰箱等，很多因素都会影响销售额，如天气状况、节日、促销策略、竞争对手的报价等。回归分析可以帮助你确定这些因素的重要性，这对你的决策很重要。

回归分析可以用于确定因变量（标签）是如何随自变量（特征）变化的。例如，假设你想确定体育活动、授课形式、师生比例等对学生成绩的影响，就可以通过**普通最小二乘法（Ordinary Least Square，OLS）**将平方误差之和（或误差方差）最小化，以找出最佳拟合函数，预测出在给定条件下最可能的结果。本章的主要内容有**多元线性回归（Multiple Linear Regression，MLR）**的基本原理、多重共线性、虚拟变量、回归模型，以及模型评估措施，如**决定系数（R-Squared）、均方误差（Mean Squared Error，MSE）、平均绝对误差（Mean Absolute Error，MAE）和均方根误差（Root Mean Square Error，RMSE）**。此外，本章还会介绍如何创建一个逻辑回归分类模型。

在本章中，我们将学习以下内容。

- 线性回归。

- 多重共线性。

- 虚拟变量。

- 建立线性回归模型。

- 评估回归模型的性能。

- 拟合多项式回归。

- 分类回归模型。

- 逻辑回归。
- 使用 Scikit-learn 库实现逻辑回归。

9.1 技术要求

以下是本章的技术要求。

- 可以从异步社区获取本书配套的代码和数据集。本章的代码可以在 ch9.ipynb 文件中找到。
- 本章将使用 2 个 CSV 文件（Advertising.csv 和 diabetes.csv）和 1 个 TXT 文件（bloodpress.txt）进行练习。
- 本章将使用 Matplotlib、pandas、Seaborn 和 Scikit-learn 这几个库。

9.2 线性回归

线性回归是一种曲线拟合和预测算法。它用于发现一个因变量列和一个或多个独立列之间的线性关系。这种关系是确定的，用它预测因变量有一定的误差。在线性回归分析中，因变量是连续的，自变量都是连续或离散的。线性回归已被应用于商业和科学领域，如对股票价格、原油价格、房地产价格和 GDP 增长率的预测。从图 9-1 中可以看到线性回归如何在二维空间中拟合数据。

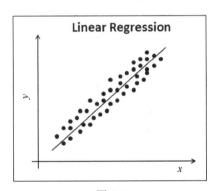

图 9-1

进行回归分析的主要目的是找到最佳拟合线，从而以最小的误差揭示变量之间的关系。线性回归分析中的误差是预测值和实际值之间的差。线性回归模型的系数是用普通最小二乘法估计的。线性回归模型的公式如式 9-1 所示。

$$y = \beta_0 + \beta_1 x + \varepsilon \quad \text{（式 9-1）}$$

其中，x 是自变量，y 是因变量，β_0 是纵截距，β_1 是 x 的系数，ε 是一个误差项，用作随机变量。

普通最小二乘法是一种被广泛用于估计回归截距和系数的方法，它可减小残差（或误差）的平方和，即预测值和实际值之间的差。

多元线性回归

多元线性回归（Multiple Linear Regression，MLR）是简单线性回归的一种普遍形式。它是一种基于多个特征或解释变量来预测连续标签变量的统计方法。多元线性回归主要用于估计多个特征和标签变量之间的线性关系，在现实生活中有着广泛的应用。其模型可以表示为一个数学方程，如式 9-2 所示。

$$y = \beta_0 + \beta_1 x_1 + \cdots + \beta_p x_p + \varepsilon \qquad \text{（式 9-2）}$$

其中，$x_1, x_2, \cdots, x_p$ 是自变量，y 是因变量，β_0 是纵截距，$\beta_1, \beta_2, \cdots, \beta_p$ 是 $x_1, x_2, \cdots, x_p$ 的系数，ε 是一个误差项，用作随机变量。

9.3 多重共线性

当多元回归分析的自变量相互之间高度相关时，就会产生多重共线性。这种高度相关将引起线性回归模型预测结果不准确的问题。因此线性回归分析的基本要求是要避免多重共线性，以获得更好的结果。

多重共线性产生的原因如下。

- 对虚拟变量的不恰当使用。
- 相似变量的重复出现。
- 存在由数据中其他变量合成的变量。
- 变量之间具有强相关性。

多重共线性会引起以下问题。

- 精确估计回归系数变得很困难，而且回归系数更容易受到模型中微小变化的影响。
- 系数的符号和大小发生变化。
- 难以评估自变量的相对重要性。

消除多重共线性

多重共线性可以用以下方法检测。

- 使用自变量之间的相关系数或相关矩阵。

- 使用方差膨胀因子（Variance Inflation Factor，VIF）。
- 使用特征值。

相关系数或相关矩阵可帮助我们识别自变量之间的强相关性。通过检查相关系数的大小，可以轻松地检测出多重共线性，代码如下。

```
# Import pandas
import pandas as pd

# Read the blood pressure dataset
data = pd.read_csv("bloodpress.txt",sep='\t')

# See the top records in the data
data.head()
```

输出结果如图 9-2 所示。

前面的代码使用 read_csv() 函数读取了 bloodpress.txt 文件中的数据。还检查了数据集的初始记录。这个数据集有 BP、Age、Weight、BSA、Dur、Pulse 和 Stress 字段。下面使用相关矩阵来检查数据集中的多重共线性，代码如下。

	BP	Age	Weight	BSA	Dur	Pulse	Stress
0	105	47	85.4	1.75	5.1	63	33
1	115	49	94.2	2.10	3.8	70	14
2	116	49	95.3	1.98	8.2	72	10
3	117	50	94.7	2.01	5.8	73	99
4	112	51	89.4	1.89	7.0	72	95

图 9-2

```
# Import seaborn and matplotlib
import seaborn as sns
import matplotlib.pyplot as plt

# Correlation matrix
corr=data.corr()

# Plot Heatmap on correlation matrix
sns.heatmap(corr, annot=True, cmap='YlGnBu')

# display the plot
plt.show()
```

输出结果如图 9-3 所示。

前面的代码加载了 bloodpress.txt 文件并使用 corr() 函数得到了相关矩阵，然后使用 heatmap() 函数将相关矩阵可视化。

这里，BP（血压）是因变量，其余的列是自变量。从图 9-3 中可以看到，Weight（体重）和 BSA（体表面积）有很强的相关性，我们需要删除一个变量（Weight 或 BSA）来消除多重共线性。在这个示例中，与 BSA 相比，Weight 更容易测量，所以可选择保留 Weight、删除 BSA。

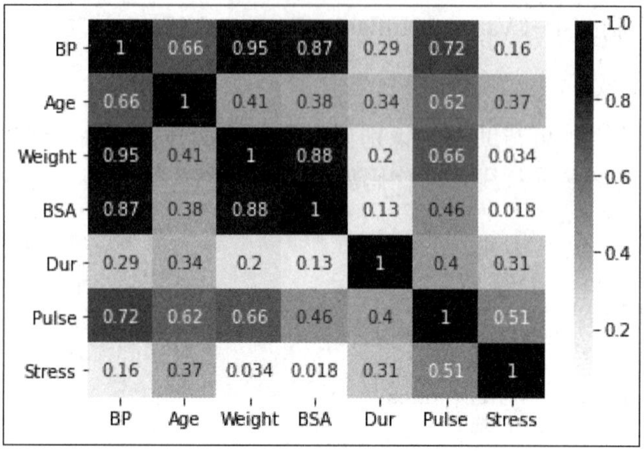

图 9-3

9.4 虚拟变量

虚拟变量是回归分析中使用的分类自变量,它也被称为布尔变量、指标变量、定性变量、分类变量和二元变量。可将一个具有 N 个不同值的分类变量转换成 $N-1$ 个虚拟变量。虚拟变量只能取二进制值 1 或 0。

pandas 库中提供了 get_dummies()函数来生成虚拟变量。下面通过一个例子来理解 get_dummies()函数。先创建一个有 Gender 列的 DataFrame 对象,代码如下。

```
# Import pandas module
import pandas as pd

# Create pandas DataFrame
data=pd.DataFrame({'Gender':['F','M','M','F','M']})

# Check the top-5 records
data.head()
```

输出结果如表 9-1 所示。

表 9-1

	Gender
0	F
1	M
2	M
3	F
4	M

接下来使用 get_dummies() 函数来生成虚拟变量，代码如下。

```
# Dummy encoding
encoded_data = pd.get_dummies(data['Gender'])

# Check the top-5 records of the dataframe
encoded_data.head()
```

输出结果如下。

```
  F M
0 1 0
1 0 1
2 0 1
3 1 0
4 0 1
```

前面的代码使用 get_dummies() 函数生成了两列，这意味着每个虚拟变量都有一个单独的列。可以将 drop_first 参数的值设为 True 来删除一列，以避免出现多重共线性。通过删除第一层，从 N 个分类层次中获取 $N-1$ 个虚拟变量，代码如下。

```
# Dummy encoding
encoded_data = pd.get_dummies(data['Gender'], drop_first=True)

# Check the top-5 records of the dataframe
encoded_data.head()
```

输出结果如下。

```
  M
0 0
1 1
2 1
3 0
4 1
```

前面的代码使用 get_dummies() 函数和 drop_first 参数创建了 Gender 列的虚拟变量，并通过将该参数值设为 True 删除了第一列，剩下另外一列。

9.5 建立线性回归模型

下面将介绍如何使用 Scikit-learn 库建立线性回归模型。

使用 read_csv() 函数加载 Advertising.csv 数据集，并使用 head() 函数检查初始记录，代码如下。

```
# Import pandas
import pandas as pd

# Read the dataset using read_csv method
df = pd.read_csv("Advertising.csv")
```

```
# See the top-5 records in the data
df.head()
```

输出结果如图 9-4 所示。

下面将数据集拆分成自变量集和因变量集两部分，代码如下。

```
# Independent variables or Features
X = df[['TV', 'Radio', 'Newspaper']]

# Dependent or Target variable
y = df.Sales
```

	TV	Radio	Newspaper	Sales
0	230.1	37.8	69.2	22.1
1	44.5	39.3	45.1	10.4
2	17.2	45.9	69.3	9.3
3	151.5	41.3	58.5	18.5
4	180.8	10.8	58.4	12.9

图 9-4

接下来使用 train_test_split() 函数将数据按 3:1 的比例分成训练集和测试集。train_test_split() 函数需要 DataFrame 格式的自变量集和因变量集，以及 test_size 和 random_state 参数。其中，test_size 用于决定训练集和测试集的比例（例如，test_size 值为 0.3，则 30%的数据为测试集，其余 70%的数据为训练集）；random_state 的值作为种子值，用于重现相同的数据拆分。如果 random_state 的值为 None，那么每次都会随机拆分数据。代码如下。

```
# Lets import the train_test_split method
from sklearn.model_selection import train_test_split

# Distribute the features(X) and labels(y) into training and testing sets
X_train, X_test, y_train, y_test = train_test_split(X, y,
test_size=0.25, random_state=0)
```

下面导入 LinearRegression 模型，创建其对象，并对训练数据集（X_train、y_train）进行拟合。拟合模型后，预测测试数据集（X_test）的值。可以使用 intercept_ 和 coef_ 参数查看回归方程的截距和系数，代码如下。

```
# Import linear regression model from sklearn.linear_model
import LinearRegression
# Create linear regression model
lin_reg = LinearRegression()

# Fit the linear regression model
lin_reg.fit(X_train, y_train)

# Predict the values given test set
predictions = lin_reg.predict(X_test)

# Print the intercept and coefficients
print("Intercept:",lin_reg.intercept_)
print("Coefficients:",lin_reg.coef_)
```

输出结果如下。

```
Intercept: 2.8925700511511483
```

```
Coefficients: [0.04416235 0.19900368 0.00116268]
```
在前面的代码中，拟合了线性回归模型，对测试数据集进行了预测，并输出了回归方程的截距和系数。

9.6　评估回归模型的性能

模型评估是任何机器学习模型建立过程中的关键环节。它可以帮助我们评估模型在投入生产时的表现。我们将使用以下指标进行模型评估。

- 决定系数。
- 均方误差。
- 平均绝对误差。
- 均方根误差。

9.6.1　决定系数

决定系数（Coefficient of Determination，又称 R-squared）是一个统计模型评估指标，用于评估回归模型的优劣，可帮助数据分析员分析模型的性能。它的值介于 0 和 1 之间，越接近 0 代表模型越差，越接近 1 代表模型越好。有时，决定系数的值是一个负值，这意味着此模型比平均基础模型差。

决定系数的计算公式如式 9-3 所示。

$$\text{R-squared} = \frac{\text{SSR}}{\text{SST}} = 1 - \frac{\text{SSE}}{\text{SST}} \quad （式 9-3）$$

下面逐一介绍上述公式的组成部分。

- **平方和回归（Sum of Squares Regression，SSR）**：用于估计预测值与数据平均值之间的差异。
- **平方误差总和（Sum of Squared Errors，SSE）**：用于估计原始或真实值与预测值之间的差异。
- **总平方和（Total Sum of Squares，SST）**：用于估计原始或真实值与数据平均值之间的差异。

9.6.2　均方误差

均方误差（Mean Squared Error，MSE）是指原始值和预测值之间差值的平方的平均值，如式 9-4 所示。

$$\text{MSE} = \frac{1}{n} \sum_{i=1}^{n} (y - \hat{y})^2 \quad\quad\quad (式 9\text{-}4)$$

其中，y 是原始值，$\hat{y}$ 是预测值。

9.6.3 平均绝对误差

平均绝对误差（Mean Absolute Error，MAE）是指原始值和预测值之间差值的绝对值的平均值，如式 9-5 所示。

$$\text{MAE} = \frac{1}{n} \sum_{i=1}^{n} |y - \hat{y}| \quad\quad\quad (式 9\text{-}5)$$

其中，y 是原始值，$\hat{y}$ 是预测值。

9.6.4 均方根误差

均方根误差（Root Mean Squared Error，RMSE）是指均方误差的平方根，如式 9-6 所示。

$$\text{RMSE} = \sqrt{\text{MSE}} \quad\quad\quad (式 9\text{-}6)$$

下面利用测试数据集评估模型的性能。在上一节中预测了测试数据集的值，下面将比较预测值和测试集（y_test）的实际值。Scikit-learn 库提供了 metrics 类来评估模型性能。对于回归模型的评估，可使用决定系数、均方误差、平均绝对误差和均方根误差，每个方法都需要输入两部分内容：测试集的实际值和预测值，即 y_test 和 y_pred。下面评估线性回归模型的性能，代码如下。

```
# Import the required libraries
import numpy as np
from sklearn.metrics import mean_absolute_error
from sklearn.metrics import mean_squared_error
from sklearn.metrics import r2_score

# Evaluate mean absolute error
print('Mean Absolute Error(MAE):', mean_absolute_error(y_test, y_pred))

# Evaluate mean squared error
print("Mean Squared Error(MSE):", mean_squared_error(y_test, y_pred))

# Evaluate root mean squared error
print("Root Mean Squared Error(RMSE):", np.sqrt(mean_squared_error(y_test, y_pred)))
```

```
# Evaluate R-squared
print("R-squared:",r2_score(y_test, y_pred))
```

输出结果如下。

```
Mean Absolute Error(MAE): 1.300032091923545
Mean Squared Error(MSE): 4.0124975229171
Root Mean Squared Error(RMSE): 2.003121944095541
R-squared: 0.8576396745320893
```

在这个例子中，用平均绝对误差、均方误差、均方根误差和决定系数评估了线性回归模型，其中决定系数约为 0.86，这表明该模型解释了数据约 86%的变化性。

9.7 拟合多项式回归

多项式回归是回归分析的一种类型，用于拟合因变量和自变量之间的非线性关系。在多项式回归中，变量 y 被建模为自变量 x 的 n 次多项式。它用于揭示现象的增长率，如销售额的增长率。多项式回归的方程式如式 9-7 所示。

$$y = \beta_0 + \beta_1 x + \beta_2 x^2 + \beta_3 x^3 + \cdots + \beta_n x^n + \varepsilon \qquad （式 9\text{-}7）$$

其中，x 是自变量，y 是因变量，β_0 是截距，$\beta_1, \beta_2, \cdots, \beta_n$ 是 $x, x^2, \cdots, x^n$ 的系数，ε 是误差项，用作一个随机变量。

下面将通过一个例子来详细介绍多项式回归的概念。

先可视化一个具有多项式关系的数据集，代码如下。

```
# import libraries
import matplotlib.pyplot as plt
import numpy as np

# Create X and Y lists
X=[1,2,3,4,5,6,7,8,9,10]
y=[9,10,12,16,22,28,40,58,102,200]

# Plot scatter diagram
plt.scatter(X, y, color = 'red')
plt.title('Polynomial Regression')
plt.xlabel('X-Axis')
plt.ylabel('y-Axis')
```

输出结果如图 9-5 所示。

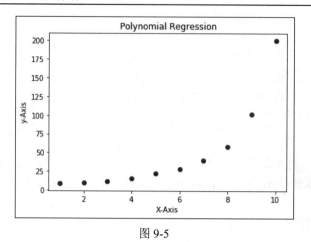

图 9-5

下面在回归分析中映射这个数据集中的多项式关系。读取数据集，使用 PolynomialFeatures() 函数将 X 列转换为 n 次多项式列，然后对 X_polynomial 和 y 应用线性回归模型，代码如下。

```python
# import libraries
import pandas as pd
from sklearn.preprocessing import PolynomialFeatures
from sklearn.linear_model import LinearRegression

# Prepare dataset
data = pd.DataFrame({"X":[1,2,3,4,5,6,7,8,9,10],
"y":[9,10,12,16,22,28,40,58,102,200]})

X = data[['X']] y = data[['y']]

# Apply Polynomial Features
polynomial_reg = PolynomialFeatures(degree = 6)
X_polynomial = polynomial_reg.fit_transform(X)

# Apply Linear Regression Model
linear_reg = LinearRegression()
linear_reg.fit(X_polynomial, y)
predictions=linear_reg.predict(X_polynomial)

# Plot the results
plt.scatter(X, y, color = 'red')
plt.plot(X, predictions, color = 'red')
plt.title('Polynomial Regression')
plt.xlabel('X-Axis')
plt.ylabel('y-Axis')
```

输出结果如图 9-6 所示，可见生成的模型与数据的拟合性较好。

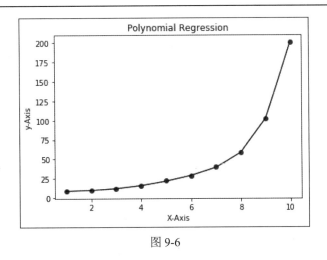

图 9-6

9.8　分类回归模型

分类是机器学习和统计学习领域中最常见的操作之一。大多数机器学习问题都是分类问题，如检测垃圾邮件、分析金融风险和发现潜在客户等。

分类可分为两种类型：二元分类和多元分类。二元分类的标签变量只有两个值：0 和 1，或者是和不是。典型的二元分类问题有客户是否会购买一件商品、客户是否会转换或流失、垃圾邮件检测、疾病预测，以及贷款申请人是否会违约等。多元分类有两个以上的类别，例如新闻文章的类别可以是体育、政治、商业等。

9.9　逻辑回归

逻辑回归是一种有监督的机器学习算法，用于预测二元结果并对结果进行分类。它是一种独特的回归类型，其因变量是二元的。它常用于发现因变量（标签）与自变量（特征）集之间的关联。它计算标签变量的比值比（Odds Ratio，又称优势比）的对数，该值代表一个事件发生的概率，例如一个人患糖尿病的概率。

逻辑回归是一种简单的线性回归，其中因变量是分类的。它在线性回归的预测结果上使用 sigmoid() 函数。我们也可以将逻辑回归算法用于多个标签类别。对于多元分类问题，它被称为多项式逻辑回归。多项式逻辑回归是对逻辑回归的改进，它使用 softmax() 函数而不是 sigmoid() 函数。

sigmoid()函数也被称为逻辑函数，其具有典型的 S 形曲线，如图 9-7 所示。它将输入值映射到 0 和 1 之间，这代表一个事件发生的概率。如果曲线向正无穷大移动，那么结果就会变成 1；如果曲线向负无穷大移动，那么结果就会变成 0。sigmoid()函数如式 9-8 所示。

$$f(x) = \frac{1}{1+e^{-x}} \qquad (式 9\text{-}8)$$

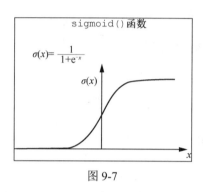

图 9-7

式 9-9 所示为逻辑回归方程。

$$\log\left(\frac{P}{1-P}\right) = \beta_0 + \beta_1 x_1 + \cdots + \beta_p x_p \qquad (式 9\text{-}9)$$

log()函数中的术语被称为"比值比"。比值比是一个事件发生的概率与不发生的概率的比率。从图 9-8 中可以看到逻辑回归的输出结果。

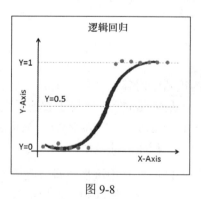

图 9-8

9.9.1　逻辑回归模型的特点

逻辑回归模型具有以下特点。

- 因变量应该是二元的。
- 自变量之间不应存在多重共线性。
- 系数是用最大似然法估计的。
- 逻辑回归模型遵循伯努利分布。
- 不能使用决定系数来评价模型的性能，但可使用协整度（Concordance）、KS 统计（KS statistics）。

9.9.2 逻辑回归算法的类型

逻辑回归算法有多种类型，可用于不同的场景。本小节将重点讨论二元逻辑回归模型、多项逻辑回归模型和序数逻辑回归模型。

- 二元逻辑回归模型。在二元逻辑回归模型中，因变量只有两个值，如一笔贷款是否会违约，一封电子邮件是否是垃圾邮件，一个病人是否为糖尿病患者。
- 多项逻辑回归模型。在多项逻辑回归模型中，因变量有 3 个或 3 个以上的值，如鸢尾花的种类和新闻文章的类别（如政治、商业和体育等）。
- 序数逻辑回归模型。在序数逻辑回归模型中，因变量有序数或序列类，如电影和酒店评分。

9.9.3 逻辑回归模型的优缺点

逻辑回归模型不仅能预测值，还能给出值的概率，这有助于我们了解预测值的可信度。逻辑回归模型很容易实现和理解，并且是可解释的。

大量的自变量会增加解释方差的量，从而导致模型过拟合。逻辑回归模型不能用于处理非线性关系。它处理高度相关的特征变量（独立变量）的效果不是很好。

9.10 使用 Scikit-learn 库实现逻辑回归

本节将用 Scikit-learn 库实现逻辑回归。下面使用朴素贝叶斯分类法创建一个模型。

使用以下代码导入所需的库和 `diabetes.csv` 文件中的数据集。

```
# Import libraries
import pandas as pd
# read the dataset
diabetes = pd.read_csv("diabetes.csv")
```

```python
# Show top 5-records
diabetes.head()
```

输出结果如图 9-9 所示。

	pregnant	glucose	bp	skin	insulin	bmi	pedigree	age	label
0	6	148	72	35	0	33.6	0.627	50	1
1	1	85	66	29	0	26.6	0.351	31	0
2	8	183	64	0	0	23.3	0.672	32	1
3	1	89	66	23	94	28.1	0.167	21	0
4	0	137	40	35	168	43.1	2.288	33	1

图 9-9

下面拆分数据。先将数据集分为特征集（features）和标签集（target），然后使用 `train_test_split()` 函数将特征集和标签集再各自分为训练集和测试集。代码如下。

```python
# Split dataset in two parts: feature set and target label
feature_set = ['pregnant', 'insulin', 'bmi', 'age','glucose', 'bp', 'pedigree']

features = diabetes[feature_set]

target = diabetes.label

# Partition data into training and testing set
from sklearn.model_selection import train_test_split
feature_train, feature_test, target_train, target_test =
train_test_split(features, target, test_size=0.3, random_state=1)
```

下面创建一个逻辑回归模型。首先导入 `LogisticRegression` 类并创建其对象，然后训练模型使其适应训练数据集（X_train 和 y_train）。训练结束后，模型就可以使用 `predict()` 函数进行预测。Scikit-learn 库中的 `metrics` 类提供了模型性能评估的函数，如准确率的评估函数 `accuracy_score()` 函数可以采用实际值和预测值作为参数。代码如下。

```python
# import logistic regression scikit-learn model
from sklearn.linear_model import LogisticRegression
from sklearn.metrics import accuracy_score

# instantiate the model
logreg = LogisticRegression(solver='lbfgs')

# fit the model with data
logreg.fit(feature_train,target_train)

# Forecast the target variable for given test dataset
predictions = logreg.predict(feature_test)
```

```
# Assess model performance using accuracy measure
print("Logistic Regression Model
Accuracy:",accuracy_score(target_test, predictions))
```

输出结果如下。

```
Logistic Regression Model Accuracy: 0.7835497835497836
```

9.11 总结

本章介绍了回归分析算法,它是预测数据分析的重要方法。通过对本章的学习,读者可以了解一些概念,如回归分析、多重共线性、虚拟变量、回归评价指标和逻辑回归。本章先介绍了简单线性回归和多元线性回归,然后介绍了多重共线性、模型的建立和模型评价指标,最后讨论了逻辑回归及其特征、类型和实现。

第 10 章
监督学习——分类技术

现实世界中的大多数机器学习问题都需要使用监督学习来解决。在监督学习中，模型将使用有标签的训练数据集进行学习。标签是一个因变量，它是有助于决策或预测的额外信息，也是学习过程中的"监督者"或"老师"。分类问题具有分类标签变量，如贷款申请状态是安全还是有风险，病人是否患有疾病，或客户是潜在客户还是非潜在客户。

本章的重点是监督学习中的分类技术。本章将主要使用 Scikit-learn 库，深入介绍分类的基本技术，如朴素贝叶斯、决策树、k 近邻（K-Nearest Neighbor，KNN）和支持向量机（Support Vector Machine，SVM）。另外，本章还将介绍训练集和测试集的拆分策略及模型评估方法和指标。

在本章中，我们将学习以下内容。

- 分类。
- 朴素贝叶斯分类。
- 决策树分类。
- k 近邻分类。
- 支持向量机分类。
- 拆分训练集和测试集。
- 分类模型的性能评估指标。
- ROC 曲线和 AUC。

10.1 技术要求

以下是本章的技术要求。

- 可以从异步社区获取本书配套的代码和数据集。本章的代码可以在 `ch10.ipynb` 文件中找到。
- 本章只使用一个 CSV 文件（`diabetes.csv`）进行练习。
- 本章将使用 pandas 和 Scikit-learn 这两个 Python 库。

10.2 分类

销售和营销经理想要预测出更有可能购买产品的潜在客户，这需要将客户分为两个或多个类别，该过程称为分类。分类模型用于预测分类类别标签，如客户是否是潜在客户。在分类过程中，模型根据现有数据进行训练、预测和评估。开发的模型被称为分类器。由上述内容可知，开发模型有 3 个阶段：训练、预测和评估。训练后的模型可使用准确率、精确度、召回率、F_1 值和**曲线下面积**（**Area Under Curve，AUC**）等进行评估。分类在多个领域有广泛应用，如金融、医疗保健、文本分析、图像识别和物体检测等。

在进行数据分析时，首先要了解想用分类法解决的问题，然后识别能准确预测标签的潜在特征。特征是用于预测的列或属性。在糖尿病预测问题中，健康分析师会收集病人的信息，如年龄、运动习惯、饮食习惯、喝酒习惯、吸烟习惯等特征。这些特征将被用来预测病人是否会患糖尿病。从图 10-1 中可以看到一条线将数据分为两类（Class 1 和 Class 2）。

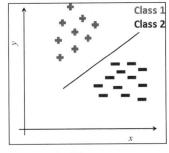

图 10-1

机器学习和数据挖掘的步骤可分为数据收集、数据预处理、训练集和测试集分割、模型生成和评估。在第 1 章中我们已经学习了 KDD 流程、SEMMA 流程和 CRISP-DM，在这里，我们只关注训练集和测试集分割、模型生成和评估。

创建分类模型主要有 3 个阶段：训练集和测试集分割、模型生成和模型评估。在训练集和测试集分割阶段，数据被分为两部分：训练集和测试集。在训练中，训练集用来生成模型，而测试集用于评估模型，可用准确率、精确度、召回率和 F_1 值等评估指标评估模型的性能。图 10-2 所示为创建分类模型的过程。

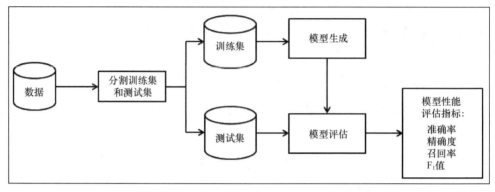

图 10-2

10.3 朴素贝叶斯分类

朴素贝叶斯分类是一种基于贝叶斯定理的分类方法。贝叶斯定理是以其发明者——统计学家托马斯·贝叶斯（Thomas Bayes）的名字命名的，它是一种快速、准确、稳健、易理解和可解释的技术。它可以用于处理大数据集。朴素贝叶斯分类可应用在文本挖掘中，如文档分类、预测客户评论的情绪和垃圾邮件过滤。

朴素贝叶斯分类假设分类条件独立，这意味着每个特征都独立于其余的特征。例如，确定一个人是否患有糖尿病，需参考他的饮食习惯、运动习惯、职业性质和生活方式。即使特征是相关的或相互依赖的，朴素贝叶斯分类仍然会假设它们是独立的。贝叶斯定理的公式如式 10-1 所示。

$$P(y|X) = \frac{P(X|y) \cdot P(y)}{P(X)} \quad \text{（式 10-1）}$$

其中，y 是标签，X 是特征集。$P(y)$ 和 $P(X)$ 是不考虑证据的先验概率，就是在看到证据之前事件的概率。$P(y|X)$ 是看到证据后事件 X 的后验概率，是给定证据 X 的 y 的概率。$P(X|y)$ 是在看到证据后事件 y 的后验概率，是给定证据 y 的 X 的概率。由此可得出式 10-2。

$$\begin{aligned}&P(\text{diabetes}=\text{"yes"}\,|\,\text{smoking\_freq}=\text{"high"}) \\ &= \frac{P(\text{smoking\_freq}=\text{"high"}\,|\,\text{diabetes}=\text{"yes"}) \cdot P(\text{diabetes}=\text{"yes"})}{P(\text{smoking\_freq}=\text{"high"})}\end{aligned} \quad \text{（式 10-2）}$$

式 10-2 使用贝叶斯定理，根据病人的吸烟频率，得出其患糖尿病的概率。

下面介绍朴素贝叶斯分类算法。假设数据集 D 有特征 X 和标签 y。特征 X 可以是 n 维的，即 $X=X_1, X_2, X_3, \cdots, X_n$。标签 y 可以有 m 个，即 $y_1, y_2, y_3, \cdots, y_m$。计算步骤如下。

(1) 计算给定类标签的先验概率 $P(y)$ 和 $P(X)$。

(2) 计算每个类（y_i, $i=1, 2, \cdots, m$）的每个属性的后验概率 $P(X|y_i)$。

① 如果属性是分类的，那么计算公式如式 10-3 所示。

$$P(X|y_i) = P(X_1|y_i) \times P(X_2|y_i) \times P(X_3|y_i) \times \cdots \times P(X_n|y_i) \qquad \text{（式 10-3）}$$

② 如果属性是连续的，那么使用高斯分布来计算 $P(X|y_i)$，如式 10-4 所示。

$$P(X|y_i) = g(x_k, \mu_{y_i}, \sigma_{y_i}) = \frac{1}{\sqrt{2\pi}\sigma} e^{-\frac{(x-\mu)^2}{2\sigma^2}} \qquad \text{（式 10-4）}$$

(3) 将先验概率 $P(y)$ 乘以步骤 2 得到的后验概率可得 $P(X)$，计算公式如式 10-5 所示。

$$P(X) = P(y_i) \times P(X|y_i) \qquad \text{（式 10-5）}$$

(4) 对于给定的特征集，找到其具有最大概率的类。将这个类作为最终预测结果。

下面利用朴素贝叶斯分类算法创建一个模型。

使用以下代码导入 pandas 库并加载 diabetes.csv 文件中的数据。

```
# Import libraries
import pandas as pd
# read the dataset
diabetes = pd.read_csv("diabetes.csv")

# Show top 5-records
diabetes.head()
```

输出结果如图 10-3 所示。

	pregnant	glucose	bp	skin	insulin	bmi	pedigree	age	label
0	6	148	72	35	0	33.6	0.627	50	1
1	1	85	66	29	0	26.6	0.351	31	0
2	8	183	64	0	0	23.3	0.672	32	1
3	1	89	66	23	94	28.1	0.167	21	0
4	0	137	40	35	168	43.1	2.288	33	1

图 10-3

下面拆分数据集。先将数据集分为特征列（features）和标签列（target）。然后使用 train_test_split() 函数将特征列和标签列分解为训练集和测试集（feature_ train, feature_test, target_train 和 target_test）。代码如下。

```
# split dataset in two parts: feature set and target label
feature_set = ['pregnant', 'insulin', 'bmi', 'age','glucose','bp','pedigree']
features = diabetes[feature_set]
target = diabetes.label

# partition data into training and testing set
from sklearn.model_selection import train_test_split

feature_train, feature_test, target_train, target_test = 
train_test_split(features, target, test_size=0.3, random_state=1)
```

下面构建朴素贝叶斯分类模型。首先导入 GaussianNB 类并创建模型，然后训练模型使其适应数据集。训练结束后，该模型就可以使用 predict() 函数进行预测。代码如下。

```
# Import Gaussian Naive Bayes model
from sklearn.naive_bayes import GaussianNB

# Create a Gaussian Classifier
model = GaussianNB()

# Train the model using the training sets
model.fit(feature_train,target_train)

# Forecast the target variable for given test dataset
predictions = model.predict(feature_test)
```

接下来评估该模型的性能，代码如下。

```
# Import metrics module for performance evaluation
from sklearn.metrics import accuracy_score
from sklearn.metrics import precision_score
from sklearn.metrics import recall_score
from sklearn.metrics import f1_score
# Calculate model accuracy
print("Accuracy:",accuracy_score(target_test, predictions))

# Calculate model precision
print("Precision:",precision_score(target_test,predictions))

# Calculate model recall
print("Recall:",recall_score(target_test, predictions))

# Calculate model f1 score
print("F1-Score:",f1_score(target_test, predictions))
```

输出结果如下。

```
Accuracy: 0.7748917748917749
Precision: 0.7391304347826086
Recall: 0.6
F1-Score: 0.6623376623376623
```

Scikit-learn 库的 `metrics` 类提供了各种评估性能的指标,如准确率、精确度、召回率和 F_1 值等(将在 10.8 节详细介绍)。

朴素贝叶斯分类是一种简单、快速、准确和易理解的预测方法。它的计算成本较低并且可以用于处理大型数据集。朴素贝叶斯分类也可以用于解决多元分类问题。当数据具有类的独立性假设时,与逻辑回归相比,使用朴素贝叶斯分类处理的效果更好。

朴素贝叶斯分类存在**零频率问题**。零频率的意思是如果特征中的任何类别缺失,那么它的频率为零。这个问题可以通过拉普拉斯校正来解决。拉普拉斯校正(分类拉普拉斯变换)是一种平滑技术,它可为每个类别增加一条记录,这样缺失类别的频率变成 1,从而不影响使用贝叶斯定理计算出的概率。朴素贝叶斯分类存在的另一个问题是它假设类别的条件独立,可是实际上不可能所有的预测因子都完全独立。

10.4 决策树分类

决策树分类是最著名的分类技术之一,可以用于解决两种类型的监督学习问题(分类和回归问题)。它具有类似流程图的树状结构,与人类的思维相似,这使得它更容易被理解和解释。通过它还能了解预测背后的逻辑。

决策树有 3 个基本组成部分:内部节点、分支和叶子节点。其中,每个终端节点(末级的叶子节点)代表一个特征,链接(叶子节点之间的连接关系)代表决策规则或分割规则,叶子节点表示预测的结果。树上的第一个起始节点称为主节点或是根节点。决策树根据特征或属性值来划分数据,对数据进行分割,并递归地分割剩余的数据,直到所有的项目都指向同一类别或没有更多的列。有很多可用的决策树算法,例如 CART、ID3、C4.5 和 CHAID。在这里,我们主要使用 CART 和 ID3,因为在 Scikit-learn 库中,这两种算法都是可用的。图 10-4 所示为决策树分类的过程。

CART 是 **Classification and Regression Tree** 的缩写,意思是分类和回归树。CART 利用基尼指数来选择最佳列。基尼指数是每个类别的概率平方之和与 1 之间的差值。具有最小基尼指数值的特征或列可作为分割或分区特征。基尼指数的取值范围为 0~1。如果基尼指数值为 0,表明所有数据都属于一个类别;如果基尼指数值正好为 1,表明所有数据都是随机分布的。式 10-6 为基尼指数的计算公式。如果基尼指数值为 0.5,表明数据被平均分配到某些类别。

$$\text{Gini Index} = \sum_{i=1}^{C} p_i^2 \qquad (式 10\text{-}6)$$

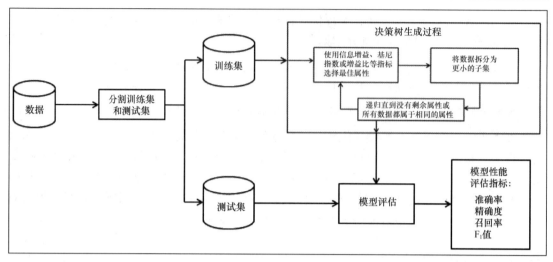

图 10-4

ID3 是 **Iterative Dichotomiser 3** 的缩写。它使用信息增益或信息熵作为特征或属性选择的标准。信息熵是由香农（Shannon）发明的，信息熵用于度量数据集中的杂质或随机性。信息增益表示特定列的数据分区前的信息熵和分区后的平均信息熵之间的变化趋势。信息增益值最大的特征或属性可作为分割特征或属性。式10-7 为信息熵的计算公式。如果信息熵为 0，表明只存在一个类，如果信息熵为 1，表明数据是平均分布的。

$$\text{Information Gain} = \sum_{i=1}^{C} p_i \log_2(p_i) \qquad （式10-7）$$

决策树非常直观且易于理解，无须对特征和无分布的算法进行规范化处理。决策树也可用来预测缺失值，它能捕捉非线性模式。决策树可能会过度拟合且对噪声数据很敏感。决策树对不平衡的数据作用不大，因此在应用决策树之前应该平衡数据集。决策树在时间和复杂性方面的成本很高。

下面用 Scikit-learn 库来创建决策树模型，并预测数据集。

导入 pandas 库并使用 `read_csv()` 函数加载 `diabetes.csv` 文件中的数据集。将数据集分为训练数据集和测试数据集，与上一节所做的类似。

下面建立决策树分类模型。首先导入 `DecisionTreeClassifier` 类并创建模型，然后训练模型使其适应训练数据集。训练结束后，该模型就可以使用 `predict()` 函数进行预测。代码如下：

```
# Import Decision Tree model
from sklearn.tree import DecisionTreeClassifier

# Create a Decision Tree classifier object
```

```
clf = DecisionTreeClassifier()

# Train the model using training dataset
clf = clf.fit(feature_train,target_train)

# Predict the response for test dataset
predictions = clf.predict(feature_test)
```

下面评估该模型的性能，代码如下。

```
# Import metrics module for performance evaluation
from sklearn.metrics import accuracy_score
from sklearn.metrics import precision_score
from sklearn.metrics import recall_score
from sklearn.metrics import f1_score

# Calculate model accuracy
print("Accuracy:",accuracy_score(target_test, predictions))

# Calculate model precision
print("Precision:",precision_score(target_test, predictions))

# Calculate model recall
print("Recall:",recall_score(target_test, predictions))

# Calculate model f1 score
print("F1-Score:",f1_score(target_test, predictions))
```

输出结果如下。

```
Accuracy: 0.7229437229437229
Precision: 0.6438356164383562
Recall: 0.5529411764705883
F1-Score: 0.5949367088607594
```

在前面的例子中，模型的性能是用准确率、精确度、召回率和 F_1 值来评估的。

10.5 k 近邻分类

k 近邻（K-Nearest Neighbor，KNN）分类是一种简单、易理解且易实现的分类算法。它也可以用于解决回归问题。k 近邻分类在现实生活中有很多应用，如用于推荐电影、文章、视频；银行机构可以用它对有风险的贷款人进行分类。

k 近邻有 3 个基本属性：非参数学习、惰性学习和基于实例的学习。非参数学习意味着算法是无分布的，不需要平均值和标准差等参数。惰性学习意味着 k 近邻分类不训练模型，也就是说，模型是在测试阶段训练的。这使得训练更快，但测试更慢，更耗费时间和内存。基于实例的学习意味着预测基于与其近邻数据的相似性。它不为预测创建任何抽象的方程式或规则，它存储所有的数据并查询每条记录。

使用 k 近邻分类算法从训练数据集中找到 k 个最相似的实例，由多数实例的标签决定给定特征的预测标签。使用 k 近邻分类算法进行预测的步骤如下。

（1）计算输入的观测值与训练数据集中所有观测值的距离。

（2）对所有的距离进行升序排列，找到 k 个近邻数据。

（3）对前 k 个近邻进行投票，并采用投票结果的多数方作为对标签的预测。

可以用图 10-5 更好地表示上述步骤。

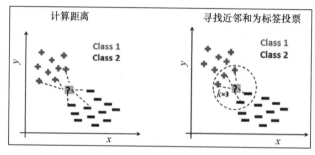

图 10-5

下面用 Scikit-learn 库来创建一个 k 近邻分类模型，并对数据集进行预测。

首先，导入 pandas 库，并使用 read_csv() 函数加载 diabetes.csv 数据集。之后，将数据集分成训练集和测试集。类似的代码前面讲解过，此处不再赘述。

接下来，导入 Scikit-learn 库，建立 k 近邻分类模型，代码如下。

```
# Import KNN model
from sklearn.neighbors import KNeighborsClassifier

# Create a KNN classifier object
model = KNeighborsClassifier(n_neighbors=3)

# Train the model using the training dataset
model.fit(feature_train,target_train)

# Predict the target variable for test dataset
predictions = model.predict(feature_test)
```

前面的代码导入了 KNeighborsClassifier 类并创建了模型，在此把 3 个近邻作为模型的输入参数。如果不指定近邻的数量，那么模型将默认选择 5 个近邻作为参数。训练这个模型并在训练数据集上进行拟合。训练结束后，该模型就可以使用 predict() 函数进行预测。

下面评估该模型的性能，代码如下。

```
# Import metrics module for performance evaluation
from sklearn.metrics import accuracy_score
from sklearn.metrics import precision_score
from sklearn.metrics import recall_score
from sklearn.metrics import f1_score

# Calculate model accuracy
print("Accuracy:",accuracy_score(target_test, predictions))

# Calculate model precision
print("Precision:",precision_score(target_test, predictions))

# Calculate model recall
print("Recall:",recall_score(target_test, predictions))

# Calculate model f1 score
print("F1-Score:",f1_score(target_test, predictions))
```

输出结果如下。

```
Accuracy: 0.7532467532467533
Precision: 0.7058823529411765
Recall: 0.5647058823529412
F1-Score: 0.6274509803921569
```

在前面的代码中，模型性能是用准确率、精确度、召回率和 F_1 值来评估的。

10.6　支持向量机分类

支持向量机分类是最常用的机器学习算法之一，因为它具有较高的准确率，并且只占用较少的算力。支持向量机用于解决回归和分类问题，它还提供了一个内核技巧来模拟非线性关系。支持向量机分类有多种应用，如入侵检测、文本分类、人脸检测和手写文字识别。

支持向量机模型是一种判别模型，它可以在 n 维空间中生成**最大边距超平面**（**Maximum Marginal Hyperplane，MMH**），然后将数据分离到给定的类别中。最大边距是指两个类的数据点之间的最大距离。

下面介绍一些关于支持向量机分类的术语。

- **超平面**（**Hyperplane**）。超平面是一个用于区分两个类别的决策边界。超平面的维度是由特征的数量决定的。超平面也被称为决策平面。

- **支持向量**（**Support Vector**）。支持向量是最接近超平面的点，它通过最大化边距在方向方面协助超平面。

- **边距（Margin）**。边距是最接近的两个点之间的最大差距。边距越大，分类效果就越好。边距可以通过与支持向量线的垂直距离来计算。

支持向量机分类的核心思想是选择支持向量之间边界最大的超平面。使用支持向量机分类查找最大边距超平面的过程如下，该过程可用图 10-6 表示。

（1）创建以最佳方式分隔数据点的超平面。

（2）选择具有最大边距的超平面。

与朴素贝叶斯分类相比，支持向量机分类是一种更快、更准确的分类方法。它在较大的分离边距下的分类效果更好。支持向量机分类不适用于大数据集，它的性能取决于使用的内核类型。它对重叠类的分类效果不佳。

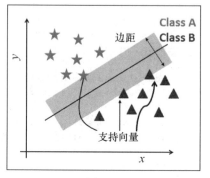

图 10-6

下面用 Scikit-learn 库来创建支持向量机分类模型，并预测数据集。

首先，导入 pandas 库，并使用 read_csv() 函数加载 diabetes.csv 数据集。之后，将数据集分成训练集和测试集。

接下来导入 Scikit-learn 库来建立支持向量机分类模型，代码如下。

```
# Import SVM model
from sklearn import svm

# Create a SVM classifier object
clf = svm.SVC(kernel='linear')

# Train the model using the training sets
clf.fit(feature_train,target_train)

# Predict the target variable for test dataset
predictions = clf.predict(feature_test)
```

前面的代码导入了 SVM 类并创建其模型。在此使用 'linear'（线性内核）作为 kernel 的值，也可以使用其他内核，如 poly、rbf 或 sigmoid。如果不指定内核，那么将默认选择 rbf 作为内核。线性内核用于创建一个线性超平面来区分糖尿病患者和非糖尿病患者。训练这个模型使其适应训练数据集。训练结束后，该模型就可以使用 predict() 函数进行预测。

下面评估该模型的性能，代码如下。

```
# Import metrics module for performance evaluation
from sklearn.metrics import accuracy_score
from sklearn.metrics import precision_score
from sklearn.metrics import recall_score
```

```
from sklearn.metrics import f1_score

# Calculate model accuracy
print("Accuracy:",accuracy_score(target_test, predictions))

# Calculate model precision
print("Precision:",precision_score(target_test, predictions))

# Calculate model recall
print("Recall:",recall_score(target_test, predictions))

# Calculate model f1 score
print("F1-Score:",f1_score(target_test, predictions))
```

输出结果如下。

```
Accuracy: 0.7835497835497836
Precision: 0.7868852459016393
Recall: 0.5647058823529412
F1-Score: 0.6575342465753424
```

在前面的代码中，模型的性能使用准确率、精确度、召回率和 F_1 值指标来评估。下一节介绍训练集和测试集的拆分策略。

10.7 拆分训练集和测试集

在创建模型后，需要评估模型的性能，以克服过度拟合并调整超参数。要完成这些任务，需要使用一些在模型开发阶段没有使用过的数据。在开发模型之前，需要将数据分为几部分，如训练数据集、测试数据集和验证数据集。训练数据集是用来建立模型的。测试数据集用于评估通过训练集训练出来的模型的性能。验证数据集是用来寻找超参数的。拆分训练数据集和测试数据集的策略如下。

- Holdout 法。
- k 折交叉验证（k-fold cross-validation）法。
- Bootstrap 法。

10.7.1 Holdout 法

使用 Holdout 法，数据集会被随机分为两部分：训练集和测试集。一般来说，训练集和测试集的数据比例是 2:1，即 2/3 的数据用于训练，1/3 的数据用于测试。我们也可以把它分成不同的比例，如 6:4、7:3 或 8:2。代码如下。

```
# partition data into training and testing set
from sklearn.model_selection import train_test_split
```

```
# split train and test set
feature_train, feature_test, target_train, target_test =
train_test_split(features, target, test_size=0.3, random_state=1)
```

在前面的代码中，`test_size=0.3` 表示测试集占所有数据的 30%，训练集占所有数据的 70%。`train_test_split()` 函数用于拆分数据集。

10.7.2　k 折交叉验证法

使用 k 折交叉验证法，数据被分割成大小大致相等的 k 个分区。该方法会训练 k 个模型并使用每个分区对其性能进行评估。在每次迭代中，一个分区用于测试，其余 $k-1$ 个分区共同用于训练，如图 10-7 所示。

数据				
分区1	分区2	分区3	分区4	分区5
测试集	训练集	训练集	训练集	训练集
训练集	测试集	训练集	训练集	训练集
训练集	训练集	测试集	训练集	训练集
训练集	训练集	训练集	测试集	训练集
训练集	训练集	训练集	训练集	测试集

（左侧标注：迭代1、迭代2、迭代3、迭代4、迭代5）

图 10-7

分类精度是所有迭代结果的精度的平均值，这也可确保模型不会过度拟合。

在使用 k 折交叉验证法时，k 个分区是以大致相同的类别划分的。这意味着该方法在每个分区都为每个类别保留了一定的百分比。

10.7.3　Bootstrap 法

Bootstrap 是一种重采样技术，它从数据集中迭代执行采样并进行随机替换。该方法对样本的大小和迭代的数量有一定要求。在每次迭代中，它均匀地选择样本，每个样本都有相同的机会被再次选中。未被选中的样本称为袋外（Out-Of-Bag）样本。

可通过图 10-8 理解 Bootstrap 法。每个元素在每个 Bootstrap 样本中都有同等的被选中机会。

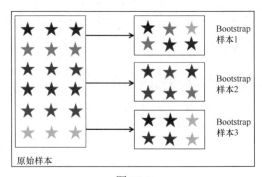

图 10-8

10.8 分类模型的性能评估指标

到目前为止，我们已经学习了如何创建分类模型。在创建机器学习分类模型后，还需要评估它的性能，以便在实际项目中部署它。

Scikit-learn 库中提供了多种指标（如混淆矩阵、准确率、精确度、召回率和 F_1 值）来评估模型的性能。

10.8.1 混淆矩阵

混淆矩阵是一种对二元分类和多元分类问题的预测结果给予简要说明的方法。混淆矩阵的思想是找到正确和错误预测结果的数量，并将其进一步汇总和划分类别。混淆矩阵用于阐明与分类模型的性能有关的所有混淆情况。它不仅可以显示错误的分类结果，而且还可以显示所犯的是什么样的错误。混淆矩阵用于更快地对统计数据进行完整分析，并通过清晰的数据可视化使结果更具可读性、更易理解。混淆矩阵包含两行和两列，如图 10-9 所示。下面介绍混淆矩阵的基本术语。

- **真肯定（True Positive，TP）**：这表示那些被预测为"是"的案例实际上也为"是"，例如预测的欺诈性案例，实际上也是欺诈性案例。
- **真否定（True Negative，TN）**：这表示那些被预测为"否"的案例实际上也为"否"，例如预测的非欺诈性案例，实际上也是非欺诈性案例。
- **假肯定（False Positive，FP）**：这表示那些被预测为"是"的案例实际上是"否"，例如预测的欺诈性案例实际上却不是欺诈性的，这种类型的事件属于第一类错误。
- **假否定（False Negative，FN）**：这表示那些被预测为"否"的案例实际上却不是"否"，例如预测的非欺诈性案例实际上却是欺诈性的，这种类型的事件属于第二类错误。

下面看一个欺诈行为的例子，如图 10-9 所示。

在图 10-9 中，对欺诈行为进行了两级分类："是"和"否"。"是"表示欺诈性活动，"否"表示非欺诈性活动。预测的记录总数为 825 条，这意味着有 825 个案例。在这 825 个案例中，模型的预测结果有 550 个"是"和 275 个"否"。实际上，欺诈案例有 525 个，非欺诈案例有 300 个。

	预测（是）	预测（否）	
实际（是）	TP=500	FN=25	召回率 (recall) $=\dfrac{TP}{TP+FN}=\dfrac{500}{500+25}\approx 0.9524$
实际（否）	FP=50	TN=250	特异度 (specificity) $=\dfrac{TN}{TN+FP}=\dfrac{250}{250+50}\approx 0.8333$
	精确度 (precision) $=\dfrac{TP}{TP+FP}=\dfrac{500}{500+50}\approx 0.9091$	负精度 (negative precision) $=\dfrac{TN}{TN+FN}=\dfrac{250}{250+25}\approx 0.9091$	Total=825

图 10-9

下面使用 Scikit-learn 库创建一个混淆矩阵。首先加载数据并将数据分为训练集和测试集两部分，然后使用逻辑回归算法进行模型训练，最后使用 `plot_confusion_matrix()` 函数创建混淆矩阵，其中包含模型对象、测试特征集、测试标签集和 `values_format` 参数。代码如下。

```
# Import libraries
import pandas as pd

# read the dataset
diabetes = pd.read_csv("diabetes.csv")

# split dataset in two parts: feature set and target label
feature_set = ['pregnant', 'insulin', 'bmi', 'age','glucose','bp','pedigree']
features = diabetes[feature_set]

target = diabetes.label

# partition data into training and testing set
from sklearn.model_selection import train_test_split
feature_train, feature_test, target_train, target_test =
train_test_split(features, target, test_size=0.3, random_state=1)

# import logistic regression scikit-learn model
from sklearn.linear_model import LogisticRegression
from sklearn.metrics import accuracy_score # for performance evaluation

# instantiate the model
logreg = LogisticRegression(solver='lbfgs')
```

```
# fit the model with data
logreg.fit(feature_train,target_train)

# Forecast the target variable for given test dataset
predictions = logreg.predict(feature_test)

# Get prediction probability
predictions_prob = logreg.predict_proba(feature_test)[::,1]

# Import the confusion matrix
from sklearn.metrics import plot_confusion_matrix

# Plot Confusion matrix
plot_confusion_matrix(logreg, feature_test, target_test, values_format='d')
```

输出结果如图 10-10 所示。

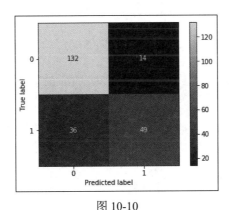

图 10-10

10.8.2 准确率

下面评估分类模型的准确率（Accuracy）。式 10-8 为准确率的计算公式及代入具体数值进行计算的过程。

$$准确率 = \frac{TP + TN}{Total} = \frac{500 + 250}{825} \approx 0.9091 \quad (式 10\text{-}8)$$

10.8.3 精确度

简单来说，可以把精确度（Precision）理解为"当模型的预测结果是正确的时候，它在多大程度上是正确的"。式 10-9 为精确度的计算公式及代入具体数值的计算过程。

$$\text{精确度} = \frac{\text{TP}}{\text{TP} + \text{FP}} = \frac{\text{TP}}{\text{预测为"是"的数量}}$$
$$= \frac{500}{500 + 50} \approx 0.9091$$
（式 10-9）

10.8.4 召回率

召回率（Recall）也被称为灵敏度。这是在数据集中所有实际为"是"的案例中，被预测为"是"的案例的百分比。式 10-10 为召回率的计算公式及代入具体数值的计算过程。

$$\text{召回率} = \frac{\text{TP}}{\text{TP} + \text{FN}} = \frac{\text{TP}}{\text{实际为"是"的数量}}$$
$$= \frac{500}{500 + 25} \approx 0.9524$$
（式 10-10）

10.8.5 F_1 值

F_1 值（F_1-score）被认为是评估模型的较好方法。在数据科学的许多领域，竞争模型的性能是用 F_1 值来评估的，它是精确度和召回率的调和平均值。F_1 值越大，模型就越好。F_1 值为精确度和召回率提供了同等的权重，这意味着它表示了两者之间的平衡。式 10-11 为 F_1 值的计算公式及代入具体数值后的计算过程。

$$F_1 \text{ 值} = \frac{2 \times \text{精确度} \times \text{召回率}}{\text{精确度} + \text{召回率}}$$
$$= \frac{2 \times 0.9091 \times 0.9524}{0.9091 + 0.9524} \approx 0.9302$$
（式 10-11）

F_1 值的一个缺点是，它为精确度和召回率分配了相同的权重，但在某些例子中，两者应该有所差异，所以 F_1 值可能不是一个精确度量。

前面已经介绍了诸如朴素贝叶斯分类、决策树分类、k 近邻分类和支持向量机分类等算法。还使用 Scikit-learn 库中的 `accuracy_score()` 函数评估了模型的准确率，使用 `Precision_score()` 函数评估了模型的精确度，使用 `recall_score()` 函数评估了模型的召回率，使用 `f1_score()` 函数评估了模型的 F_1 值。

我们还可以以打印分类报告，深入挖掘了解分类模型。接下来使用 `classification_report()` 函数输出带有测试集标签、预测集标签，以及目标值列表参数的混淆矩阵报告。代码如下。

```
# import classification report
from sklearn.metrics import classification_report

# Create classification report
print(classification_report(target_test, predictions,
target_names=['Yes(1)','No(0)']))
```

输出结果如图 10-11 所示。

	precision	recall	f1-score	support
Yes(1)	0.79	0.90	0.84	146
No(0)	0.78	0.58	0.66	85
accuracy			0.78	231
macro avg	0.78	0.74	0.75	231
weighted avg	0.78	0.78	0.78	231

图 10-11

10.9 ROC 曲线和 AUC

ROC 曲线和 AUC 是衡量和评估分类模型性能的工具。**ROC（Receiver Operating Characteristics，受试者操作特征）** 曲线是对模型性能的图形可视化，它绘制了 FP 率（又称 1-特异性）和 TP 率（又称灵敏度）之间的二维概率图，如图 10-12 所示。AUC（Area Under Curve）表示曲线下面积。

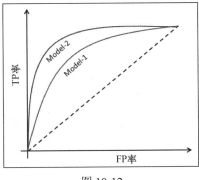

图 10-12

使用 Scikit-learn 库中的 `plot_roc_curve()` 函数以模型对象、测试特征集和测试标签集为参数绘制 ROC 曲线，代码如下。

```
# import plot_roc_curve
from sklearn.metrics import plot_roc_curve

plot_roc_curve(logreg, feature_test, target_test)
```

输出结果如图 10-13 所示。

图 10-13

在 ROC 曲线中，AUC 是对可分性的度量，表示模型的类别区分能力。如图 10-14 所示，AUC 值越大，模型区分类别的能力越强。一个理想的分类模型的 AUC 值等于 1。

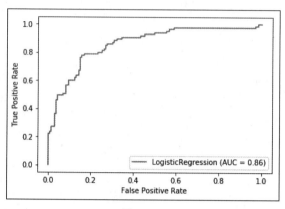

图 10-14

下面计算 AUC 值，代码如下。

```
# import ROC AUC score
from sklearn.metrics import roc_auc_score

# Compute the area under ROC curve
auc = roc_auc_score(y_test, y_pred_prob)

# Print auc value
print("Area Under Curve:",auc)
```

输出结果如下。

```
Area Under Curve: 0.8628525382755843
```

Scikit-learn 库中的 metrics 类提供了 AUC 性能评价指标——roc_auc_score() 函数，该函数具有 y_test（实际标签）和 y_pred_prob（预测概率）参数。

10.10 总结

这一章介绍了分类、分类的技术、训练集和测试集拆分策略及模型性能评估措施，这些是预测性数据分析的重要方法。本章介绍了分类和机器学习算法的基础知识，如朴素贝叶斯分类、决策树分类、k 近邻分类和支持向量机分类等。本章还介绍了数据拆分方法和分类模型的性能评估指标，如准确率、精确度、召回率、F_1 值、ROC 曲线和 AUC。

第 11 章
无监督学习——PCA 和聚类

无监督学习是机器学习最重要的分支之一，它帮助我们在没有因变量的情况下进行预测。在无监督学习中，模型只通过特征进行学习，因为数据集没有因变量。大多数机器学习问题的出发点都是改善自动化过程。例如，当你想开发一个用于检测糖尿病患者的预测模型时，你需要为数据集中的每个患者设置一组因变量。在初始阶段，为任何机器学习问题设置因变量都不是一件容易的事，因为需要改变业务流程来获得因变量，无论是通过对已有数据集进行标注还是再次收集带标签的数据。

本章的重点是没有因变量的无监督学习技术，还将特别介绍降维技术和聚类技术。降维用于处理有大量的特征并且想要减少特征数量的数据。这能降低模型的复杂度和训练成本，因为使用降维技术，只需要几个特征就能获得想要的效果。

聚类技术基于相似性在数据中找到群体，这些群体基本上代表无监督的分类。使用聚类可以以无监督的方式找到特征的类或标签。聚类对于多种业务操作都很有用，如认知搜索、推荐、分段和文档聚类。

在本章中，我们将学习以下内容。

- 无监督学习。
- 降低数据的维度。
- 聚类。
- 使用 k 均值聚类法对数据进行分区。
- 层次聚类。
- DBSCAN 方法。
- 谱聚类。

- 评估聚类性能。

11.1 技术要求

以下是本章的技术要求。

- 可以从异步社区获取本书配套的代码和数据集。本章的代码可以在 `ch11.ipynb` 文件中找到。
- 本章只使用一个 CSV 文件（`diabetes.csv`）进行练习。
- 本章将使用 pandas 和 Scikit-learn 这两个 Python 库。

11.2 无监督学习

无监督学习是指通过观察而不是实例来学习。这种类型的学习适用于未标记的数据。降维和聚类是这种学习的例子。降维用来将大量的属性减少到仅有的几个能产生相同结果的属性。有几种方法可用于降低数据的维度，如**主成分分析（Principal Component Analysis, PCA）**、t-SNE、小波变换和属性子集选择。

术语"聚类"是指一组彼此密切相关的类似项目。聚类是一种生成相似的单元或项目组的方法，这种相似性是根据项目的某些特征或特性得来的。一个聚类是一组数据点，这些数据点与该聚类中的其他数据点相似，而与其他聚类的数据点不相似。聚类有许多应用，例如在文档中搜索信息、商业智能、信息安全和推荐系统。

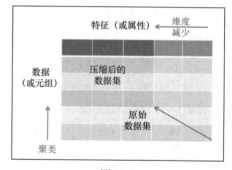

图 11-1

在图 11-1 中可以看到聚类是如何将数据（或元组）分组的，以及降维是如何减少特征或属性的数量的。接下来将详细介绍这些内容。

11.3 降低数据的维度

降低维度，又称为降维，即把大量的属性或列（特征）缩减为较少数量的属性。这项技术主要用于为分类、回归和其他无监督方法获得最佳数量的特征。在机器学习中，有一个叫作维度灾难的问题，即较多的数据会引起模型复杂和过拟合问题。

降维可以解决维度灾难的问题，也可以对数据进行线性变换和非线性变换。线性变换的技术包括 PCA、线性判别分析和因子分析。非线性变换包括 t-SNE、Hessian 特征映射、谱系嵌入和等距特征映射等技术。降维有以下优点。

- 可以过滤多余的和不太重要的特征。
- 可用较低维度的数据减弱模型复杂性。
- 可减少模型生成的内存和计算成本。
- 可使高维数据可视化。

下面将重点介绍一种重要且流行的降维技术——PCA。

PCA

在机器学习中，人们认为拥有大量的数据意味着可得到高质量的预测模型，但大数据集会引起维度灾难。大量的属性会使预测模型的复杂性增强。PCA 是最常用的降维方法之一，可以帮助我们识别原始数据集的模式和相关性，在不损失信息的情况下将其转化为低维度的数据集。

PCA 主要用于发现原始数据集中的属性之间不可见的关系和相关性。高度相关的属性是非常相似且多余的。PCA 可删除冗余的属性。PCA 的另一个作用是在不影响重要信息的情况下降低数据的维度。对于 p 维的数据，PCA 方程可以写成如下形式（见式 11-1）。

$$PC_j = w_{1j}X_1 + w_{2j}X_2 + \cdots + w_{pj}X_p \qquad (式 11\text{-}1)$$

主成分是所有属性的加权和。此处 $X_1, X_2, X_3, \cdots, X_p$ 是原始数据集中的属性，$w_{1j}, w_{2j}, w_{3j}, \cdots, w_{pj}$ 是属性的权重。

让我们看一个例子。把某个城市的街道视为该城市的属性。假设你想去这个城市，你将访问多少条街道？很明显，你会想去参观这个城市的热门或主要街道，大约是这个城市 50 条街道中的 10 条。这 10 条街道将使你对该城市有最好的了解。那么，这 10 条街道就是该城市的全部街道的主成分，因为它们足以解释数据集（该城市的全部街道）中的差异。

PCA 的执行过程包含以下要点。

（1）计算一个给定数据集的相关或协方差矩阵。

（2）找到相关或协方差矩阵的特征值和特征向量。

（3）将特征向量矩阵与原始数据集相乘，得到主成分矩阵。

下面在 Python 中执行 PCA。

导入库和定义数据集，代码如下。

```python
# Import numpy
import numpy as np
# Import linear algebra module
from scipy import linalg as la
# Create dataset
data=np.array([[7., 4., 3.],
               [4., 1., 8.],
               [6., 3., 5.],
               [8., 6., 1.],
               [8., 5., 7.],
               [7., 2., 9.],
               [5., 3., 3.],
               [9., 5., 8.],
               [7., 4., 5.],
               [8., 2., 2.]])
```

计算协方差矩阵，代码如下。

```python
# Calculate the covariance matrix
# Center your data
data -= data.mean(axis=0)
cov = np.cov(data, rowvar=False)
```

计算协方差矩阵的特征值和特征向量，代码如下。

```python
# Calculate eigenvalues and eigenvector of the covariance matrix
evals, evecs = la.eig(cov)
```

计算原始数据矩阵乘以特征向量矩阵的结果，代码如下。

```python
# Multiply the original data matrix with Eigenvector matrix.

# Sort the Eigen values and vector and select components
num_components = 2
sorted_key = np.argsort(evals)[::-1][:num_components]
evals, evecs = evals[sorted_key], evecs[:, sorted_key]

print("Eigenvalues:", evals)
print("Eigenvector:", evecs)
print("Sorted and Selected Eigen Values:", evals)
print("Sorted and Selected Eigen Vector:", evecs)

# Multiply original data and Eigen vector
principal_components = np.dot(data,evecs)
print("Principal Components:", principal_components)
```

输出结果如下所示。

```
Eigenvalues: [0.74992815+0.j 3.67612927+0.j 8.27394258+0.j]
Eigenvector: [[-0.70172743  0.69903712 -0.1375708 ]
              [ 0.70745703  0.66088917 -0.25045969]
              [ 0.08416157  0.27307986  0.95830278]]
```

```
Sorted and Selected Eigen Values: [8.27394258+0.j 3.67612927+0.j]

Sorted and Selected Eigen Vector: [[-0.1375708   0.69903712]
                                   [-0.25045969  0.66088917]
                                   [ 0.95830278  0.27307986]]

Principal Components: [[-2.15142276 -0.17311941]
                       [ 3.80418259 -2.88749898]
                       [ 0.15321328 -0.98688598]
                       [-4.7065185   1.30153634]
                       [ 1.29375788  2.27912632]
                       [ 4.0993133   0.1435814 ]
                       [-1.62582148 -2.23208282]
                       [ 2.11448986  3.2512433 ]
                       [-0.2348172   0.37304031]
                       [-2.74637697 -1.06894049]]
```

在前面的代码中，计算了一个主成分矩阵。首先对数据进行了集中处理并计算了协方差矩阵。在计算协方差矩阵之后，计算了特征值和特征向量。最后，选择了两个主成分（成分的数量应该等于大于 1 的特征值的数量），并将原始数据矩阵乘以特征向量矩阵。

下面使用 Python 和 Scikit-learn 执行 PCA，代码如下。

```
# Import pandas and PCA
import pandas as pd

# Import principal component analysis
from sklearn.decomposition import PCA

# Create dataset
data=np.array([[7., 4., 3.],
               [4., 1., 8.],
               [6., 3., 5.],
               [8., 6., 1.],
               [8., 5., 7.],
               [7., 2., 9.],
               [5., 3., 3.],
               [9., 5., 8.],
               [7., 4., 5.],
               [8., 2., 2.]])

# Create and fit_transformed PCA Model
pca_model = PCA(n_components=2)
components = pca_model.fit_transform(data)
components_df = pd.DataFrame(data = components, columns =
                            ['principal_component_1','principal_component_2'])
print(components_df)
```

输出结果如下所示。

```
principal_component_1 principal_component_2
0   2.151423 -0.173119
1  -3.804183 -2.887499
2  -0.153213 -0.986886
3   4.706518  1.301536
4  -1.293758  2.279126
5  -4.099313  0.143581
6   1.625821 -2.232083
7  -2.114490  3.251243
8   0.234817  0.373040
9   2.746377 -1.068940
```

在前面的代码中，使用 Scikit-learn 库执行了 PCA。首先，创建了数据集并实例化了 PCA 对象。然后，执行 `fit_transform()` 并生成了主成分。

11.4 聚类

聚类是指对相似的项目进行分组。对相似的产品进行分组，对相似的文章或文件进行分组，对相似的客户进行市场细分，这些都是聚类的例子。聚类的核心原则是最小化簇内距离和最大化簇间距离。簇内距离是一个组内数据项之间的距离，而簇间距离是不同组之间的距离。数据点没有被标记，所以聚类是一种无监督的方法。聚类的方法有很多，每种方法都使用不同的方式对数据点进行分组。图 11-2 显示了如何利用聚类对数据点进行分类。

当对相似的数据点进行分类时，需要找到数据点之间的相似性，以便把相似的数据点分到同一个聚类。为了衡量数据点之间的相似性或不相似性，可以使用距离度量，如欧几里得距离（见式 11-2）、曼哈顿距离（见式 11-3）和闵可夫斯基距离（见式 11-4）。

$$\text{Euclidean dist.} = \sqrt{\sum_{i=1}^{k}(x_i - y_i)^2} \quad \text{（式 11-2）}$$

$$\text{Manhattan dist.} = \sum_{i=1}^{k}|x_i - y_i| \quad \text{（式 11-3）}$$

$$\text{Minkowski dist.} = \left(\sum_{i=1}^{k}(|x_i - y_i|)^q\right)^{\frac{1}{q}} \quad \text{（式 11-4）}$$

这里的距离公式计算的是两个 k 维向量 x_i 和 y_i 之间的距离。

在了解了什么是聚类后，思考：在对数据进行分组时，聚类数量应该是多少？这是大多数聚类算法的最大挑战。有很多方法可以决定聚类的数量。下面将讨论这些方法。

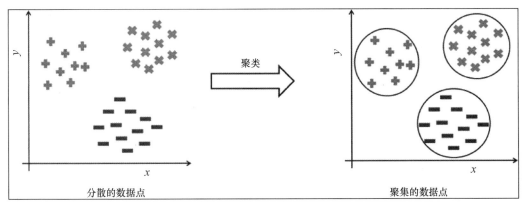

图 11-2

寻找聚类的数量

本小节将重点讨论聚类算法的基本问题，即确定数据集中的聚类数量——这是不确定的。然而，并不是所有的聚类算法都需要预先定义聚类数量。在分层聚类和 DBSCAN 聚类中，不需要定义聚类的数量，但在 k 均值聚类、k-medoids 和谱聚类中，需要定义聚类的数量。选择正确的聚类数量是很困难的，有两种确定最佳聚类数量的方法。

- 肘部法。
- 轮廓法。

下面详细了解这些方法。

1. 肘部法

肘部法是一种较好的确定最佳聚类数量的方法。在这个方法中，我们关注的是不同数量的聚类的方差百分比。这个方法的核心是选择加入另一个聚类不会导致方差发生巨大变化的聚类数量。可以使用聚类的数量来绘制一个聚类内的平方和的图表，以找到最佳聚类数量。平方和也被称为**聚类内平方总和（Within-Cluster Sum of Squares，WCSS）**或惯性（Inertia），其计算公式如式 11-5 所示。

$$\text{WCSS} = \sum_{j=1}^{k} \sum_{i}^{n} \text{distance}\left(x_i, C_j\right)^2 \qquad (式 11-5)$$

这里 C_j 是聚类的质心，x_i 是每个聚类的数据点。在图 11-3 中，在 $k=3$ 时，折线开始明显变平缓，所以可选择 3 作为聚类的数量。

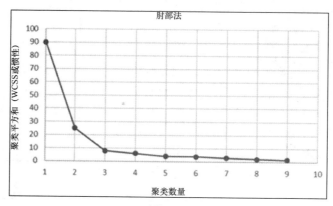

图 11-3

用 Python 实现肘部法来寻找最佳的聚类数量，代码如下。

```python
# import pandas
import pandas as pd

# import matplotlib
import matplotlib.pyplot as plt

# import KMeans
from sklearn.cluster import KMeans

# Create a DataFrame
data=pd.DataFrame({"X":[12,15,18,10,8,9,12,20],
"Y":[6,16,17,8,7,6,9,18]})
wcss_list = []

# Run a loop for different value of number of cluster
for i in range(1, 6):
    # Create and fit the KMeans model
    kmeans_model = KMeans(n_clusters = i, random_state = 123)
    kmeans_model.fit(data)
    # Add the WCSS or inertia of the clusters to the score_list
    wcss_list.append(kmeans_model.inertia_)

# Plot the inertia(WCSS) and number of clusters
plt.plot(range(1, 6), wcss_list, marker='*')

# set title of the plot
plt.title('Selecting Optimum Number of Clusters using Elbow Method')

# Set x-axis label
plt.xlabel('Number of Clusters K')
```

```
# Set y-axis label
plt.ylabel('Within-Cluster Sum of the Squares(Inertia)')

# Display plot
plt.show()
```

输出结果如图 11-4 所示。

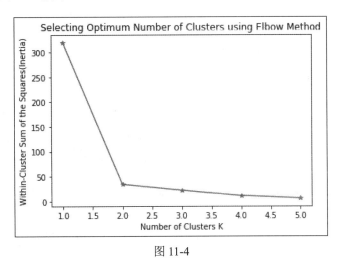

图 11-4

在前面的代码中，创建了一个有 X 和 Y 两列的 DataFrame。然后使用 KMeans() 生成了聚类，并计算了 WCSS。最后，绘制了聚类的数量和惯性。从图 11-4 中可以看到，在 k=2 时，折线开始明显变平缓，所以选择 2 作为最佳聚类数量。

2. 轮廓法

轮廓法用于评估和验证聚类数据，可发现每个数据点的分类程度。轮廓系数图能帮助我们可视化和解释数据点在聚类中的紧密程度和与其他聚类的分离程度。轮廓法可用于确定聚类的数量。轮廓系数的取值范围是 −1～1，正值表示分类效果良好，负值表示数据点分类错误；正值越大，说明数据点离最近的聚类越远；数值为零表示数据点处于两个聚类的分隔线上。轮廓系数的计算公式如式 11-6 所示。

$$S(i) = \frac{b_i - a_i}{\max(b_i, a_i)} \qquad （式 11-6）$$

a_i 是第 i 个数据点与聚类内其他数据点的平均距离。

b_i 是第 i 个数据点与其他聚类的平均距离。

由此可知 $S(i)$ 的值范围为 $[-1,1]$。因此，要使 $S(i)$ 接近 1，则 a_i 与 b_i 的比值必须非常小，也就是说，$a_i << b_i$。

用 Python 实现轮廓法来寻找最佳的聚类数量，代码如下。

```
# import pandas
import pandas as pd

# import matplotlib for data visualization
import matplotlib.pyplot as plt

# import KMeans for performing clustering
from sklearn.cluster import KMeans

# import silhouette score
from sklearn.metrics import silhouette_score

# Create a DataFrame
data=pd.DataFrame({"X":[12,15,18,10,8,9,12,20],
"Y":[6,16,17,8,7,6,9,18]})
score_list = []

# Run a loop for different value of number of cluster
for i in range(2, 6):
    # Create and fit the KMeans model
    kmeans_model = KMeans(n_clusters = i, random_state = 123)
    kmeans_model.fit(data)
    # Make predictions
    pred=kmeans_model.predict(data)
    # Calculate the Silhouette Score
    score = silhouette_score (data, pred, metric='euclidean')

    # Add the Silhouette score of the clusters to the score_list
    score_list.append(score)

# Plot the Silhouette score and number of cluster
plt.bar(range(2, 6), score_list)

# Set title of the plot
plt.title('Silhouette Score Plot')

# Set x-axis label
plt.xlabel('Number of Clusters K')

# Set y-axis label
plt.ylabel('Silhouette Scores')

# Display plot
plt.show()
```

输出结果如图 11-5 所示。

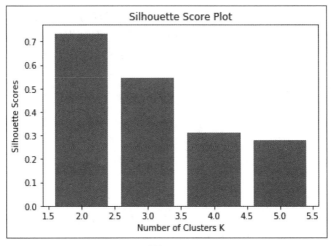

图 11-5

在前面的代码中，创建了一个包含 X 和 Y 两列的 DataFrame。然后用 KMeans() 在创建的 DataFrame 上生成了不同数量的聚类，并计算了轮廓系数。最后，用柱状图可视化了聚类的数量和轮廓系数。从图 11-5 中可以看到，在 k=2 时，轮廓系数的值最大，所以选择 2 作为最佳聚类数量。

11.5 使用 k 均值聚类法对数据进行分区

k 均值聚类（k-means）是最简单、最流行的聚类算法之一，也是一种分区聚类方法。它通过给定数量的聚类定义一个随机的初始聚类中心来划分输入的数据。在迭代中，它使用欧氏距离将数据项与最近的聚类中心联系起来。在该算法中，初始聚类中心可以手动或随机选择。k 均值聚类将数据和聚类的数量作为输入参数，并执行以下步骤。

（1）随机选择 k 个数据项作为初始聚类中心。

（2）将数据项分配到最近的聚类中心。

（3）通过求其他聚类的平均值来选择新的聚类中心。

（4）重复步骤（2）和（3），直到聚类没有变化。

这个算法可用式 11-7 表示。

$$\sum_{i=1}^{k} \sum_{p \in C_i} \text{dist}(p, C_i)^2 \qquad (式 11\text{-}7)$$

k 均值聚类是同类算法中最快和最稳健的算法，适用于具有不同的和独立的数据项的数据集。它可以生成球形聚类。k 均值聚类需要在开始执行时输入聚类的数量。如果数据项有很多重叠，那么它的分类效果就不是很好。它能捕捉到误差平方函数的局部最优值，在噪声和非线性数据方面的表现不佳。它对非球形聚类也不太适用。

下面用 k 均值聚类创建一个聚类模型，代码如下。

```python
# import pandas
import pandas as pd

# import matplotlib for data visualization
import matplotlib.pyplot as plt

# Import KMeans
from sklearn.cluster import KMeans

# Create a DataFrame
data=pd.DataFrame({"X":[12,15,18,10,8,9,12,20], "Y":[6,16,17,8,7,6,9,18]})

# Define number of clusters
num_clusters = 2

# Create and fit the KMeans model
km = KMeans(n_clusters=num_clusters)
km.fit(data)

# Predict the target variable
pred=km.predict(data)

# Plot the Clusters
plt.scatter(data.X,data.Y,c=pred, marker="o", cmap="bwr_r")

# Set title of the plot
plt.title('k-means Clustering')

# Set x-axis label
plt.xlabel('X-Axis Values')

# Set y-axis label
plt.ylabel('Y-Axis Values')

# Display the plot
plt.show()
```

输出结果如图 11-6 所示。

在前面的代码中，导入了 KMeans 类并创建了它的对象，然后训练这个模型并在数据集上拟合（没有标签的）。训练结束后，该模型就可以使用 predict() 进行预测。在得到预测结果之后，使用散点图可视化了聚类结果。

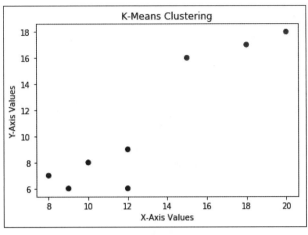

图 11-6

11.6 层次聚类

层次聚类根据不同层次的数据项进行分组。它使用自上而下或自下而上的策略，将基于不同层次的数据项组合在一起。根据使用的策略，层次聚类可以分为两种类型——凝聚型和分裂型。

- 凝聚型层次聚类是使用最广泛的层次聚类技术之一。它根据相似性将相似的数据项按层次结构分组。这种算法也被称为**凝聚嵌套**（**Agglomerative Nesting，AGNES**）。这种算法将每个数据项视为一个单独的聚类，并根据相似性进行分类。它采用迭代的方式将多个小聚类组合成一个大聚类。该算法以树状结构的形式输出结果。该算法以自下而上的方式工作，也就是说，每一个项目最初都被认为是一个单一的元素聚类，在算法的每一次迭代中，两个最相似的聚类被合并，形成一个更大的聚类。
- 分裂型层次聚类是一种自上而下的策略算法，也被称为**分裂分析**（**Divisive Analysis，DIANA**）。它将所有的数据项作为一个单一的大聚类，以递归的方式进行分类。在每次迭代中，聚类被分成两个不相似或异构的子聚类。

为了决定哪些聚类被聚合或拆分，可使用距离和链接标准，如单一、完全、平均和质心链接。这些标准可决定集群的形状。两种类型的层次聚类（凝聚型层次聚类和分裂型层次聚类）都需要预定义的聚类数量或距离阈值作为输入参数以终止递归过程。要决定距离阈值是很困难的，可用树状图来确定聚类的数量。树状图有助于理解层次聚类的过程，如图 11-7 所示。

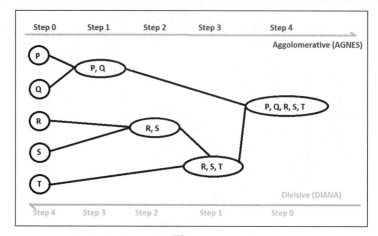

图 11-7

下面使用 SciPy 库创建一个树状图，代码如下。

```
# import pandas
import pandas as pd

# import matplotlib for data visualization
import matplotlib.pyplot as plt

# Import dendrogram
from scipy.cluster.hierarchy import dendrogram
from scipy.cluster.hierarchy import linkage

# Create a DataFrame
data=pd.DataFrame({"X":[12,15,18,10,8,9,12,20], "Y":[6,16,17,8,7,6,9,18]})

# create dendrogram using ward linkage
dendrogram_plot = dendrogram(linkage(data, method = 'ward'))

# Set title of the plot
plt.title('Hierarchical Clustering: Dendrogram')

# Set x-axis label
plt.xlabel('Data Items')

# Set y-axis label
plt.ylabel('Distance')

# Display the plot
plt.show()
```

输出结果如图 11-8 所示。

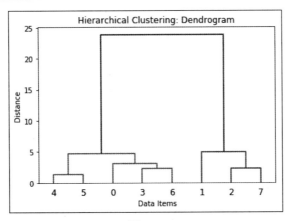

图 11-8

在前面的代码中创建了数据集，并使用 ward 链接生成了树状图。为了生成树状图，导入了 scipy.cluster.hierarchy。使用 Matplotlib 设置了图的标题和轴标签。

为了选择聚类的数量，需要在不与聚类相交的情况下画一条水平线，然后计算垂直线的数量，从而找到聚类的数量。下面用凝聚型层次聚类创建一个聚类模型，代码如下。

```python
# import pandas
import pandas as pd

# import matplotlib for data visualization
import matplotlib.pyplot as plt

# Import Agglomerative Clustering
from sklearn.cluster import AgglomerativeClustering

# Create a DataFrame
data=pd.DataFrame({"X":[12,15,18,10,8,9,12,20], "Y":[6,16,17,8,7,6,9,18]})

# Specify number of clusters
num_clusters = 2

# Create agglomerative clustering model
ac = AgglomerativeClustering(n_clusters = num_clusters, linkage='ward')

# Fit the Agglomerative Clustering model
ac.fit(data)

# Predict the target variable
pred=ac.labels_

# Plot the Clusters
plt.scatter(data.X,data.Y,c=pred, marker="o")
```

```
# Set title of the plot
plt.title('Agglomerative Clustering')

# Set x-axis label
plt.xlabel('X-Axis Values')

# Set y-axis label
plt.ylabel('Y-Axis Values')

# Display the plot
plt.show()
```

输出结果如图 11-9 所示。

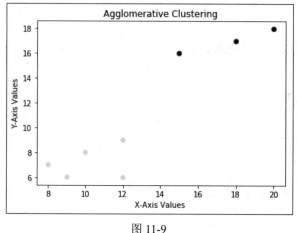

图 11-9

在前面的代码中,导入了 AgglomerativeClustering 类并创建了它的模型。训练这个模型使其适应没有标签的数据集。训练结束后,该模型就可以使用 predict() 进行预测。在得到预测结果之后,使用散点图可视化了聚类结果。

11.7 DBSCAN 方法

分区聚类方法(如 k-means)和层次聚类方法(如凝聚型层次聚类)有利于实现球形或凸形聚类。这些算法对噪声或异常值比较敏感,适用于分离程度良好的聚类。

基于密度的聚类方法与我们人类本能地对物品进行分组的方式最相似。在图 11-10 中,我们可以很快看到依据数据项的密度而产生的不同组或聚类的数量。

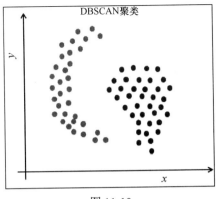

图 11-10

对带噪声应用的基于密度的聚类（Density-Based Spatial Clustering of Applications with Noise，DBSCAN）方法的主要思想是使得在一个组或聚类中的每个数据项的给定半径范围内的数据项数量最少。

DBSCAN 可发现密集区域，该区域可以使用最小对象数（minPoints）和给定半径（eps）计算得到。DBSCAN 能够生成随机形状的聚类，并处理数据集中的噪声。此外，不需要输入聚类的数量，DBSCAN 会自动识别数据中的聚类数量。

使用 Python 和 DBSCAN 聚类法创建一个聚类模型，代码如下。

```
# import pandas
import pandas as pd

# import matplotlib for data visualization
import matplotlib.pyplot as plt

# Import DBSCAN clustering model
from sklearn.cluster import DBSCAN

# import make_moons dataset
from sklearn.datasets import make_moons

# Generate some random moon data
features, label = make_moons(n_samples = 2000)

# Create DBSCAN clustering model
db = DBSCAN()

# Fit the Spectral Clustering model
db.fit(features)

# Predict the target variable
pred_label=db.labels_
```

```
# Plot the Clusters
plt.scatter(features[:, 0], features[:, 1], c=pred_label, marker="o", cmap="bwr_r")

# Set title of the plot
plt.title('DBSCAN Clustering')

# Set x-axis label
plt.xlabel('X-Axis Values')

# Set y-axis label
plt.ylabel('Y-Axis Values')

# Display the plot
plt.show()
```

输出结果如图 11-11 所示。

在前面的代码中,首先导入了 DBSCAN 类并创建了 moon 数据集。然后创建了 DBSCAN 模型,并将其拟合到数据集上。DBSCAN 模型不需要聚类的数量。训练之后,模型就可以使用 `predict()` 进行预测。得到预测结果后,用散点图可视化了聚类结果。

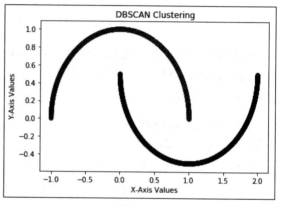

图 11-11

11.8 谱聚类

谱聚类是一种采用相似性矩阵频谱的方法。矩阵的频谱为其特征值的集合,而相似性矩阵由数据点之间的相似性分数组成。它在聚类之前降低数据的维度。换句话说,谱聚类创建一幅包含数据点的图,这些数据点被映射到一个较低的维度,并被分离成簇。

相似性矩阵用于对数据进行转换,以解决分布中缺乏凸性的问题。对于任何数据集,数据点可能是 n 维的,数据点可能有 m 个。利用这 m 个点可以创建一幅图,其中点是节点,边是用点之间的相似性加权而成。定义相似性的一个常见方法是使用高斯核,这是一个欧氏距离的非线性函数,如式 11-8 所示。

$$K(x_i, x_j) = e^{\left(-\frac{\|x_i - x_j\|^2}{2\sigma^2}\right)}$$ （式 11-8）

该函数的范围为从 0 到 1,并且是有界的,这是一个很好的属性。欧氏距离中的绝对距离会导致建模的不稳定和困难。可以把高斯核看成欧氏距离的归一化函数。

得到这幅图后，创建一个邻接矩阵，并在矩阵中放入边 ij^{th} 的权重。这个邻接矩阵是一个对称矩阵，把它称为 A。还可以创建一个度的对角矩阵 D，其中每个元素都是与节点 i 链接的所有边的权重之和。对于一个有 n 个顶点的给定图 G，其 $n \times n$ 的拉普拉斯矩阵可以定义如下（见式11-9）。

$$L = D - A \qquad (式11\text{-}9)$$

这里的 D 是度矩阵，A 是图的邻接矩阵。

通过图 G 的拉普拉斯矩阵，可以计算出特征向量矩阵的频谱。如果取 k 个最低显著特征向量，可以得到一个 k 维的表示。最低显著特征向量与最小的特征值关联。每个特征向量都提供关于图的连通性的信息。

谱聚类的思想是使用 k 个特征向量作为特征来对数据点进行聚类。因此，取 k 个最低显著特征向量，就在 k 维上有 m 个点。谱聚类中的这个 k 与高斯核函数有很大关系。你也可以把高斯核函数看作一种聚类方法，使用这种方法，点将被投射到一个无限维度的空间，并在那里聚类。

谱聚类是在 k-means 效果不好的时候使用的，因为聚类在其原始空间中是无法进行线性区分的。我们也可以尝试其他的聚类方法，如层次聚类或基于密度的聚类来解决这个问题。

下面使用 Python 和谱聚类法创建一个聚类模型，代码如下。

```
# import pandas
import pandas as pd

# import matplotlib for data visualization
import matplotlib.pyplot as plt

# Import Spectral Clustering
from sklearn.cluster import SpectralClustering

# Create a DataFrame
data=pd.DataFrame({"X":[12,15,18,10,8,9,12,20], "Y":[6,16,17,8,7,6,9,18]})

# Specify number of clusters
num_clusters = 2

# Create Spectral Clustering model
sc = SpectralClustering(num_clusters, affinity='rbf', n_init=100,
                        assign_labels='discretize')

# Fit the Spectral Clustering model
sc.fit(data)

# Predict the target variable
pred=sc.labels_
```

```
# Plot the Clusters
plt.scatter(data.X,data.Y,c=pred, marker="o")

# Set title of the plot
plt.title('Spectral Clustering')

# Set x-axis label
plt.xlabel('X-Axis Values')

# Set y-axis label
plt.ylabel('Y-Axis Values')

# Display the plot
plt.show()
```

输出结果如图 11-12 所示。

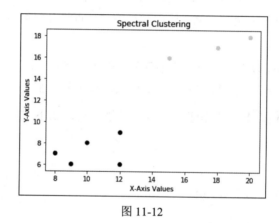

图 11-12

在前面的代码中，导入了 SpectralClustering 类，并使用 pandas 创建了一个虚拟数据集。然后创建了模型并在数据集上拟合。训练结束后，模型就可以使用 predict() 进行预测。

11.9　评估聚类性能

评估聚类性能是评估对给定数据集执行的聚类算法强度的一个重要步骤。在无监督环境下评估聚类性能不是一件容易的事，但也有许多方法可以使用。可以将这些方法分为两大类：内部性能评估和外部性能评估。下面来详细了解这两类方法。

11.9.1 内部性能评估

在内部性能评估中,聚类的评估只基于特征数据,这种方法不使用任何目标标签信息。这些评估措施将较好的分数分配给能产生良好分离程度的聚类方法。但高分并不完全表示有效的聚类结果。

内部性能评估有助于比较多种聚类算法,但这并不意味着得分较高的算法会比其他算法产生更好的结果。可以利用以下内部性能评估措施来估计生成的聚类的质量。

1. Davies-Bouldin 指数

Davies-Bouldin 指数(**Davies-Bouldin Index,BDI**)是聚类内距离与聚类间距离的比值。DBI 值越小意味着聚类结果越好,可以按以下方式计算(见式 11-10)。

$$\text{DBI} = \frac{1}{n}\sum_{i=1}^{n}\frac{\sigma_i + \sigma_j}{\text{d}(c_i, c_j)} \quad \text{(式 11-10)}$$

其中的参数含义如下。

- n:聚类的数量。
- c_i:聚类 i 的质心。
- σ_i:聚类内的距离或所有聚类项与质心 c_i 的平均距离。
- $\text{d}(c_i, c_j)$:两个聚类中心点 c_i 和 c_j 之间的聚类间距离。

2. 轮廓系数

轮廓系数是指一个聚类中的数据点到该聚类中的其他点的距离,和这个数据点到离它最近的其他聚类的距离之间的相似度。正如 11.4.1 小节中讲过的,它也被用来确定聚类的数量。一个较大的轮廓系数意味着更好的聚类结果。它可以按以下方式计算(见式 11-11)。

$$S(i) = \frac{b_i - a_i}{\max(b_i, a_i)} \quad \text{(式 11-11)}$$

a_i 是第 i 个数据点与聚类内其他数据点的平均距离。b_i 是第 i 个数据点与其他聚类的平均距离。

$S(i)$ 的值的范围为[-1,1]。所以,要使 $S(i)$ 接近 1,a_i 与 b_i 的比值必须非常小,即 $a_i \ll b_i$。

11.9.2 外部性能评估

外部性能评估是使用聚类过程中没有使用的实际标签来评估的，它类似于监督学习的评估过程。也就是说，可以在这里使用混淆矩阵来评估性能。以下的外部评估措施可用来评估生成的聚类的质量。

1. Rand 分数

Rand 分数表示一个聚类与基准分类的相似程度，并计算出正确决策的百分比。较小的值表示不同聚类的差异较大。它可以按以下方式计算（见式 11-12）。

$$\text{Rand Score} = \frac{TP + TN}{TP + FP + TN + FN} \quad （式 11\text{-}12）$$

其中的参数含义如下。

- TP：真正值的总数。
- TN：真负值的总数。
- FP：假正值的总数。
- FN：假负值的总数。

2. 杰卡德分数

杰卡德（Jaccard）分数表示两个数据集之间的相似度。它的范围为从 0 到 1。1 表示数据集是相同的，0 表示数据集没有共同的元素。较小的值表示不同聚类的差异较大。它可以按以下方式计算（见式 11-13）。

$$J(A, B) = \frac{A \cap B}{A \cup B} = \frac{TP}{TP + FP + FN} \quad （式 11\text{-}13）$$

其中 A 和 B 是两个数据集。

3. F 值

F 值是精确度和召回率的调和平均值，用于衡量聚类算法的精确度和稳健性，它还试图用 β 值来平衡 FN 的参与。它可以按以下方式计算（见式 11-14～式 11-16）。

$$\text{精确度} = \frac{TP}{TP + FP} \quad （式 11\text{-}14）$$

$$召回率 = \frac{TP}{TP + FN} \qquad (式\ 11\text{-}15)$$

$$F_\beta = \frac{(\beta^2 + 1) \times 精确度 \times 召回率}{\beta^2 \times 精确度 + 召回率} \qquad (式\ 11\text{-}16)$$

这里 β 是非负值。$\beta=1$ 表示给予精确度和召回率同等权重，$\beta=0.5$ 表示给予精确度两倍于召回率的权重，$\beta=0$ 表示对召回率不重视。

4．Fowlkes-Mallows 分数

Fowlkes-Mallows 分数是精确度和召回率的几何平均值。较高的值代表不同聚类间的相似度较大。它可以按以下方式计算（见式 11-17）。

$$\text{Fowlkes - Mallows Score} = \sqrt{精确度 \times 召回率} \qquad (式\ 11\text{-}17)$$

下面使用 k-means 创建一个聚类模型，并使用 `diabetes.csv` 的数据，然后使用内部和外部评估指标来评估模型的性能。

导入 pandas 并读取数据集，代码如下。

```
# Import libraries
import pandas as pd

# read the dataset
diabetes = pd.read_csv("diabetes.csv")

# Show top 5-records
diabetes.head()
```

输出结果如图 11-13 所示。

	pregnant	glucose	bp	skin	insulin	bmi	pedigree	age	label
0	6	148	72	35	0	33.6	0.627	50	1
1	1	85	66	29	0	26.6	0.351	31	0
2	8	183	64	0	0	23.3	0.672	32	1
3	1	89	66	23	94	28.1	0.167	21	0
4	0	137	40	35	168	43.1	2.288	33	1

图 11-13

在加载数据集后，将数据集分为特征列（`feature_set`）和标签列（`target`）。然后，使用 `train_test_split()` 将特征列和标签列分别分成训练集和测试集（`feature_train`、`feature_test`、`target_train` 和 `target_test`）。代码如下。

```python
# split dataset in two parts: feature set and target label
feature_set = ['pregnant', 'insulin', 'bmi', 'age','glucose','bp','pedigree']

features = diabetes[feature_set]
target = diabetes.label

# partition data into training and testing set
from sklearn.model_selection import train_test_split

feature_train, feature_test, target_train, target_test =
    train_test_split(features, target, test_size=0.3, random_state=1)
```

创建模型并评估其性能,代码如下。

```python
# Import KMeans Clustering
from sklearn.cluster import KMeans

# Import metrics module for performance evaluation
from sklearn.metrics import davies_bouldin_score
from sklearn.metrics import silhouette_score
from sklearn.metrics import adjusted_rand_score
from sklearn.metrics import jaccard_score
from sklearn.metrics import f1_score
from sklearn.metrics import fowlkes_mallows_score

# Specify the number of clusters
num_clusters = 2

# Create and fit the KMeans model
km = KMeans(n_clusters=num_clusters)
km.fit(feature_train)

# Predict the target variable
predictions = km.predict(feature_test)

# Calculate internal performance evaluation measures
print("Davies-Bouldin Index:", davies_bouldin_score(feature_test,
    predictions))
print("Silhouette Coefficient:", silhouette_score(feature_test,
    predictions))

# Calculate External performance evaluation measures
print("Adjusted Rand Score:", adjusted_rand_score(target_test,
    predictions))
print("Jaccard Score:", jaccard_score(target_test, predictions))
print("F-measure(F1-Score):", f1_score(target_test, predictions))
print("Fowlkes Mallows Score:", fowlkes_mallows_score(target_test,
predictions))
```

输出结果如下所示。

```
Davies-Bouldin Index: 0.7916877512521091
Silhouette Coefficient: 0.5365443098840619
Adjusted Rand Score: 0.03789319261940484
Jaccard Score: 0.22321428571428573
F-measure(F1-Score): 0.36496350364963503
Fowlkes Mallows Score: 0.6041244457314743
```

在前面的代码中，首先导入了 `KMeans` 和 `metrics`。然后创建了一个 k-means 模型，并在训练数据集（没有标签）上进行拟合。训练结束后，使用模型进行了预测，这些预测结果使用内部评估指标（如 DBI 和轮廓系数），以及外部评估指标（如 Rand 分数、Jaccard 分数、F 值和 Fowlkes-Mallows 分数）进行评估。

11.10 总结

在本章中，我们学习了无监督学习及其技术，如降维和聚类，重点内容是用于降维的 PCA 和几种聚类方法，如 k-means、层次聚类、DBSCAN 和谱聚类。本章先介绍了降维和 PCA，然后介绍了聚类技术和确定聚类数量的方法，接着介绍了聚类性能评估措施，如 DBI 和轮廓系数，这些都是内部措施，最后介绍了外部措施，如 Rand 分数、Jaccard 分数、F 值和 Fowlkes-Mallows 分数。

第 4 部分
NLP、图像分析和并行计算

本部分的主要内容是 NLP、图像分析和并行计算。NLP 部分包括使用 NLTK 和 SpaCy 的文本预处理、情感分析和文本相似性计算。图像分析部分包括使用 OpenCV 的图像处理和人脸检测。本部分还将重点介绍 Dask DataFrame、数组和机器学习算法的并行计算。

本部分包括以下几章。

- 第 12 章　分析文本数据。
- 第 13 章　分析图像数据。
- 第 14 章　使用 Dask 进行并行计算。

第 12 章 分析文本数据

在信息时代,数据以令人难以置信的速度和数量产生。产生的数据不仅有结构化类型的,还有非结构化类型的,如文本数据、图像或图形数据、语音数据和视频数据。文本是一种非常常见的数据类型。教程、社交媒体帖子和网站内容通常都包含非结构化的文本数据。文本分析的应用有很多,例如,新闻分析师可以分析新闻趋势和社交媒体上的最新问题,影视网站可以解读每部电影和网络剧的评论,业务分析师可以利用 NLP 和文本分析来解读客户活动、评论、反馈和情绪,从而有效地推动业务。

本章将从基本的文本分析操作开始讲解,如标记化、去除停用词、词干提取、词形还原、POS 标签和实体识别。然后,将讲解如何使用 WordCloud 将文本分析可视化,以及如何使用情感分析从评论中发现客户对产品的意见。接着,将使用文本分类进行情感分析,并使用准确率、精确度、召回率和 F_1 值来评估模型性能。最后,将使用 Jaccard 相似性和余弦相似性获取两个句子之间的文本相似性。

在本章中,我们将学习以下内容。

- 安装 NLTK 和 SpaCy。
- 文本规范化。
- 标记化。
- 去除停用词。
- 词干提取和词形还原。
- POS 标签。
- 识别实体。
- 依赖解析。

- 创建词云。
- 词包。
- TF-IDF。
- 使用文本分类进行情感分析。
- 文本相似性。

12.1 技术要求

以下是本章的技术要求。

- 可以从异步社区获取本书配套的代码和数据集。本章的代码可以在 `ch12.ipynb` 文件中找到。
- 本章只使用一个 TSV 文件（`amazon_alexa.tsv`）进行练习。
- 本章将使用 NLTK、SpaCy、WordCloud、Matplotlib、Seaborn 和 Scikit-learn 这几个 Python 库。

12.2 安装 NLTK 和 SpaCy

NLTK 是用于自然语言处理的 Python 软件包之一，能进行基本的及高级的 NLP 操作，包括常见的算法，如标记化、词干提取、词形还原和实体识别。NLTK 库的主要特点是开源、易于学习和使用，并且有组织良好的文档。NLTK 库可以通过在命令提示符下执行 pip 命令来安装，具体命令如下。

```
pip install nltk
```

NLTK 并不是 Anaconda 中预装的库，可以直接在 Jupyter Notebook 中安装，命令如下。

```
!pip install nltk
```

SpaCy 是一个用于 NLP 的且功能强大的 Python 包。它提供了通用的 NLP 算法及高级功能。它是为大量的数据开发应用而设计的。SpaCy 库可以通过在命令提示符下执行 pip 命令来安装，具体命令如下。

```
pip install spacy
```

安装完 SpaCy 后，还需要安装一个 SpaCy 的英文模型。可以用以下命令来安装它。

```
python -m spacy download en
```

SpaCy 和它的英文模型并没有预装在 Anaconda 中，可以使用下面的命令直接在 Jupyter Notebook 中安装它们。

```
!pip install spacy
!python -m spacy download en
```

12.3 文本规范化

文本规范化是指将文本转换为标准或规范的形式，以确保文本的一致性，并有助于处理和分析文本。在文本规范化过程中不只使用单一的方法。文本规范化的第一步是将所有文本转换为小写形式。这是进行文本预处理的最简单、最适用、最有效的一种方法。文本规范化可以处理拼写错误的单词、首字母缩写、短语及使用词汇外的单词，例如，"superb""superrrr"都可以转换为"super"。文本规范化可去除数据中的噪声和干扰。词干提取和词形还原可用来规范文本中存在的单词。

下面进行一个基本的规范化操作，使用 `lower()` 函数将给定的文本转换为小写，代码如下。

```
# Input text
paragraph="""Taj Mahal is one of the beautiful monuments. It is one of the
wonders of the world. It was built by Shah Jahan in 1631 in memory of his
third beloved wife Mumtaj Mahal."""

# Converting paragraph in lowercase
print(paragraph.lower())
```

输出结果如下所示。

```
taj mahal is one of the beautiful monuments. it is one of the wonders of
the world. it was built by shah jahan in 1631 in memory of his third
beloved wife mumtaj mahal.
```

在 NLP 中，文本规范化将随机性的文本转换为标准形式，从而提高 NLP 解决方案的整体性能。它还将单词转换为其词根以减小文档术语矩阵。

12.4 标记化

标记化是文本分析的第一步，是指将文本分解成更小的部分或标记（如句子或单词），并忽略标点符号。标记化有两种类型：句子标记化和单词标记化。句子标记化是指将文本分割成句子，而单词标记化是指将文本分割成单词或标记。

下面使用 NLTK 和 SpaCy 对一个段落进行标记化。

在进行标记化之前，导入 NLTK 并下载所需的文件，代码如下。

```
# Loading NLTK module
import nltk
```

```
# downloading punkt
nltk.download('punkt')

# downloading stopwords
nltk.download('stopwords')

# downloading wordnet
nltk.download('wordnet')

# downloading average_perception_tagger
nltk.download('averaged_perceptron_tagger')
```

使用 NLTK 的 sent_tokenize() 将段落分割为句子,代码如下。

```
# Sentence Tokenization
from nltk.tokenize import sent_tokenize

paragraph="""Taj Mahal is one of the beautiful monuments. It is one
of the wonders of the world. It was built by Shah Jahan in 1631 in
memory of his third beloved wife Mumtaj Mahal."""

tokenized_sentences=sent_tokenize(paragraph)
print(tokenized_sentences)
```

输出结果如下所示。

```
['Taj Mahal is one of the beautiful monument.', 'It is one of the
wonders of the world.', 'It was built by Shah Jahan in 1631 in
memory of his third beloved wife Mumtaj Mahal.']
```

在前面的代码中,将一个段落作为参数传给了 send_tokenize(),输出结果是一个句子的列表。

下面使用 SpaCy 将段落分割为句子,代码如下。

```
# Import spacy
import spacy

# Loading english language model
nlp = spacy.load("en")

# Build the nlp pipe using 'sentencizer'
sent_pipe = nlp.create_pipe('sentencizer')

# Append the sentencizer pipe to the nlp pipeline
nlp.add_pipe(sent_pipe)
paragraph = """Taj Mahal is one of the beautiful monuments. It is one of
the wonders of the world. It was built by Shah Jahan in 1631 in memory of
his third beloved wife Mumtaj Mahal."""

# Create nlp Object to handle linguistic annotations in a documents.
nlp_doc = nlp(paragraph)
```

```
# Generate list of tokenized sentence
tokenized_sentences = []
for sentence in nlp_doc.sents:
    tokenized_sentences.append(sentence.text)
print(tokenized_sentences)
```

输出结果如下所示。

```
['Taj Mahal is one of the beautiful monument.', 'It is one of the wonders 
of the world.', 'It was built by Shah Jahan in 1631 in memory of his third 
beloved wife Mumtaj Mahal.']
```

在前面的代码中,首先导入了英文模型并将其实例化。然后使用 sentencizer 创建了 NLP 管道并将其添加到管道中。最后创建了 NLP 对象,并通过 NLP 对象的 sents 属性进行迭代,创建了一个标记化的句子列表。

下面使用 NLTK 的 word_tokenize() 函数将段落分割为单词,代码如下。

```
# Import nltk word_tokenize method
from nltk.tokenize import word_tokenize

# Split paragraph into words
tokenized_words=word_tokenize(paragraph)
print(tokenized_words)
```

输出结果如下所示。

```
['Taj', 'Mahal', 'is', 'one', 'of', 'the', 'beautiful', 'monument', '.', 
'It', 'is', 'one', 'of', 'the', 'wonders', 'of', 'the', 'world', '.', 'It', 
'was', 'built', 'by', 'Shah', 'Jahan', 'in', '1631', 'in', 'memory', 'of', 
'his', 'third', 'beloved', 'wife', 'Mumtaj', 'Mahal', '.']
```

在前面的代码中,将一个段落作为参数传给 word_tokenize(),输出结果是一个单词列表。

下面使用 SpaCy 将段落分割为单词,代码如下。

```
# Import spacy
import spacy

# Loading english language model
nlp = spacy.load("en")

paragraph = """Taj Mahal is one of the beautiful monuments. It is one of 
the wonders of the world. It was built by Shah Jahan in 1631 in memory of 
his third beloved wife Mumtaj Mahal."""

# Create nlp Object to handle linguistic annotations in a documents.
my_doc = nlp(paragraph)

# tokenize paragraph into words
tokenized_words = []
```

```
for token in my_doc:
    tokenized_words.append(token.text)

print(tokenized_words)
```

输出结果如下所示。

```
['Taj', 'Mahal', 'is', 'one', 'of', 'the', 'beautiful', 'monument', '.',
'It', 'is', 'one', 'of', 'the', 'wonders', 'of', 'the', 'world', '.', 'It',
'was', 'built', 'by', 'Shah', 'Jahan', 'in', '1631', 'in', 'memory', 'of',
'his', 'third', 'beloved', 'wife', 'Mumtaj', 'Mahal', '.']
```

在前面的代码中，首先导入了英文模型并将其实例化。然后创建了一个文本段落。最后创建了 NLP 对象并对文本段落进行迭代，创建了一个标记化的单词列表。

下面查看部分标记化单词的频率分布，代码如下。

```
# Import frequency distribution
from nltk.probability import FreqDist

# Find frequency distribution of paragraph
fdist = FreqDist(tokenized_words)

# Check top 5 common words
fdist.most_common(5)
```

输出结果如下所示。

```
[('of', 4), ('the', 3), ('.', 3), ('Mahal', 2), ('is', 2)]
```

下面用 Matplotlib 库中的 `FreqDist` 类创建标记化单词的频率分布图，代码如下。

```
# Import matplotlib
import matplotlib.pyplot as plt

# Plot Frequency Distribution
fdist.plot(20, cumulative=False)
plt.show()
```

输出结果如图 12-1 所示。

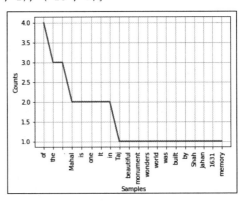

图 12-1

12.5 去除停用词

在文本分析中，停用词算作噪声。任何文本段落都包含动词、冠词和介词，这些都是停用词。停用词对于人类的对话是必要的，但它们对文本分析并没有什么贡献。删除文本中的停用词被称为消除噪声。

下面使用 NLTK 去除停用词，代码如下。

```python
# import the nltk stopwords
from nltk.corpus import stopwords

# Load english stopwords list
stopwords_set=set(stopwords.words("english"))

# Removing stopwords from text
filtered_word_list=[]
for word in tokenized_words:
    # filter stopwords
    if word not in stopwords_set:
        filtered_word_list.append(word)

# print tokenized words
print("Tokenized Word List:", tokenized_words)

# print filtered words
print("Filtered Word List:", filtered_word_list)
```

输出结果如下所示。

```
Tokenized Word List: ['Taj', 'Mahal', 'is', 'one', 'of', 'the',
'beautiful', 'monuments', '.', 'It', 'is', 'one', 'of', 'the', 'wonders',
'of', 'the', 'world', '.', 'It', 'was', 'built', 'by', 'Shah', 'Jahan',
'in', '1631', 'in', 'memory', 'of', 'his', 'third', 'beloved', 'wife',
'Mumtaj', 'Mahal', '.']

Filtered Word List: ['Taj', 'Mahal', 'one', 'beautiful', 'monuments', '.',
'It', 'one', 'wonders', 'world', '.', 'It', 'built', 'Shah', 'Jahan',
'1631', 'memory', 'third', 'beloved', 'wife', 'Mumtaj', 'Mahal', '.']
```

在前面的代码中,首先导入了停用词并加载了英语单词列表。然后使用 `for` 循环语句迭代了上一节中生成的标记化单词列表,并使用 `if` 条件语句从停用词列表中过滤了标记化单词,将过滤后的单词保存在 `filtered_word_list` 列表中。

下面使用 SpaCy 删除停用词,代码如下。

```python
# Import spacy
import spacy

# Loading english language model
nlp = spacy.load("en")

# text paragraph
paragraph = """Taj Mahal is one of the beautiful monuments. It is one of
the wonders of the world. It was built by Shah Jahan in 1631 in memory of
his third beloved wife Mumtaj Mahal."""

# Create nlp Object to handle linguistic annotations in a documents.
my_doc = nlp(paragraph)
```

```
# Removing stopwords from text
filtered_token_list = []
for token in my_doc:
    # filter stopwords
    if token.is_stop==False:
        filtered_token_list.append(token)

print("Filtered Word List:",filtered_token_list)
```

输出结果如下所示。

```
Filtered Sentence: [Taj, Mahal, beautiful, monument, ., wonders, world, .,
built, Shah, Jahan, 1631, memory, beloved, wife, Mumtaj, Mahal, .]
```

在前面的代码中，首先导入了停用词，并将英文单词列表加载到了停用词变量中。然后使用 `for` 循环语句迭代了 NLP 对象，并使用 `if` 条件语句从停用词列表中过滤了具有 `is_stop` 属性的单词，在 `filtered_token_list` 列表中追加了过滤后的单词。

12.6 词干提取和词形还原

词干提取是文本分析的一个步骤，用于进行语言层面的规范化。词干提取过程是将一个词替换为其词根，去除其前缀和后缀。例如，connecting、connected 和 connection 有一个共同的词根——connect。类似含义的不同单词拼写之间的差异使文本数据的分析变得困难。

词形还原用于实现词库规范化，可将一个词转换为其词根。它与词干提取密切相关，两者的主要区别在于，词形还原在进行规范化的同时考虑了单词的上下文，但词干提取并不考虑单词的上下文。词形还原比词干提取更复杂。例如，geese 经过词形还原后得到 goose。词形还原使用字典将单词还原为其有效的词法。词形还原还会对单词附近的语部进行规范化处理。这就是为什么它很难实现，而且速度较慢，而词干提取更容易实现，而且速度较快，但准确率较低。

下面用 NLTK 进行词干提取，代码如下。

```
# Import Lemmatizer
from nltk.stem.wordnet import WordNetLemmatizer

# Import Porter Stemmer
from nltk.stem.porter import PorterStemmer

# Create lemmatizer object
lemmatizer = WordNetLemmatizer()

# Create stemmer object
stemmer = PorterStemmer()

# take a sample word
```

```
sample_word = "crying"
print("Lemmatized Sample Word:", lemmatizer.lemmatize(sample_word, "v"))

print("Stemmed Sample Word:", stemmer.stem(sample_word))
```

输出结果如下所示。

```
Lemmatized Sample Word: cry
Stemmed Sample Word: cri
```

在前面的代码中，首先导入了 `WordNetLemmatizer` 进行词法处理并实例化对象，还导入了 `PorterStemmer` 并实例化对象。然后使用 `lemmatize()` 函数得到了词条，使用 `stem()` 函数得到了词干化的单词。

下面使用 SpaCy 进行词形还原，代码如下。

```
# Import english language model
import spacy

# Loading english language model
nlp = spacy.load("en")

# Create nlp Object to handle linguistic annotations in documents.
words = nlp("cry cries crying")

# Find lemmatized word
for w in words:
    print('Original Word: ', w.text)
    print('Lemmatized Word: ',w.lemma_)
```

输出结果如下所示。

```
Original Word:  cry
Lemmatized Word:  cry
Original Word:  cries
Lemmatized Word:  cry
Original Word:  crying
Lemmatized Word:  cry
```

在前面的代码中，首先导入了英文模型并将其实例化。然后创建了 NLP 对象，并使用 `for` 循环语句对其进行迭代。在该循环语句中，使用 `text` 和 `lemma_` 属性得到了文本和其词条。

12.7 POS 标签

POS 标签的主要作用是发现词的句法类型，如名词、代词、形容词、动词、副词和介词，以及句子中的词之间的关系。

下面用 NLTK 获得单词的 POS 标签，代码如下。

```
# import Word Tokenizer and PoS Tagger
```

```
from nltk.tokenize import word_tokenize
from nltk import pos_tag

# Sample sentence
sentence = "Taj Mahal is one of the beautiful monument."

# Tokenize the sentence
sent_tokens = word_tokenize(sentence)

# Create PoS tags
sent_pos = pos_tag(sent_tokens)

# Print tokens with PoS
print(sent_pos)
```

输出结果如下所示。

```
[('Taj', 'NNP'), ('Mahal', 'NNP'), ('is', 'VBZ'), ('one', 'CD'), ('of',
'IN'), ('the', 'DT'), ('beautiful', 'JJ'), ('monument', 'NN'), ('.', '.')]
```

在前面的代码中，首先导入了 `word_tokenize` 和 `pos_tag`。然后将一个文本段落作为参数传给 `word_tokenize()`，输出结果是一个词的列表。最后使用 `pos_tag()` 函数生成 POS 标签。

下面使用 SpaCy 获得单词的 POS 标签，代码如下。

```
# Import spacy
import spacy

# Loading small english language model
nlp = spacy.load("en_core_web_sm")

# Create nlp Object to handle linguistic annotations in a documents.
sentence = nlp(u"Taj Mahal is one of the beautiful monument.")

for token in sentence:
    print(token.text, token.pos_)
```

输出结果如下所示。

```
Taj PROPN
Mahal PROPN
is VERB
one NUM
of ADP
the DET
beautiful ADJ
monument NOUN
. PUNCT
```

在前面的代码中，首先导入了英文模型并将其实例化。然后创建了 NLP 对象，并使用 `for` 循环语句对其进行迭代。在该循环语句中，使用 `text` 和 `pos_` 属性得到了文本和它的词条。

12.8 识别实体

实体识别用于提取或检测给定文本中的实体，也被称为**命名实体识别**（**Named Entity Recognition，NER**）。一个实体可以被定义为一个对象，如地点、人物或日期。实体识别是 NLP 的高级课题之一，用于从文本中提取重要信息。

下面使用 SpaCy 从文本中获取实体，代码如下。

```
# Import spacy
import spacy

# Load English model for tokenizer, tagger, parser, and NER
nlp = spacy.load('en')

# Sample paragraph
paragraph = """Taj Mahal is one of the beautiful monuments. It is one of
the wonders of the world. It was built by Shah Jahan in 1631 in memory of
his third beloved wife Mumtaj Mahal."""

# Create nlp Object to handle linguistic annotations in documents
docs=nlp(paragraph)
entities=[(i.text, i.label_) for i in docs.ents]
print(entities)
```

输出结果如下所示。

```
[('Taj Mahal', 'PERSON'), ('Shah Jahan', 'PERSON'), ('1631', 'DATE'),
('third', 'ORDINAL'), ('Mumtaj Mahal', 'PERSON')]
```

在前面的代码中，首先导入 SpaCy 并加载了英文模型。然后创建了 NLP 对象，并使用 for 循环语句对其进行迭代。在该循环语句中，使用 text 和 label_ 属性得到了文本和它的实体类型。

下面使用 SpaCy 的 displacy 类将文本中的实体可视化，代码如下。

```
# Import displacy for visualizing the Entities
from spacy import displacy

# Visualize the entities using render function
displacy.render(docs, style = "ent",jupyter = True)
```

输出结果如图 12-2 所示。

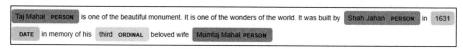

图 12-2

在前面的代码中，导入了 `displacy` 类，并用一个 NLP 文本对象调用了 `render()` 函数，其 `style` 参数值为"ent"，`jupyter` 参数值为 `True`。

12.9 依赖解析

依赖解析用于找到单词之间的关系——单词之间是如何关联的，它可以帮助计算机理解句子并进行分析。例如，"Taj Mahal is one of the most beautiful monuments"，我们不能仅仅通过分析单词来理解这个句子，还需要深入挖掘并理解词序、句子结构和词性，示例代码如下。

```
# Import spacy
import spacy

# Load English model for tokenizer, tagger, parser, and NER
nlp = spacy.load('en')

# Create nlp Object to handle linguistic annotations in a documents.
docs=nlp(sentence)

# Visualize the using render function
displacy.render(docs, style="dep", jupyter= True, options={'distance': 150})
```

输出结果如图 12-3 所示。

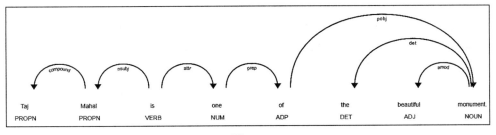

图 12-3

在前面的代码中，导入了 SpaCy 并使用 NLP 文本调用了 `displacy` 的 `render()` 函数，其中 `style` 的值是"dep"，`jupyter` 的值是 `True`，`options` 的值是一个键为 `distance` 值为 150 的字典。

12.10 创建词云

词云是用来绘制词频图的。它通过单词的大小来表示频率，频率越高的单词越大，频率越低的单词越小,它也被称为标签云。可以使用 Python 中的 WordCloud 库创建一个词云。可以用以下命令来安装它。

```
pip install wordcloud
```

或者使用以下命令。

```
conda install -c conda-forge wordcloud
```

下面创建一个词云。

导入 WordCloud、STOPWORDS 和 matplotlib.pyplot 类,创建停用词列表并定义段落文本,代码如下。

```
# importing all necessary modules
from wordcloud import WordCloud
from wordcloud import STOPWORDS
import matplotlib.pyplot as plt

stopword_list = set(STOPWORDS)

paragraph="""Taj Mahal is one of the beautiful monuments. It is one
of the wonders of the world. It was built by Shah Jahan in 1631 in
memory of his third beloved wife Mumtaj Mahal."""
```

创建带有 width、height、background_color、stopwords 和 min_font_size 参数的 WordCloud 对象,并在段落文本上生成词云,代码如下。

```
word_cloud = WordCloud(width = 550, height = 550,
                       background_color ='white',
                       stopwords = stopword_list,
                       min_font_size = 10).generate(paragraph)
```

用 matplotlib.pyplot 将词云可视化,代码如下。

```
# Visualize the WordCloud Plot
# Set wordcloud figure size
plt.figure(figsize = (8, 6))

# Show image
plt.imshow(word_cloud)

# Remove Axis
plt.axis("off")

# show plot
plt.show()
```

输出结果如图 12-4 所示。

图 12-4

12.11 词包

词包（Bag of Words，BoW） 是将文本转换为数字向量的最基本、最简单、最流行的特征工程技术之一。它的功能分两步实现：第一步收集词汇，第二步计算词汇在文本中出现的频率。它不考虑文档结构和上下文信息。下面通过 3 个文档来理解 BoW。

文档 1：I like pizza（我喜欢比萨）。

文件 2：I do not like burgers（我不喜欢汉堡）。

文档 3：Pizza and burgers both are junk food（比萨和汉堡都是垃圾食品）。

下面将创建**文档术语矩阵（Document Term Matrix，DTM）**。该矩阵由行标题中的文档名、列标题中的单词和单元格中的频率组成，如表 12-1 所示。

表 12-1

	I	like	pizza	do	not	burgers	and	both	are	junk	food
文档 1	1	1	1	0	0	0	0	0	0	0	0
文档 2	1	1	0	1	1	1	0	0	0	0	0
文档 3	0	0	1	0	0	1	1	1	1	1	1

在前面的例子中，使用单一的关键词生成了 DTM，这被称为一元模型（Unigram Model）。也可以使用连续两个关键词的组合（二元模型，Bigram Model），以及三个关键词（三元模型，Trigram Model）的组合生成 DTM。类似这样的形式在广义上被称为 n-gram 模型。

在 Python 中，Scikit-learn 提供了 `CountVectorizer` 来生成 BoW DTM。我们将在使用文本分类的情感分析部分学习如何使用 Scikit-learn 生成它。

12.12 TF-IDF

TF-IDF 是 **Term Frequency-Inverse Document Frequency**（词频−逆文本频率）的缩写。它有两个部分，分别是**词频**（**Term Frequency，TF**）和**逆文本频率**（**Inverse Document Frequency，IDF**）。TF 只用于计算每个文档中某一个单词出现的次数，它等效于 BoW。TF 不考虑单词的上下文信息，并且更擅长处理较长的文档。IDF 的值（式 12-1）对应某一个单词所包含的信息量。

$$\text{IDF}(\text{Word}) = \log_2 \left[\frac{\text{文件的总数量}}{\text{包含该单词的文件数量}} \right] \qquad (\text{式 12-1})$$

TF-IDF 是 TF 和 IDF 的点积。TF-IDF 用于使文档权重标准化，一个词的 TF-IDF 值越大，代表它在该文档中出现的频率越高。下面看 3 个文档。

文档 1：I like pizza（我喜欢比萨）。

文档 2：I do not like burgers（我不喜欢汉堡）。

文档 3：Pizza and burgers both are junk food（比萨和汉堡都是垃圾食品）。

下面将创建 DTM。该矩阵由行标题中的文档名称、列标题中的单词和单元格中的 TF-IDF 值组成，如表 12-2 所示。

表 12-2

	I	like	pizza	do	not	burgers	and	both	are	junk	food
文档 1	0.58	0.58	0.58	0	0	0	0	0	0	0	0
文档 2	0.58	0.58	0	1.58	1.58	0.58	0	0	0	0	0
文档 3	0	0	0.58	0	0	0.58	1.58	1.58	1.58	1.58	1.58

在 Python 中，Scikit-learn 提供了 `TfidfVectorizer` 来生成 TF-IDF DTM。

12.13 使用文本分类进行情感分析

数据分析师需要了解客户对特定产品的反馈和评论。客户喜欢或不喜欢什么？产品销售情况如何？作为数据分析师，需要合理及准确地分析出这些，并量化客户的评论、反馈、意见等，以了解目标受众。情感分析用于从文本中提取核心信息，以了解人们对产品、服务、品牌、政治和社会话题的看法。情感分析也用于了解客户的心态。它不仅用于市场营销，还可以用于政治、公共管理、政策制定、信息安全和研究。它可帮助我们了解人们反馈的极性。情感分析还包括词语、语气和写作风格分析。

文本分类是情感分析的方法之一。它是一种有监督的方法，用于检测网络内容、新闻文章、博客等。文本分类有大量的应用，从营销、金融、电子商务到安全。首先对文本进行预处理，然后找到预处理后的文本的特征，再将特征和标签反馈给机器学习算法进行分类。图12-5所示为使用文本分类进行情感分析的完整思路。

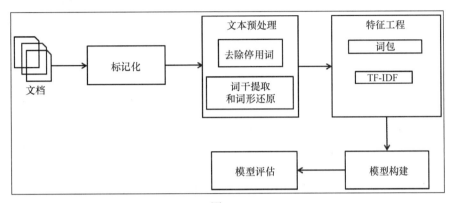

图 12-5

下面对亚马逊Alexa产品的评论情绪进行分类，可以从Kaggle网站获得相应数据。

Alexa产品的评论数据是一个标签分离的数值文件（TSV文件）。该数据有5列，分别为评分（`rating`）、日期（`date`）、变化（`variation`）、验证评论（`verified_reviews`）和反馈（`feedback`）。

评分表示每个用户对产品的评价；日期是评论的日期；变化描述产品的型号名称；验证评论包含用户写的文字评论；反馈表示情感分数，其中1表示正面情感，0表示负面情感。

12.13.1　使用BoW进行分类

在本小节中，我们将基于BoW进行情感分析和文本分类，其中会使用Scikit-learn库生成一个词包。下面将学习如何使用BoW特征进行情感分析。

建立机器学习模型的第一步是加载数据集。下面使用pandas库的`read_csv()`函数读取数据，代码如下。

```
# Import libraries
import pandas as pd

# read the dataset
df=pd.read_csv('amazon_alexa.tsv', sep='\t')

# Show top 5-records
df.head()
```

输出结果如图 12-6 所示，可以看到评论数据集有 5 列：`rating`、`data`、`variation`、`verified_reviews` 和 `feedback`。

	rating	date	variation	verified_reviews	feedback
0	5	31-Jul-18	Charcoal Fabric	Love my Echo!	1
1	5	31-Jul-18	Charcoal Fabric	Loved it!	1
2	4	31-Jul-18	Walnut Finish	Sometimes while playing a game, you can answer...	1
3	5	31-Jul-18	Charcoal Fabric	I have had a lot of fun with this thing. My 4 ...	1
4	5	31-Jul-18	Charcoal Fabric	Music	1

图 12-6

下面使用 Seaborn 的 `countplot()` 函数绘制 `feedback` 列的计数图，看看数据集有多少正面和负面评论。

```
# Import seaborn
import seaborn as sns
import matplotlib.pyplot as plt

# Count plot
sns.countplot(x='feedback', data=df)

# Set X-axis and Y-axis labels
plt.xlabel('Sentiment Score')
plt.ylabel('Number of Records')

# Show the plot using show() function
plt.show()
```

输出结果如图 12-7 所示，可以观察到约有 2900 条评论是正面的，约有 250 条评论是负面的。

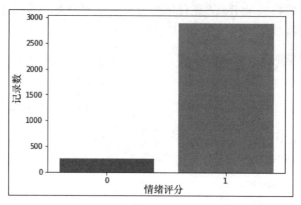

图 12-7

12.13 使用文本分类进行情感分析

下面使用 Scikit-learn 的 `CountVectorizer` 为评论生成一个 BoW 矩阵，然后调用 `fit_transform()` 函数，按照指定的参数将文本评论转换为 DTM，代码如下。

```
# Import CountVectorizer and RegexpTokenizer
from nltk.tokenize import RegexpTokenizer
from sklearn.feature_extraction.text import CountVectorizer

# Create RegexpTokenizer for removing special symbols and numeric values
regex_tokenizer = RegexpTokenizer(r'[a-zA-Z]+')

# Initialize CountVectorizer object
count_vectorizer = CountVectorizer(lowercase = True,
                                   stop_words = 'english', ngram_range = (1,1),
                                   tokenizer = regex_tokenizer.tokenize)

# Fit and transform the dataset
count_vectors=count_vectorizer.fit_transform( df['verified_reviews'])
```

在前面的代码中，创建了一个 `RegexpTokenizer` 对象，其中的正则表达式用于删除特殊字符。然后，创建了 `CountVectorizer` 对象，并对经过验证的评论进行拟合和转换操作。`CountVectorizer()` 需要一些参数，如用于将关键词转换为小写字母的 `lowercase`、用于指定特定语言的停用词列表的 `stop_words`、用于指定一元、二元或三元的 `ngram_range`、用来传递 `tokenizer` 对象的 `tokenizer`。`RegexpTokenizer` 对象被传递给 `tokenizer` 参数。

下面使用 `train_test_split()` 将特征列和标签列拆分为训练集和测试集，即 `feature_train`、`feature_test`、`target_train` 和 `target_test`。代码如下。

```
# Import train_test_split
from sklearn.model_selection import train_test_split

# Partition data into training and testing set
feature_train, feature_test, target_train, target_test =
train_test_split(count_vectors, df['feedback'],test_size=0.3, random_state=1)
```

下面使用 BoW（或 `CountVectorizer`）对评论情感进行分类。使用逻辑回归建立分类模型，代码如下。

```
# import logistic regression scikit-learn model
from sklearn.linear_model import LogisticRegression

# Create logistic regression model object
logreg = LogisticRegression(solver='lbfgs')

# fit the model with data
logreg.fit(feature_train,target_train)

# Forecast the target variable for given test dataset
predictions = logreg.predict(feature_test)
```

在前面的代码中，导入了 LogisticRegression 并创建了 LogisticRegression 对象。创建完模型对象后，使用 fit() 对训练数据进行操作，并通过 predict() 对测试数据集进行了情感预测。

下面使用 metrics 类及其函数 accuracy_score()、precision_score()、recall_score() 和 f1_score() 来评估分类模型，代码如下。

```
# Import metrics module for performance evaluation
from sklearn.metrics import accuracy_score
from sklearn.metrics import precision_score
from sklearn.metrics import recall_score
from sklearn.metrics import f1_score

# Assess model performance using accuracy measure
print("Logistic Regression Model Accuracy:",
      accuracy_score(target_test, predictions))

# Calculate model precision
print("Logistic Regression Model Precision:",
      precision_score(target_test, predictions))

# Calculate model recall
print("Logistic Regression Model Recall:",recall_score(target_test,
      predictions))

# Calculate model f1 score
print("Logistic Regression Model F1-Score:",f1_score(target_test,
      predictions))
```

输出结果如下所示。

```
Logistic Regression Model Accuracy: 0.9428571428571428
Logistic Regression Model Precision: 0.952433628318584
Logistic Regression Model Recall: 0.9873853211009175
Logistic Regression Model F1-Score: 0.9695945945945945
```

在前面的代码中，使用 metrics 类及其函数，通过准确率、精确度、召回率和 F_1 值来评估模型的性能。因为所有的指标都大于 94%，所以该模型的性能良好，可以以良好的精确度和召回率对两种情感水平进行分类。

12.13.2 使用 TF-IDF 进行分类

在本小节中，我们将根据 TF-IDF 进行情感分析和文本分类。此处的 TF-IDF 是使用 Scikit-learn 库生成的。使用 TF-IDF 特征进行情感分析的具体步骤如下。

建立机器学习模型的第一步是加载数据集。

下面使用 pandas 的 `read_csv()` 函数读取数据，代码如下。

```
# Import libraries
import pandas as pd

# read the dataset
df=pd.read_csv('amazon_alexa.tsv', sep='\t')

# Show top 5-records
df.head()
```

输出结果如图 12-8 所示，从中可以看到评论数据集有 5 列：`rating`、`date`、`variation`、`verified_reviews` 和 `feedback`。

	rating	date	variation	verified_reviews	feedback
0	5	31-Jul-18	Charcoal Fabric	Love my Echo!	1
1	5	31-Jul-18	Charcoal Fabric	Loved it!	1
2	4	31-Jul-18	Walnut Finish	Sometimes while playing a game, you can answer...	1
3	5	31-Jul-18	Charcoal Fabric	I have had a lot of fun with this thing. My 4 ...	1
4	5	31-Jul-18	Charcoal Fabric	Music	1

图 12-8

下面使用 Scikit-learn 的 `TfidfVectorizer` 为评论生成一个 TF-IDF 矩阵，然后调用 `fit_transform()` 函数，按照指定的参数将文本评论转换为 DTM，代码如下。

```
# Import TfidfVectorizer and RegexpTokenizer
from nltk.tokenize import RegexpTokenizer
from sklearn.feature_extraction.text import TfidfVectorizer

# Create RegexpTokenizer for removing special symbols and numeric values
regex_tokenizer = RegexpTokenizer(r'[a-zA-Z]+')

# Initialize TfidfVectorizer object
tfidf = TfidfVectorizer(lowercase=True, stop_words='english',ngram_range = (1,1),
        tokenizer = regex_tokenizer.tokenize)

# Fit and transform the dataset
text_tfidf = tfidf.fit_transform(df['verified_reviews'])
```

在前面的代码中，创建了一个 `RegexpTokenizer` 对象，其中的正则表达式可以用于去除特殊字符。然后创建了 `TfidfVectorizer` 对象，对经过验证的评论进行拟合和转换操作。`TfidfVectorizer()` 需要一些参数，如用于将关键词转换为小写字母的 `lowercase`、用于指定特定语言停用词列表的 `stop_words`、用于指定一元、二元或三元的 `ngram_range`、用来传递 `tokenizer` 对象的 `tokenizer`。`RegexpTokenizer` 对象被传递给 `tokenizer` 参数。

下面使用 `train_test_split()` 将特征列和标签列分割成训练集和测试集，即 `feature_train`、`feature_test`、`target_train` 和 `target_test`。代码如下。

```
# Import train_test_split
from sklearn.model_selection import train_test_split

# Partition data into training and testing set
from sklearn.model_selection import train_test_split

feature_train, feature_test, target_train, target_test =
train_test_split(text_tfidf, df['feedback'], test_size=0.3, random_state=1)
```

下面使用 TF-IDF 对评论情感进行分类。使用逻辑回归建立分类模型，代码如下。

```
# import logistic regression scikit-learn model
from sklearn.linear_model import LogisticRegression

# instantiate the model
logreg = LogisticRegression(solver='lbfgs')

# fit the model with data
logreg.fit(feature_train,target_train)

# Forecast the target variable for given test dataset
predictions = logreg.predict(feature_test)
```

在前面的代码中，导入了 LogisticRegression 并创建了 LogisticRegression 对象。在创建了模型对象后，使用 `fit()` 对训练数据进行了操作，并使用 `predict()` 对测试数据集进行了情感预测。

下面使用 `metrics` 类和它的函数 `accuracy_score()`、`precision_score()`、`recall_score()` 和 `f1_score()` 来评估分类模型，代码如下。

```
# Import metrics module for performance evaluation
from sklearn.metrics import accuracy_score
from sklearn.metrics import precision_score
from sklearn.metrics import recall_score
from sklearn.metrics import f1_score

# Assess model performance using accuracy measure
print("Logistic Regression Model
Accuracy:",accuracy_score(target_test, predictions))

# Calculate model precision
print("Logistic Regression Model Precision:",
        precision_score(target_test, predictions))

# Calculate model recall
print("Logistic Regression Model Recall:",recall_score(target_test,
        predictions))
```

```
# Calculate model f1 score
print("Logistic Regression Model F1-Score:",f1_score(target_test,
predictions))
```

输出结果如下所示。
```
Logistic Regression Model Accuracy: 0.9238095238095239
Logistic Regression Model Precision: 0.923728813559322
Logistic Regression Model Recall: 1.0
Logistic Regression Model F1-Score: 0.960352422907489
```

在前面的代码中，使用 metrics 类及其函数，通过准确率、精确度、召回率和 F_1 值来评估模型性能。因为所有的衡量指标都大于 92%，所以该模型的性能良好，可以以良好的精确度和召回率对两种情感水平进行分类。

12.14 文本相似性

文本相似性是寻找两个最接近的文本的过程。文本相似性对于寻找相似的文件、问题和查询非常有帮助。例如，搜索引擎使用文本相似性来寻找相似的文档。文本相似性有两个常用的指标，即 Jaccard 相似性和余弦相似性。

可以使用 SpaCy 中的相似性方法，如 NLP 对象的 similarity() 返回表示两个句子之间相似性的值，代码如下。

```
# Import spacy
import spacy

# Load English model for tokenizer, tagger, parser, and NER
nlp = spacy.load('en')

# Create documents
doc1 = nlp(u'I love pets.')
doc2 = nlp(u'I hate pets')

# Find similarity
print(doc1.similarity(doc2))
```

输出结果如下所示。
```
0.724494176985974

<ipython-input-32-f157deaa344d>:12: UserWarning: [W007] The model you're
using has no word vectors loaded, so the result of the Doc.similarity
method will be based on the tagger, parser and NER, which may not give
useful similarity judgements. This may happen if you're using one of the
small models, e.g. `en_core_web_sm`, which don't ship with word vectors and
only use context-sensitive tensors. You can always add your own word
vectors, or use one of the larger models instead if available.
```

在前面的代码中，使用 SpaCy 的 `similarity()` 得到了表示两个句子之间的相似性的值。`similarity()` 用于小型模型（如 en_core_web_sm 和 en 模型）时会得到一个 **UserWarning:[W007]** 警告。为了消除这个警告，请使用较大的模型，如 en_core_web_lg 模型。

12.14.1　Jaccard 相似性

Jaccard 相似性通过两个集合中的共同词（交集）与全部单词（并集）的比值来表示两个集合之间的相似性。它需要每个句子或文件中的全部单词的列表。在单词的重复性无关紧要的情况下 Jaccard 相似性很有用。Jaccard 相似性（式 12-2）的范围是 0%～100%，值越大，两个集合就越相似。

$$J(A,B) = \frac{|A \cap B|}{|A \cup B|} \qquad (式\ 12\text{-}2)$$

下面看一个 Jaccard 相似性的示例，代码如下。

```
def jaccard_similarity(sent1, sent2):
    """Find text similarity using jaccard similarity"""
    # Tokenize sentences
    token1 = set(sent1.split())
    token2 = set(sent2.split())
    # intersection between tokens of two sentences
    intersection_tokens = token1.intersection(token2)
    # Union between tokens of two sentences
    union_tokens=token1.union(token2)
    # Cosine Similarity
    sim_ = float(len(intersection_tokens) / len(union_tokens))
    return sim_

jaccard_similarity('I love pets.','I hate pets.')
```

输出结果如下所示。

```
0.5
```

在前面的代码中，创建了一个函数 `jaccard_similarity()`。它接收 sent1 和 sent2 两个参数，用于计算出两个句子中关键词的交集和关键词的并集之间的比值。

12.14.2　余弦相似性

余弦相似性通过两个多维投影向量之间的角度的余弦表示两个文件之间的相似性。两个向量可以由词包、TF-IDF 或文件的任何等价向量组成，在单词的重复性很重要的情况下余弦相似性很有用。余弦相似性（式 12-3）可以表示文本的相似性，而不考虑文档的大小。

$$\text{Cosine Similarity}(A, B) = \frac{A \cdot B}{|A| \cdot |B|} \qquad (\text{式 12-3})$$

下面看一个余弦相似性的示例,代码如下。

```
# Let's import text feature extraction TfidfVectorizer
from sklearn.feature_extraction.text import TfidfVectorizer
docs=['I love pets.','I hate pets.']

# Initialize TfidfVectorizer object
tfidf= TfidfVectorizer()

# Fit and transform the given data
tfidf_vector = tfidf.fit_transform(docs)

# Import cosine_similarity metrics
from sklearn.metrics.pairwise import cosine_similarity

# compute similarity using cosine similarity
cos_sim=cosine_similarity(tfidf_vector, tfidf_vector)

print(cos_sim)
```

输出结果如下所示。

```
[[1.         0.33609693]
 [0.33609693 1.        ]]
```

在前面的代码中,首先导入了 `TfidfVectorizer` 并为给定的文档生成 TF-IDF 向量。然后使用 `cosine_similarity()` 计算出表示相似性的值。

12.15 总结

本章介绍了使用 NLTK 和 SpaCy 进行文本分析,重点内容是文本预处理、情感分析和文本相似性。本章主要讲解了文本预处理,如文本规范化、标记化、去除停用词、词干提取和词形还原;重点讨论了如何创建词云,识别给定文本中的实体,以及依赖解析;还重点讨论了 BoW、TF-IDF、情感分析和文本分类。

第 13 章
分析图像数据

智能手机已经被广泛使用，人们使用智能手机以不同的方式对生活进行记录，特别是图像和视频，大量的数据就是这样产生的。图像处理和计算机视觉是探索和开发基于图像和视频的解决方案的领域。计算机视觉领域有很多研究、创新和创业的机会。本章将着重介绍图像处理的基础知识。

图像处理是计算机视觉的一个子领域。计算机视觉是机器学习和人工智能中一个先进和强大的领域。计算机视觉有很多的应用，如检测对象、对图像进行分类、对图像进行说明和分割等。图像在信号处理中可定义为二维信号，在几何学中可定义为二维或三维的一组点，在 Python 中可定义为二维或三维的 NumPy 数组。图像处理指的是对图像数据进行一些操作，如绘制、写入、调整大小、翻转、模糊、改变亮度和检测人脸等。本章将详细介绍一些图像处理操作。

在本章中，我们将学习以下内容。

- 安装 OpenCV。
- 了解图像数据。
- 颜色模型。
- 在图像上绘图。
- 在图像上书写。
- 调整图像的大小。
- 翻转图像。
- 改变亮度。
- 模糊图像。

- 人脸检测。

13.1 技术要求

本章有以下技术要求。

- 可以从异步社区获取本书配套的代码和数据集。本章的代码都可以在 `ch13.ipynb` 文件中找到。
- 本章使用图片文件（`google.jpg`、`image.jpg`、`messi.png`、`nature.jpeg`、`barcelona.jpeg` 和 `tajmahal.jpg`）进行练习。
- 本章使用一个人脸分类器 XML 文件（`haarcascade_frontalface_default.xml`）。
- 本章将使用 OpenCV、NumPy 和 Matplotlib 库。

13.2 安装 OpenCV

OpenCV 是一个用于计算机视觉操作的开源库，例如图像和视频分析。OpenCV 主要用 C++开发，并提供与 Python、Java 和 MATLAB 的接口。OpenCV 有以下特点。

- OpenCV 是一个开源的图像处理 Python 库。
- OpenCV 是用于图像处理和计算机视觉的核心 Python 库。
- OpenCV 易于学习和部署，可用于 Web 和移动应用程序。
- Python 中的 OpenCV 是一个围绕 C++核心实现的 API 和封装器。

可以用以下命令安装 OpenCV。

```
pip install opencv-python
```

OpenCV 是用于图像处理和计算机视觉的最流行的库之一。它提供了与图像分析操作相关的各种用例，如提高图像质量、过滤和转换图像、绘制图像、改变颜色、检测人脸和物体、识别人类行为、跟踪物体、分析运动和寻找相似图像。安装完 OpenCV 库后，下面来了解图像处理的基本知识。

13.3 了解图像数据

图像数据可用一个二维数组或带有空间坐标的函数 $f(x,y)$ 表示，坐标 (x,y) 的振幅称为强度。在 Python 中，图像可用一个具有像素值的二维或三维的 NumPy 数组表示。像素是最小的、核心的微小图片元素，可决定图片的质量。更多的像素会使分辨率更高。图像格式有多种，如 .jpeg、.png、.gif 和 .tiff。这些文件格式便于组织和维护数字图像文件。在分析图像数据之前，需要了解图像的类型。图像数据有以下 3 种类型。

- 二进制图像。
- 灰度图像。
- 彩色图像。

13.3.1 二进制图像

二进制图像的像素只有两种颜色，一般是黑色和白色，只取二进制值 0 或 1。

图 13-1 是一幅二进制图像。它只有两种颜色，黑色和白色。

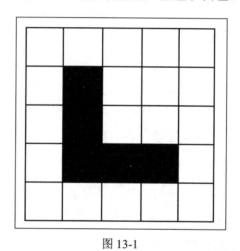

图 13-1

13.3.2 灰度图像

灰度图像的每个像素由 8 比特表示，即 256 个强度值或色调值，范围是从 0 到 255。这 256 个色调值代表从纯黑色到纯白色，其中 0 代表纯黑色，255 代表纯白色。

图 13-2 是一幅灰度图像。

图 13-2

13.3.3 彩色图像

彩色图像由红、蓝、绿三原色混合而成。这些原色按一定比例混合可形成新的颜色，每种颜色使用 8 比特表示（强度值的范围是 0～255），也就是说，每个像素有 24 比特。

从图 13-3 所示的图像文件（可以从本书配套资源中查看彩图）中可以看到众多不同强度的颜色。在了解了图像的类型之后，下面来了解颜色模型。

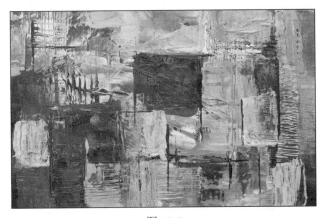

图 13-3

13.4 颜色模型

颜色模型是一种处理和测量三原色组合的结构，可帮助我们了解释颜色如何在计算机屏幕上或纸上显示。颜色模型有两种类型：加法模型和减法模型。加法模型用于在计算机屏幕上显示的图像，例如 RGB（红色、绿色、蓝色）模型；减法模型用于打印的图像，如 CMYK（青色、品红色、黄色、黑色）模型，如图 13-4 所示。

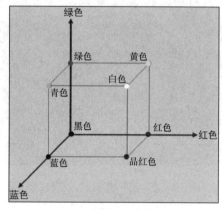

图 13-4

除了 RGB 和 CMYK 之外，还有很多模型，如 HSV 模型、HSL 模型和灰度模型。HSV 是色调（Hue）、饱和度（Saturation）和数值（Value）的首字母缩写，它是一种三维颜色模型，是 RGB 模型的改进版。在 HSV 模型中，中心轴的顶部是白色，底部是黑色，其余的颜色位于两者之间。HSV 模型中的角度表示色调，与中轴的距离表示饱和度，与中轴底部的距离表示数值。

HSL 是色调（Hue）、饱和度（Saturation）和亮度（Lightness）的首字母缩写。HSV 和 HSL 之间的主要区别是亮度和数值，如图 13-5 所示。

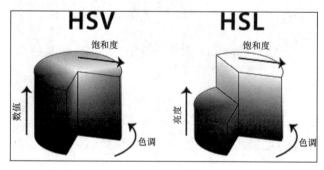

图 13-5

下面读取和显示图像文件，代码如下。

```
# Import cv2 latest version of OpenCV library
import cv2
```

```
# Import numeric python (NumPy) library
import numpy as np

# Import matplotlib for showing the image
import matplotlib.pyplot as plt

# magic function to render the figure in a notebook
%matplotlib inline

# Read image using imread() function
image = cv2.imread('google.jpg')

# Let's check image data type
print('Image Type:',type(image))

# Let's check dimension of image
print('Image Dimension:',image.shape)

# Let's show the image
plt.imshow(image)
plt.show()
```

输出结果如图 13-6 所示（可以从本书配套资源中查看彩图）。

图 13-6

在前面的代码中，导入了 cv2、NumPy 和 matplotlib.pyplot。cv2 用于图像处理，NumPy 用于数组操作，而 matplotlib.pyplot 用于显示图像。使用 imread() 函数读取图像，并返回一个图像的数组。使用 type() 函数检查图像数据的类型，使用 NumPy 数组的 shape 属性检查图像数据形状。使用 matpltlib.pyplot 的 show() 函数来显示图像。图 13-6 没有显示出谷歌标志的正确颜色，这是因为 imread() 读取的是 BGR 颜色模型的图像。

下面使用传递 cv2.COLOR_BGR2RGB 参数的 cvtColor() 函数将 BGR 颜色模型转换为 RGB 颜色模型，代码如下。

```
# Convert image color space BGR to RGB
rgb_image=cv2.cvtColor(image,cv2.COLOR_BGR2RGB)

# Display the image
plt.imshow(rgb_image)
plt.show()
```

输出结果如图 13-7 所示，其中谷歌标志的颜色是正确的。

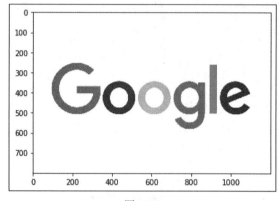

图 13-7

用 imwrite()函数把图像文件写到本地磁盘上，代码如下。

```
# Write image using imwrite()
cv2.imwrite('image.jpg',image)
```

输出结果如下。

```
True
```

13.5 在图像上绘图

使用 OpenCV 可在图像上绘制不同的图形，如线段、正方形或三角形。在图像上绘制图形时，需要注意图形的坐标、颜色和粗细。下面创建一幅黑色背景的空白图像，代码如下。

```
# Import cv2 latest version of OpenCV library
import cv2

# Import numeric python (NumPy) library
import numpy as np

# Import matplotlib for showing the image
import matplotlib.pyplot as plt

# Magic function to render the figure in a notebook
%matplotlib inline
```

```
# Let's create a black image
image_shape=(600,600,3)
black_image = np.zeros(shape=image_shape,dtype=np.int16)

# Show the image
plt.imshow(black_image)
```

上方代码使用 NumPy 的 `zeros()` 函数创建了一幅黑色背景的空白图像。`zeros()` 函数用于创建一个给定大小的数组，并在其中填入 0。输出结果如图 13-8 所示。

下面创建一幅白色背景的空白图像，代码如下。

```
# Create a white image
image_shape=(600,600,3)
white_image = np.zeros(shape=image_shape,dtype=np.int16)

# Set every pixel of the image to 255
white_image.fill(255)

# Show the image
plt.imshow(white_image)
```

上方代码使用 NumPy 的 `zeros()` 函数创建了一幅白色背景的空白图像，并为图像的每个像素填充了值 255。`fill()` 函数给所有像素分配了一个给定值。输出结果如图 13-9 所示。

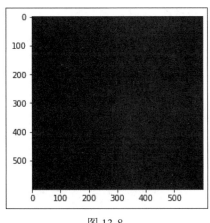

图 13-8

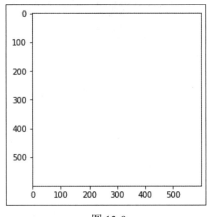

图 13-9

下面用 OpenCV 在黑色图像上画一条线，代码如下。

```
# Draw a line on black image
line = cv2.line(black_image,(599,0),(0,599),(0,255,0),4)

# Show image
plt.imshow(line)
```

上方代码使用line()函数在黑色图像上画了一条线。line()函数接收以下参数：图像文件名称、起点坐标、终点坐标、颜色和粗细。在本例中，起点和终点坐标分别是(599,0)和(0,599)，颜色是(0,255,0)，粗细是4。输出结果如图13-10所示。

同样可以在白色图像上创建一条线，代码如下。

```
# Let's draw a blue line on white image

line = cv2.line(white_image,(599,0),(0,599),(0,0,255),4)
# Show the image
plt.imshow(line)
```

输出结果如图13-11所示。

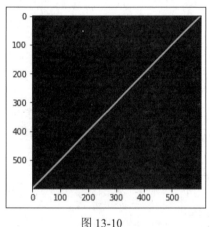

图 13-10

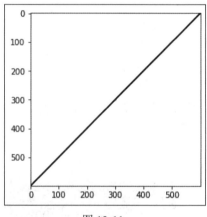

图 13-11

下面看一个在白色图像上绘制圆圈的示例，代码如下。

```
# Let's create a white image
img_shape=(600,600,3)
white_image = np.zeros(shape=image_shape,dtype=np.int16)

# Set every pixel of the image to 255
white_image.fill(255)

# Draw a red circle on white image
circle=cv2.circle(white_image,(300, 300), 100, (255,0,0),6)

# Show the image
plt.imshow(circle)
```

在上方的代码中，创建了一幅白色图像，并使用 circle() 函数画了一个圆圈。circle() 函数接收以下参数：图像名称、圆心坐标、半径、颜色和粗细。在本例中，圆心坐标是(300,300)，半径是100，颜色是(255,0,0)，粗细是6。输出结果如图 13-12 所示。

下面看一个在黑色图像上画矩形的例子，代码如下。

```
# Let's create a black image
img_shape=(600,600,3)
black_image = np.zeros(shape=image_shape,dtype=np.int16)

# Draw a green rectangle on black image
rectangle= cv2.rectangle(black_image,(200,200),(400,500),(0,255,0),5)

# Show the image
plt.imshow(rectangle)
```

在上方的代码中，创建了一幅黑色图像，并使用 rectangle() 函数画了一个矩形。rectangle() 函数接收以下参数：图像名称、左上角坐标、右下角坐标、颜色和粗细。输出结果如图 13-13 所示。

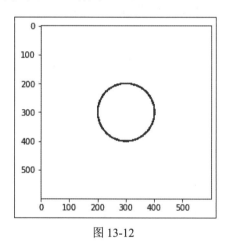

图 13-12   图 13-13

下面看一个填充矩形的例子，代码如下。

```
# Let's create a black image
img_shape=(600,600,3)
black_image = np.zeros(shape=image_shape,dtype=np.int16)

# Draw a green filled rectangle on black image
rectangle= cv2.rectangle(black_image,(200,200),(400,500),(0,255,0),-1)

# Show the image
plt.imshow(rectangle)
```

在上方的代码中，通过设置粗细值为-1来用指定颜色填充矩形。简而言之，线段的重要参数为起点和终点坐标，矩形的重要参数为左上角和右下角坐标，而圆的重要参数为圆心坐标和半径。输出结果如图 13-14 所示。

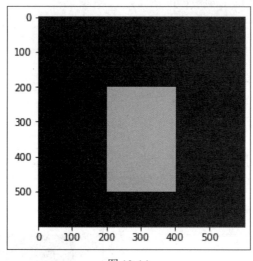

图 13-14

13.6 在图像上书写

下面将学习如何在图像上书写文字，示例代码如下。

```
# Let's create a black image
img_shape=(600,800,3)
black_image = np.zeros(shape=image_shape,dtype=np.int16)

# Write on black image
text = cv2.putText(black_image,'Thanksgiving',(10,500),
cv2.FONT_HERSHEY_SIMPLEX, 3,(255,0,0),2,cv2.LINE_AA)

# Display the image
plt.imshow(text)
```

在上方的代码中，创建了一幅颜色为黑色的空白图像，然后使用 putText() 函数在图像上写了文字。putText() 函数接收以下参数：图像名称、要书写的文本、左下角的坐标、字体、字号、颜色、粗细和线型。输出结果如图 13-15 所示。

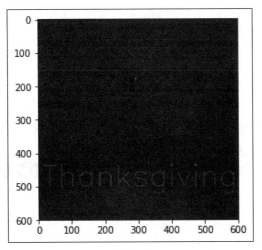

图 13-15

13.7 调整图像的大小

调整图像的大小是指改变一幅给定图像的尺寸或缩放比例,可通过改变图像的宽度、高度来实现。在训练深度学习模型时,减小图像大小可以加快训练速度。训练深度学习模型不在本书的讨论范围之内,如果你有兴趣,可以参考深度学习相关的图书。

下面看一个调整图像大小的例子,代码如下。

```
# Import cv2 module
import cv2

# Import matplotlib for showing the image
import matplotlib.pyplot as plt

# magic function to render the figure in a notebook
%matplotlib inline

# read image
image = cv2.imread('tajmahal.jpg')

# Convert image color space BGR to RGB
rgb_image=cv2.cvtColor(image,cv2.COLOR_BGR2RGB)

# Display the image
plt.imshow(rgb_image)
```

输出结果如图 13-16 所示。

图 13-16

在前面的代码中，读取了图像，并将其从 BGR 颜色模型转换为 RGB 颜色模型。

下面使用 resize() 函数来调整图像的大小，代码如下。

```
# Resize the image
image_resized = cv2.resize(rgb_image, (200, 200), interpolation = cv2.INTER_NEAREST)

# Display the image
plt.imshow(image_resized)
```

输出结果如图 13-17 所示。

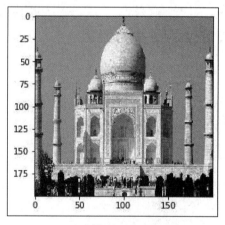

图 13-17

在前面的代码中，使用 resize() 函数调整了图像的大小。resize() 函数可以接收以下参数：图像名称、图像尺寸和插值。插值用于缩放无波纹的图像，有以下可选值：INTER_NEAREST（用于最近邻插值）、INTER_LINEAR（用于双线性插值）和 INTER_AREA（使用像素面积关系重采样）等。

13.8 翻转图像

翻转图像可得到类似镜像的效果。下面学习如何围绕 x 轴（垂直翻转）、y 轴（水平翻转）或两个轴翻转图像。OpenCV 提供了 `flip()` 函数来翻转图像。`flip()` 函数接收两个参数——图像名称和 `flipcode`。图像可看作 NumPy 数组，`flipcode` 用于定义翻转的类型，如水平翻转、垂直翻转或水平和垂直翻转。`flipcode` 值对应的翻转类型如下。

- 当 `flipcode` > 0 时进行水平翻转。
- 当 `flipcode` = 0 时进行垂直翻转。
- 当 `flipcode` < 0 时进行水平和垂直翻转。

下面看一个翻转图像的例子，代码如下。

```
# Import OpenCV module
import cv2

# Import NumPy
import numpy as np

# Import matplotlib for showing the image
import matplotlib.pyplot as plt

# magic function to render the figure in a notebook
%matplotlib inline

# Read image
image = cv2.imread('messi.png')

# Convert image color space BGR to RGB
rgb_image=cv2.cvtColor(image,cv2.COLOR_BGR2RGB)

# Display the image
plt.imshow(rgb_image)
```

输出结果如图 13-18 所示，这是利昂内尔·梅西的原始图片。

下面使用 `flip()` 函数将图 13-18 水平翻转，其中 `flipcode` 的值为 1，代码如下。

```
# Flipping image (Horizontal flipping)
image_flip = cv2.flip(rgb_image, 1)

# Display the image
plt.imshow(image_flip)
```

输出结果如图 13-19 所示。

图 13-18　　　　　　　　　　　　图 13-19

下面垂直翻转图 13-18，代码如下。

```
# Flipping image (Vertical flipping)
image_flip = cv2.flip(rgb_image,0)

# Display the image
plt.imshow(image_flip)
```

输出结果如图 13-20 所示。

下面对图 13-18 进行水平和垂直翻转，代码如下。

```
# Flipping image (Horizontal and vertical flipping)
image_flip = cv2.flip(rgb_image, -1)

# Display the image
plt.imshow(image_flip)
```

输出结果如图 13-21 所示。

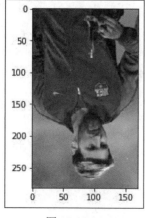 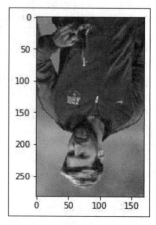

图 13-20　　　　　　　　　　　　图 13-21

13.9 改变亮度

亮度是一个由视觉感知决定的比较性术语。像素的值可以帮助我们找到更明亮的图像。例如，两个像素的值分别为 110 和 230，那么后一个像素更亮。

使用 OpenCV 可以很容易地调整图像的亮度。亮度可以通过图像中每个像素的值来控制。示例代码如下。

```
# Import cv2 latest version of OpenCV library
import cv2

# Import matplotlib for showing the image
import matplotlib.pyplot as plt

# Magic function to render the figure in a notebook
%matplotlib inline

# Read image
image = cv2.imread('nature.jpeg')

# Convert image color space BGR to RGB
rgb_image=cv2.cvtColor(image,cv2.COLOR_BGR2RGB)

# Display the image
plt.imshow(rgb_image)
```

输出结果如图 13-22 所示。

图 13-22

在前面的代码中，读取了图像，并将基于 BGR 颜色模型的图像转换成了基于 RGB 颜色模型的图像。

下面改变图像的亮度,代码如下。

```
# Set weightage for alpha and beta both the matrix
alpha_=1
beta_-50

# Add weight to the original image to change the brightness
image_change=cv2.addWeighted(rgb_image, alpha_,
np.zeros(image.shape,image.dtype), 0, beta_)

# Display the image
plt.imshow(image_change)
```

输出结果如图 13-23 所示。

图 13-23

前面的代码用 addWeighted() 函数给两个矩阵添加了权重 alpha 和 beta。addWeighted()需要参数 first_image、alpha、second_image、gamma 和 beta。其中,参数 first_image 的值为输入图像,参数 second_image 的值为空矩阵,alpha 和 beta 的值是两个矩阵的权重,gamma 的值为 0。

13.10 模糊图像

模糊化是图像预处理的关键步骤。在图像预处理中,去除噪声会影响算法的性能。模糊可减少图像数据中的噪声,还可改变像素的值。

下面看一个模糊图像的例子。

先读取一个图像,并将其从 BGR 颜色模型转换为 RGB 颜色模型,代码如下。

```
# Import OpenCV module
import cv2

# Import matplotlib for showing the image
import matplotlib.pyplot as plt

# Magic function to render the figure in a notebook
%matplotlib inline

# Read image
image = cv2.imread('tajmahal.jpg')

# Convert image color space BGR to RGB
rgb_image=cv2.cvtColor(image,cv2.COLOR_BGR2RGB)

# Display the image
plt.imshow(rgb_image)
```

输出结果如图 13-24 所示。

图 13-24

下面使用 blur() 函数对图像进行模糊处理，它需要两个参数——图像名称和内核大小，代码如下。

```
# Blur the image using blur() function
image_blur = cv2.blur(rgb_image,(15,15))

# Display the image
plt.imshow(image_blur)
```

在上方的代码中，blur()函数应用了平均模糊方法和归一化的箱形滤波器。输出结果如图 13-25 所示。

图 13-25

接下来探讨使用高斯模糊方法进行模糊处理。在这种模糊处理中，高斯核用来代替箱形滤波器。GaussianBlur()的参数为图像名称、高斯核的大小和高斯核的标准偏差。高斯核的大小用一个包含宽度和高度的元组表示。宽度和高度都必须是正数且同时为奇数，代码如下。

```
# Import cv2 module
import cv2

# Import matplotlib for showing the image
import matplotlib.pyplot as plt

# magic function to render the figure in a notebook
%matplotlib inline

# read image
image = cv2.imread('tajmahal.jpg')

# Convert image color space BGR to RGB
rgb_image=cv2.cvtColor(image,cv2.COLOR_BGR2RGB)

# Blurring the image using Gaussian Blur
image_blur = cv2.GaussianBlur(rgb_image, (7,7), 0)

# Display the image
plt.imshow(image_blur)
```

输出结果如图 13-26 所示。

图 13-26

下面探讨对图像进行中值模糊处理。中值模糊在内核区域中抽取像素，用中位数值替换中心像素的值。可以使用 medianBlur() 进行中值模糊处理。medianBlur() 将图像名称和内核大小作为参数，其中内核大小是一个奇数，并且大于 1，例如 3、5、7、9、11 等。中值模糊处理的示例代码如下。

```
# Import cv2 module
import cv2

# Import matplotlib for showing the image
import matplotlib.pyplot as plt

# Convert image color space BGR to RGB
%matplotlib inline

# read image
image = cv2.imread('tajmahal.jpg')

# Convert image color space BGR to RGB
rgb_image=cv2.cvtColor(image,cv2.COLOR_BGR2RGB)

# Blurring the image using Median blurring
image_blur = cv2.medianBlur(rgb_image,11)

# Display the image
plt.imshow(image_blur)
```

输出结果如图 13-27 所示。

图 13-27

13.11 人脸检测

人脸检测是一种分类问题。可以将图像分为两类,即人脸和非人脸。我们需要大量的图像来训练这样的分类模型。OpenCV 提供了预训练的模型,如基于 Haar 特征的级联分类器和**局部二元模式(Local Binary Pattern,LBP)** 分类器,这些模型是通过成千上万的图像训练出来的。下面将使用基于 Haar 特征的级联分类器来检测人脸。

读取图像并将其转换为灰度图,代码如下。

```
# Import cv2 latest version of OpenCV library
import cv2

# Import numeric python (NumPy) library
import numpy as np

# Import matplotlib for showing the image
import matplotlib.pyplot as plt

# magic function to render the figure in a notebook
%matplotlib inline

# Read image
image= cv2.imread('messi.png')

# Convert image color space BGR to grayscale
image_gray = cv2.cvtColor(image, cv2.COLOR_BGR2GRAY)

# Displaying the grayscale image
plt.imshow(image_gray, cmap='gray')
```

输出结果如图 13-28 所示。

在前面的代码中,读取了利昂内尔·梅西的图像,并使用 `cvtColor()` 函数将其转换成了灰度图像。下面从生成的灰度图像中找到人脸。

加载基于 Haar 特征的级联分类器文件,代码如下。

```
# Load the haar cascade face classifier file
haar_cascade = cv2.CascadeClassifier('haarcascade_frontalface_default.xml')
```

获取图像中所有人脸的坐标,代码如下。

```
# Get the faces coordinates for all the faces in the image
faces_cordinates = haar_cascade.detectMultiScale(image_gray,
scaleFactor = 1.3, minNeighbors = 7);
```

在检测到的人脸上画一个矩形,代码如下。

```
# Draw rectangle on detected faces
for (p,q,r,s) in faces_cordinates:
    cv2.rectangle(image, (p, q), (p+r, q+s), (255,255,0), 2)
```

将图像的颜色模型由 BGR 转换为 RGB,并显示图像,代码如下。

```
# Convert image color space BGR to RGB
image_rgb=cv2.cvtColor(image, cv2.COLOR_BGR2RGB)

# Display face detected image
plt.imshow(image_rgb)
```

输出结果如图 13-29 所示。

图 13-28

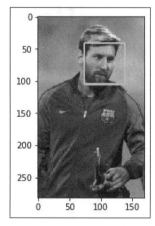

图 13-29

在前面的代码中,先将 BGR 图像转换为灰度图像。然后使用 OpenCV 中预先训练好的人脸级联分类器 XML 文件(`haarcascade_frontalface_default.xml`)来检测人脸。接着将图像传递给级联分类器,并获得了图像中的人脸坐标。再使用 `rectangle()` 函数在人脸上绘制了矩形。在显示输出结果之前,将 BGR 图像转换为了 RGB 图像以正确显示。

下面对一幅有多张人脸的图像进行人脸检测,代码如下。

```
# Read the image
image= cv2.imread('barcelona.jpeg')

# Convert image BGR to grayscale
image_gray = cv2.cvtColor(image, cv2.COLOR_BGR2GRAY)

# Load the haar cascade face classifier file
haar_cascade =cv2.CascadeClassifier('haarcascade_frontalface_default.xml')

# Get the faces coordinates for all the faces in the image
faces_cordinates = haar_cascade.detectMultiScale(image_gray, scaleFactor=
1.3, minNeighbors = 5);

# Draw rectangle on detected faces
for (x1,y1,x2,y2) in faces_cordinates:
    cv2.rectangle(image, (x1, y1), (x1+x2, y1+y2), (255,255,0), 2)

# Convert image color space BGR to RGB
image_rgb=cv2.cvtColor(image, cv2.COLOR_BGR2RGB)

# Display face detected the image
plt.imshow(image_rgb)
```

输出结果如图 13-30 所示,可以看到程序已经检测出图像中所有的人脸。

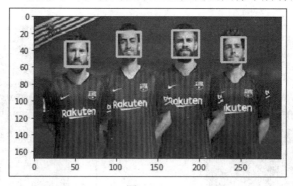

图 13-30

13.12 总结

在本章中,我们讨论了使用 OpenCV 进行图像处理。本章的重点是基本的图像处理操作和人脸检测。首先介绍了图像的类型和图像颜色模型;然后介绍了图像操作,如绘制图像、调整大小、翻转和模糊图像;最后讨论了图像中的人脸检测。

第 14 章
使用 Dask 进行并行计算

使用 Dask 是以并行方式处理数据的最简单的方法之一，该平台适用于处理大型数据集。Dask 以类似于 Hadoop 和 Spark 的方式提供可扩展性，并提供与 Airflow 和 Luigi 同样的灵活性。Dask 可以用来处理无法放入 RAM 的 DataFrame 对象和 NumPy 数组，它可以分割这些数据结构且进行并行处理，同时对代码进行最少的修改，并具有本地运行的能力。Dask 也可以像 Python 应用程序一样被部署在大型分布式系统中。Dask 可以并行地且在较短的时间内处理数据。它还可以扩展工作站的计算能力，而无须将其迁移到更大的或分布式的环境中。

本章的主要内容是使用 Dask 对大数据集进行灵活的并行计算。该平台为并行计算提供了 3 种数据类型——Dask 数组、Dask DataFrame 和 Dask Bag。Dask 数组就像 NumPy 数组，Dask DataFrame 就像 pandas DataFrame，两者都可以并行地处理数据。Dask Bag 是对 Python 对象的封装。本章还将介绍一个概念——Dask 延迟，它可以使代码并行。Dask 还提供用于数据预处理和机器学习模型开发的并行模式。

在本章中，我们将学习以下内容。

- 认识 Dask。
- Dask 数据类型。
- Dask 延迟。
- 规模化的数据预处理。
- 规模化的机器学习。

14.1 认识 Dask

诸如 NumPy、pandas、SciPy 和 Scikit-learn 等 Python 数据科学库可以顺序地执行数据科学任务。对于大型数据集来说，这些库的执行速度会变得非常慢，因为它们不能扩展到单台机器之外。这就是 Dask 出现的原因。Dask 可帮助数据专业人员处理大于单台机器上 RAM 大小的数据集。Dask 可利用处理器的多个核心，或将其作为一个分布式计算环境。Dask 具有以下特性。

- 可使用现有的 Python 库。
- 提供灵活的任务调度。
- 为并行计算提供了单一的和分布式的环境。
- 以较低的延迟和较小的开销执行快速的操作，并可以扩大和缩小规模。

Dask 是一个开源的并行计算 Python 库，在 pandas、NumPy 和 Scikit-learn 的基础上跨 CPU 的多个核心或多个系统运行，提供类似 pandas、NumPy 和 Scikit-learn 的概念。例如，一台笔记本电脑有一个四核处理器，那么 Dask 将使用 4 个核心来处理数据。如果数据在 RAM 中放不下，在处理前会被分割成几块。Dask 扩大了 pandas 和 NumPy 的容量，以处理中等规模的数据集。下面通过图 14-1 来了解 Dask 是如何进行并行操作的。

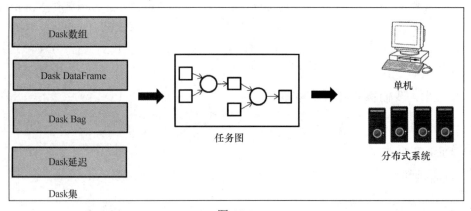

图 14-1

Dask 创建一幅任务图，以并行模式执行一个程序。在任务图中，节点代表任务，节点之间的箭头代表一个任务对另一个任务的依赖性。

下面在本地系统中安装 Dask 库。默认情况下，Anaconda 已经安装了 Dask，但如果你想重新安装或更新 Dask，可以使用以下命令。

```
conda install dask
```

也可以使用 pip 命令安装它，命令如下所示。

```
pip install dask
```

下面学习 Dask 库的数据类型。

14.2 Dask 数据类型

在计算机编程语言中，数据类型可帮助我们处理不同类型的变量。数据类型是存储在变量中的值的类型，分为主要数据类型和次要数据类型。

主要数据类型是基本的数据类型，如 int、float 和 char，而次要数据类型是使用主要数据类型开发的，如列表、数组、字符串和 DataFrame。Dask 为并行操作提供了 3 种数据结构——DataFrame、Bag 和数组。这些数据结构将数据分割成多个分区，并将其分发到集群中的多个节点。一个 Dask DataFrame 是多个小型 pandas DataFrame 的组合，它们的操作方式类似。Dask 数组就像 NumPy 数组，支持 NumPy 的所有操作。Dask Bag 用于处理大型 Python 对象。

下面将学习 Dask 数组。

14.2.1 Dask 数组

Dask 数组是 NumPy 的 n 维数组的抽象，可以以并行方式处理并划分为多个子数组。这些子数组可以在本地或分布式远程机器上。Dask 数组可以利用系统中所有可用的内核来计算大型阵列。它可以应用于统计学、优化、生物信息学、商业、环境科学及更多领域。

它还支持大量的 NumPy 操作，如算术和标量操作、聚合操作、矩阵和线性代数操作。但是，它不支持数组形状未知的情况。另外，tolist 和 sort 操作也很难并行执行。下面通过图 14-2 来了解 Dask 数组是如何将数据分解成 NumPy 数组并且并行执行的。

图 14-2 中有多个不同形状的块，它们都代表 NumPy 数组。这些数组构成了一个 Dask 数组，可以在多台机器上执行。下面用 Dask 创建一个数组，代码如下。

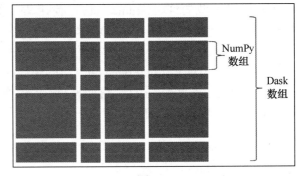

图 14-2

```
# import Dask Array
import dask.array as da
```

```
# Create Dask Array using arange() function and generate values from 0 to 17
a = da.arange(18, chunks=4)

# Compute the array
a.compute()
```

输出结果如下所示。

```
array([ 0,  1,  2,  3,  4,  5,  6,  7,  8,  9, 10, 11, 12, 13, 14, 15, 16,17])
```

在前面的代码中,使用 `compute()` 函数输出结果。`da.arange()` 函数只用于创建计算图,而 `compute()` 函数是用来执行该图的。使用 `da.arange()` 函数生成了 18 个、块大小为 4 的值。下面检查每个分区中的块,代码如下。

```
# Check the chunk size
a.chunks
```

输出结果如下所示。

```
((4, 4, 4, 4, 2),)
```

在前面的代码中,一个包含 18 个值的数组被分割成了 5 个部分,分块大小为 4,其中前 4 个分块每个具有 4 个值,最后一个分块有 2 个值。

14.2.2 Dask DataFrame

Dask DataFrame 是 pandas DataFrame 的抽象。它们可以进行并行处理并被分割成多个更小的 pandas DataFrame,如图 14-3 所示。

这些小的 pandas DataFrame 可以存储在本地或分布式远程机器上。Dask DataFrame 可以利用系统中所有可用的内核来计算大型的 DataFrame。它们使用索引来协调 DataFrame,并支持标准的 pandas 操作,如 `groupby`、`join` 和 `time series`。与索引操作上的 `set_index()` 和 `join()` 相比,Dask DataFrame 执行诸如 `element-wise`、`row-wise`、`isin()`、日期等操作的速度更快。下面测试 Dask 的性能,代码如下。

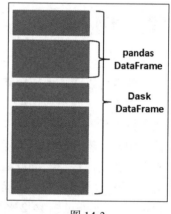

图 14-3

```
# Read csv file using pandas
import pandas as pd
%time temp = pd.read_csv("HR_comma_sep.csv")
```

输出结果如下所示。

```
CPU times: user 17.1 ms, sys: 8.34 ms, total: 25.4 ms

Wall time: 36.3 ms
```

在前面的代码中，使用 pandas 的 read_csv() 函数测试了文件的读取时间。下面测试 Dask 的 read_csv() 函数的文件读取时间，代码如下。

```
# Read csv file using Dask
import dask.dataframe as dd
%time df = dd.read_csv("HR_comma_sep.csv")
```

输出结果如下所示。

```
CPU times: user 18.8 ms, sys: 5.08 ms, total: 23.9 ms

Wall time: 25.8 ms
```

从这两个例子中可以观察到，当使用 Dask 的 read_csv() 函数时，读取文件的时间更少。

1. DataFrame 索引

Dask DataFrame 支持两种类型的索引：基于标签的索引和位置索引。Dask DataFrame 索引不维护分区的信息，这意味着很难执行行索引，只有列索引容易执行。DataFrame.iloc 只支持基于整数的索引，而 DataFrame.loc 支持基于标签的索引。DataFrame.iloc 只能选择列。

下面对一个 Dask DataFrame 执行索引操作。

（1）创建一个 pandas DataFrame，然后将其转换成 Dask DataFrame，代码如下。

```
# Import Dask and pandas DataFrame
import dask.dataframe as dd
import pandas as pd

# Create pandas DataFrame
df = pd.DataFrame({"P": [10, 20, 30], "Q": [40, 50, 60]},
index=['p', 'q', 'r'])

# Create Dask DataFrame
ddf = dd.from_pandas(df, npartitions=2)

# Check top records
ddf.head()
```

输出结果如下所示。

```
   P   Q

p  10  40

q  20  50

r  30  60
```

在前面的代码中，创建了一个 pandas DataFrame（有 p、q、r 索引和 P、Q 列），并将其转换成了 Dask DataFrame。

（2）Dask 中的列选择过程与 pandas 中类似。下面在 Dask DataFrame 中选择一个单列，代码如下。

```
# Single Column Selection
ddf['P']
```

输出结果如下所示。

```
Dask Series Structure:

npartitions=1

p    int64
r     ...
Name: P, dtype: int64
Dask Name: getitem, 2 tasks
```

在前面的代码中，通过列的名称来选择一个单列。对于多列的选择，需要通过一个包含列名的列表来实现。

（3）下面从 Dask DataFrame 中选择多列。

```
# Multiple Column Selection
ddf[['Q', 'P']]
```

输出结果如下所示。

```
Dask DataFrame Structure:

Q  P

npartitions=1

p   int64  int64
r    ...    ...

Dask Name: getitem, 2 tasks
```

从输出结果可知，已经从可用列中选择了两列。

（4）下面创建一个具有整数索引的 Dask DataFrame，代码如下。

```
# Import Dask and pandas DataFrame
import dask.dataframe as dd
import pandas as pd

# Create pandas DataFrame
df = pd.DataFrame({"X": [11, 12, 13], "Y": [41, 51, 61]})
```

```
# Create Dask DataFrame
ddf = dd.from_pandas(df, npartitions=2)

# Check top records
ddf.head()
```

输出结果如下所示。

```
  X  Y

0 11 41

1 12 51

2 13 61
```

在前面的代码中,创建了一个 pandas DataFrame,并使用 from_pandas() 函数将其转换成了 Dask DataFrame。

(5)下面使用一个整数位置索引来选择所需的列,代码如下。

```
ddf.iloc[:, [1, 0]].compute()
```

输出结果如下所示。

```
  Y  X
0 41 11

1 51 12

2 61 13
```

在前面的代码中,使用 DataFrame.iloc 交换了列的位置,同时使用了一个整数位置索引。

如果试图选择所有的行,会得到 NotImplementedError 的提示消息,代码如下所示。

```
ddf.iloc[0:4, [1, 0]].compute()
```

输出结果如下所示。

```
NotImplementedError: 'DataFrame.iloc' only supports selecting columns.
                     It must be used like 'df.iloc[:, column_indexer]'.
```

从前面的代码中可以看到,DataFrame.iloc 只支持选择列。

2. 过滤数据

可以从 Dask DataFrame 中过滤数据,这与 pandas DataFrame 中的操作类似。看看下面的例子,代码如下。

```
# Import Dask DataFrame
```

```python
import dask.dataframe as dd

# Read CSV file
ddf = dd.read_csv('HR_comma_sep.csv')

# See top 5 records
ddf.head(5)
```

输出结果如图 14-4 所示。

	satisfaction_level	last_evaluation	number_project	average_montly_hours	time_spend_company	Work_accident	left
0	0.38	0.53	2	157	3	0	1
1	0.80	0.86	5	262	6	0	1
2	0.11	0.88	7	272	4	0	1
3	0.72	0.87	5	223	5	0	1
4	0.37	0.52	2	159	3	0	1

图 14-4

在前面的代码中，使用 read_csv() 函数将人力资源数据 CSV 文件读入了 Dask DataFrame。输出结果中只显示了其中的一些列，但是当你自己运行 Jupyter Notebook 时能够看到文件中所有可用的列。

下面过滤数据集中的低薪员工数据，代码如下。

```python
# Filter employee with low salary
ddf2 = ddf[ddf.salary == 'low']

ddf2.compute().head()
```

输出结果如图 14-5 所示。

number_project	average_montly_hours	time_spend_company	Work_accident	left	promotion_last_5years	Departments	salary
2	157	3	0	1	0	sales	low
5	223	5	0	1	0	sales	low
2	159	3	0	1	0	sales	low
2	153	3	0	1	0	sales	low
6	247	4	0	1	0	sales	low

图 14-5

3. groupby

groupby 操作用来聚合相似的项目。它根据数值对数据进行分割，找到类似数值进行聚合，并将聚合后的结果合并。示例代码如下。

```python
# Find the average values of all the columns for employee left or stayed
ddf.groupby('left').mean().compute()
```

在前面的代码中，根据 left 列（它显示了留在或离开公司的员工）对数据进行分组，并通过平均值进行聚合，输出结果如图 14-6 所示。

left	satisfaction_level	last_evaluation	number_project	average_montly_hours	time_spend_company	Work_accident
0	0.666810	0.715473	3.786664	199.060203	3.380032	0.175009
1	0.440098	0.718113	3.855503	207.419210	3.876505	0.047326

图 14-6

4．将 pandas DataFrame 转换为 Dask DataFrame

Dask DataFrame 是基于 pandas DataFrame 实现的。可以使用 `from_pandas()` 将 pandas DataFrame 转换成 Dask DataFrame，代码如下。

```
# Import Dask DataFrame from dask
import dataframe as dd

# Convert pandas dataframe to dask dataframe
ddf = dd.from_pandas(pd_df,chunksize=4)

type(ddf)
```

输出结果如下所示。

```
dask.dataframe.core.DataFrame
```

5．将 Dask DataFrame 转换为 pandas DataFrame

可以使用 `compute()` 将 Dask DataFrame 转换为 pandas DataFrame，代码如下。

```
# Convert dask DataFrame to pandas DataFrame
pd_df = df.compute()

type(pd_df)
```

输出结果如下所示。

```
pandas.core.frame.DataFrame
```

14.2.3 Dask Bag

Dask Bag 是对通用 Python 对象的一种抽象。它在较小的 Python 对象的并行接口中使用 Python 迭代器执行 `map`、`filter`、`foldby` 和 `groupby` 操作，这种执行方式类似于 PyToolz 或 PySpark 的 RDD。Dask Bag 适用于非结构化和半结构化的数据集，如文本、JSON 和日志文件。它在计算时进行并行处理，以获得更快的处理速度，但在不同工作之间的通信方面表现不佳。Bag 是不可改变的结构类型，与 Dask 数组和 Dask DataFrame 相比，它无法更改且处理速度较慢。Bag 在 `groupby` 操作中的处理速度也很慢，所以建议使用 `foldby` 而不是 `groupby`。

下面创建多种 Dask Bag 对象并对其进行操作。

1. 使用 Python 可迭代项目创建 Dask Bag

使用 Python 可迭代项目创建 Dask Bag 对象。首先使用 `from_sequence()` 函数创建一个列表项的包，然后使用 `from_sequence()` 函数接收列表并将其放入 npartitions（多个分区）。代码如下。

```
# Import Dask Bag
import dask.bag as db

# Create a bag of list items
items_bag = db.from_sequence([1, 2, 3, 4, 5, 6, 7, 8, 9, 10],
            npartitions = 3)

# Take initial two items
items_bag.take(2)
```

输出结果如下所示。

(1, 2)

下面使用 `filter()` 函数从列表中过滤奇数，代码如下。

```
# Filter the bag of list items
items_square=items_bag.filter(lambda x: x if x % 2 != 0 else None)

# Compute the results
items_square.compute()
```

输出结果如下所示。

[1, 3, 5, 7, 9]

下面使用 `map()` 函数将列表中的每一项映射到它们的平方值，代码如下。

```
# Square the bag of list items
items_square=items_b.map(lambda x: x**2)

# Compute the results
items_square.compute()
```

输出结果如下所示。

[1, 4, 9, 16, 25, 36, 49, 64, 81, 100]

2. 使用文本文件创建 Dask Bag

可以通过 `read_text()`，用一个文本文件来创建 Dask Bag，代码如下所示。

```
# Import dask bag
import dask.bag as db

# Create a bag of text file
text = db.read_text('sample.txt')
```

```
# Show initial 2 items from text
text.take(2)
```

输出结果如下所示。

```
('Hi! How are you? \n', '\n')
```

在前面的代码中,通过 `read_text()` 将一个文本文件读入 Dask Bag 对象。这使得能够显示 Dask Bag 中的两个初始项目。

3. 将 Dask Bag 存储为文本文件

可以使用 `to_textfiles()` 将 Dask Bag 对象存储为一个文本文件,代码如下。

```
# Convert dask bag object into text file
text.to_textfiles('/path/to/data/*.text.gz')
```

输出结果如下所示。

```
['/path/to/data/0.text.gz']
```

4. 将 Dask Bag 存储为 DataFrame

可以使用 `to_dataframe()` 函数把 Dask Bag 存储为 Dask DataFrame,代码如下。

```
# Import dask bag
import dask.bag as db

# Create a bag of dictionary items
dict_bag = db.from_sequence([{'item_name': 'Egg', 'price': 5},
                             {'item_name': 'Bread', 'price': 20},
                             {'item_name': 'Milk', 'price': 54}],
                             npartitions=2)

# Convert bag object into dataframe
df = dict_bag.to_dataframe()

# Execute the graph results
df.compute()
```

输出结果如图 14-7 所示。

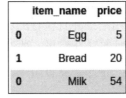

图 14-7

14.3 Dask 延迟

Dask 延迟是一种可以用来并行化代码的方法。它可以用来延迟任务图中的依赖函数调用,并在提高性能的同时为用户提供对并行进程的完全控制。它的懒惰计算可以帮助我们控制函数的执行。然而,它与并行执行的函数的执行时序不同。

下面通过一个例子来理解 Dask 延迟的概念,代码如下。

```
# Import dask delayed and compute
from dask import delayed, compute

# Create delayed function
@delayed
def cube(item):
    return item ** 3

# Create delayed function
@delayed
def average(items):
    return sum(items)/len(items)

# create a list
item_list = [2, 3, 4]

# Compute cube of given item list
cube_list= [cube(i) for i in item_list]

# Compute average of cube_list
computation_graph = average(cube_list)

# Compute the results
computation_graph.compute()
```

输出结果如下所示。
```
33.0
```

在前面的代码中，cube()和average()被注释了"@delayed"，创建了一个包含3个数字的列表，并通过 cube()函数计算了每个数值的立方。在计算完列表中数值的立方后，计算了所有立方值的平均值。所有这些操作在本质上都是懒惰的，只有当程序员期望输出结果并且执行的流程存储在计算图中时才会计算。可使用 compute()函数来执行这些计算。在这里，所有的立方操作将以并行的方式执行。

下面对计算图进行可视化。但是，在这样做之前，需要安装 Graphviz 编辑器。

在 Windows 上，可以用 pip 命令安装 Graphviz，命令如下。但还必须在环境变量中设置路径。
```
pip install graphviz
```

在 macOS 上，可以使用 brew 命令安装 Graphviz，命令如下所示。
```
brew install graphviz
```

在 Ubuntu 上，需要使用 sudo apt-get 命令在终端上安装它，命令如下。
```
sudo apt-get install graphviz
```

下面使用 visualize()函数可视化计算图，代码如下。
```
# Compute the results
```

```
computation_graph.visualize()
```

输出结果如图 14-8 所示，可以看到所有的立方操作都是以并行方式执行的，它们的结果被 `average()` 使用。

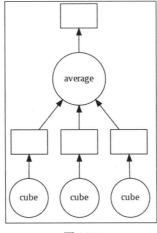

图 14-8

14.4 规模化的数据预处理

Dask 提供了很多预处理功能，如缩放器、编码器和训练/测试拆分功能。这些预处理功能适用于 Dask 的 DataFrame 和数组，因为它们可以并行地适应和转换数据。在本节中，我们将讨论特征缩放和特征编码。

14.4.1 Dask 中的特征缩放

正如第 7 章中所讲的，特征缩放也被称为特征归一化，用来在同一水平上缩放特征，可以处理有关不同列的范围和单位的问题。Dask 还提供了具有并行执行能力的缩放器，如表 14-1 所示。

表 14-1

缩放器	描述
MinMaxScaler	通过将每个特征缩放到一个给定的范围来转换特征
RobustScaler	使用相比异常值更具有稳健性的统计数据进行特征缩放
StandardScaler	通过对原数据减去平均值后再除以方差来标准化特征

下面缩放人力资源数据 CSV 文件的 last_evaluation（员工绩效得分）列。首先使用 read_csv() 函数将文件读入 Dask DataFrame，代码如下。

```
# Import Dask DataFrame
import dask.dataframe as dd

# Read CSV file
ddf = dd.read_csv('HR_comma_sep.csv')

# See top 5 records
ddf.head(5)
```

输出结果如图 14-9 所示，其中只显示了一些可用的列。

	satisfaction_level	last_evaluation	number_project	average_montly_hours	time_spend_company	Work_accident	left	promotion_last_5years	Departments
0	0.38	0.53	2	157	3	0	1	0	sales
1	0.80	0.86	5	262	6	0	1	0	sales
2	0.11	0.88	7	272	4	0	1	0	sales
3	0.72	0.87	5	223	5	0	1	0	sales
4	0.37	0.52	2	159	3	0	1	0	sales

图 14-9

下面缩放 last_evaluation 列，把它从 0～1 的范围缩放到 0～100 的范围，代码如下。

```
# Import MinMaxScaler
from sklearn.preprocessing import MinMaxScaler

# Instantiate the MinMaxScaler Object
scaler = MinMaxScaler(feature_range=(0, 100))

# Fit the data on Scaler
scaler.fit(ddf[['last_evaluation']])

# Transform the data
performance_score=scaler.transform(ddf[['last_evaluation']])

# Let's see the scaled performance score
performance_score
```

输出结果如下所示。
```
array([[26.5625],
       [78.125 ],
       [81.25  ],
       ...,
```

```
            [26.5625],

            [93.75  ],

            [25.    ]])
```

14.4.2　Dask 中的特征编码

正如第 7 章中所讲的，特征编码是处理分类特征的一种非常有用的技术。Dask 还提供了具有并行执行能力的编码器，如表 14-2 所示。

表 14-2

编码器	描述
LabelEncoder	对标签进行编码，其值在 0 和 1 之间且小于可用的类的数量
OneHotEncoder	将分类的整数特征编码为独热编码
OrdinalEncoder	对分类列进行顺序编码

使用 `read_csv()` 函数将人力资源数据 CSV 文件读入 Dask DataFrame，示例代码如下。

```
# Import Dask DataFrame
import dask.dataframe as dd

# Read CSV file
ddf = dd.read_csv('HR_comma_sep.csv')

# See top 5 records
ddf.head(5)
```

输出结果如图 14-10 所示，其中只显示了一些可用的列。

	satisfaction_level	last_evaluation	number_project	average_montly_hours	time_spend_company	Work_accident	left	promotion_last_5years	Departments
0	0.38	0.53	2	157	3	0	1	0	sales
1	0.80	0.86	5	262	6	0	1	0	sales
2	0.11	0.88	7	272	4	0	1	0	sales
3	0.72	0.87	5	223	5	0	1	0	sales
4	0.37	0.52	2	159	3	0	1	0	sales

图 14-10

下面对 `salary` 列进行编码，代码如下。

```
# Import OnehotEncoder
from dask_ml.preprocessing import Categorizer
from dask_ml.preprocessing import OneHotEncoder
from sklearn.pipeline import make_pipeline

# Create pipeline with Categorizer and OneHotEncoder
pipe = make_pipeline(Categorizer(), OneHotEncoder())
```

```
# Fit and transform the Categorizer and OneHotEncoder
pipe.fit(ddf[['salary',]])
result=pipe.transform(ddf[['salary',]])

# See top 5 records
result.head()
```

输出结果如表 14-3 所示。

表 14-3

	salary_low	salary_medium	salary_high
0	1.0	0.0	0.0
1	0.0	1.0	0.0
2	0.0	1.0	0.0
3	1.0	0.0	0.0
4	1.0	0.0	0.0

在前面的代码中，Scikit-learn 管道是用 `Categorizer()` 和 `OneHotEncoder()` 创建的，还使用 `fit()` 和 `transform()` 对人力资源数据中的 `salary` 列进行了编码。注意，分类器会把 Dask DataFrame 的列转换成分类数据类型。

也可以使用 **OrdinalEncoder** 对 `salary` 列进行编码，代码如下。

```
# Import OrdinalEncoder
from dask_ml.preprocessing import Categorizer
from dask_ml.preprocessing import OrdinalEncoder
from sklearn.pipeline import make_pipeline

# Create pipeline with Categorizer and OrdinalEncoder
pipe = make_pipeline(Categorizer(), OrdinalEncoder())

# Fit and transform the Categorizer and OrdinalEncoder
pipe.fit(ddf[['salary',]])
result=pipe.transform(ddf[['salary',]])

# Let's see encoded results
result.head()
```

输出结果如下所示。

```
Salary
0  0
1  1
2  1
3  0
4  0
```

在前面的代码中，Scikit-learn 管道是用 `Categorizer()` 和 `OrdinalEncoder()` 创建的，并使用 `fit()` 和 `transform()` 对人力资源数据中的 `salary` 列进行了编码。注意，分类器会把 Dask DataFrame 的列转换成分类数据类型。

14.5 规模化的机器学习

Dask 为 Python 的规模化机器学习提供了 Dask-ML 服务。Dask-ML 可减少中等规模数据集的模型训练和超参数调整实验的时间，为 ML 操作提供类似 Scikit-learn 的机器学习算法。

可以通过 3 种不同的方式来扩展 Scikit-learn：利用 Joblib 并使用随机森林和 SVC 并行化 Scikit-learn；利用 Dask 数组并通过广义线性模型、预处理和聚类重新实现算法；与 XGBoost 和 Tensorflow 等分布式库合作。

下面将学习使用 Scikit-learn 的并行计算。

14.5.1 使用 Scikit-learn 进行并行计算

为了在单个 CPU 上使用 Scikit-learn 进行并行计算，需要使用 Joblib。这样 Scikit-learn 的操作可以并行执行。Joblib 库对 Python 作业进行并行化。Dask 可以帮助我们对多个 Scikit-learn 估计器执行并行操作。示例如下。

先读取数据集。可以使用 pandas DataFrame 加载数据集，代码如下所示。

```
# Import Dask DataFrame
import pandas as pd

# Read CSV file
df = pd.read_csv('HR_comma_sep.csv')

# See top 5 records
df.head(5)
```

输出结果如图 14-11 所示。

	satisfaction_level	last_evaluation	number_project	average_montly_hours	time_spend_company	Work_accident	left	promotion_last_5years	Departments
0	0.38	0.53	2	157	3	0	1	0	sales
1	0.80	0.86	5	262	6	0	1	0	sales
2	0.11	0.88	7	272	4	0	1	0	sales
3	0.72	0.87	5	223	5	0	1	0	sales
4	0.37	0.52	2	159	3	0	1	0	sales

图 14-11

在前面的代码中，使用 read_csv() 函数将人力资源数据 CSV 文件读入了 Dask DataFrame。输出结果中只显示了一些可用的列。

选择依赖列和独立列。要做到这一点，需选择列并将数据分为因变量和自变量，代码如下所示。

```
# select the feature and target columns
data=df[['satisfaction_level', 'last_evaluation']]

label=df['left']
```

创建一个调度器并且并行地生成模型。导入 dask.distributed，以在本地机器上创建调度器和工作程序，代码如下。

```
# Import client
from dask.distributed import Client

# Instantiate the Client
client = Client()
```

使用 sklearn.externals.joblib 创建一个并行后端，并编写相应的 Scikit-learn 代码，代码如下。

```
# import dask_ml.joblib
from sklearn.externals.joblib import parallel_backend

with parallel_backend('dask'):
    # Write normal scikit-learn code here
    from sklearn.ensemble import RandomForestClassifier
    from sklearn.metrics import accuracy_score
    from sklearn.model_selection import train_test_split

    # Divide the data into two parts:training and testing set
    X_train, X_test, y_train, y_test = train_test_split(data,label,
                                        test_size=0.2, random_state=0)
    # Instantiate RandomForest Model
    model = RandomForestClassifier()

    # Fit the model
    model.fit(X_train,y_train)

    # Predict the classes
    y_pred = model.predict(X_test)

    # Find model accuracy
    print("Accuracy:",accuracy_score(y_test, y_pred))
```

输出结果如下所示。

```
Accuracy: 0.92
```

并行生成的随机森林模型具有 92%的准确率，这说明该模型是非常好的。

14.5.2 为Dask重新实现机器学习算法

一些机器学习算法已经被Dask开发团队使用Dask数组和Dask DataFrame重新实现了。以下是已经被重新实现了的算法。

- 线性机器学习模型，如线性回归和逻辑回归。
- 使用缩放器和编码器进行预处理的算法。
- 无监督的算法，如k均值聚类和谱聚类算法。

下面将介绍如何建立一个逻辑回归模型以及如何对数据集进行聚类。

1. 建立逻辑回归模型

下面用逻辑回归模型建立一个分类器。

（1）使用 read_csv() 函数将人力资源数据 CSV 文件读入 Dask DataFrame，代码如下所示。

```
# Read CSV file using Dask
import dask.dataframe as dd

# Read Human Resource Data
ddf = dd.read_csv("HR_comma_sep.csv")

# Let's see top 5 records
ddf.head()
```

输出结果如图 14-12 所示，其中只显示了一些可用的列。

	satisfaction_level	last_evaluation	number_project	average_montly_hours	time_spend_company	Work_accident	left	promotion_last_5years	Departments
0	0.38	0.53	2	157	3	0	1	0	sales
1	0.80	0.86	5	262	6	0	1	0	sales
2	0.11	0.88	7	272	4	0	1	0	sales
3	0.72	0.87	5	223	5	0	1	0	sales
4	0.37	0.52	2	159	3	0	1	0	sales

图 14-12

（2）选择所需的列进行分类，并将其分为因变量和自变量，代码如下。

```
data=ddf[['satisfaction_level','last_evaluation']].to_dask_array (lengths=True)

label=ddf['left'].to_dask_array(lengths=True)
```

（3）创建一个逻辑回归模型。导入 LogisticRegression 和 train_test_split，并将数据集分为两部分，即训练数据集和测试数据集，代码如下。

```
# Import Dask based LogisticRegression
```

```
from dask_ml.linear_model import LogisticRegression

# Import Dask based train_test_split
from dask_ml.model_selection import train_test_split

# Split data into training and testing set
X_train, X_test, y_train, y_test = train_test_split(data, label)
```

(4)实例化模型,并将其拟合到训练数据集。预测测试数据并计算模型的准确率,代码如下所示。

```
# Create logistic regression model
model = LogisticRegression()

# Fit the model
model.fit(X_train,y_train)

# Predict the classes
y_pred = model.predict(X_test)

# Find model accuracy
print("Accuracy:",accuracy_score(y_test, y_pred))
```

输出结果如下所示。

Accuracy: 0.7753333333333333

从输出结果中可以看到,该模型具有77.5%的准确率,这说明该模型是很好的。

2. 聚类

Dask 的开发者也重新实现了 k 均值聚类算法。下面用 Dask 进行聚类。

(1)使用 read_csv() 函数将人力资源数据 CSV 文件读入 Dask DataFrame,代码如下。

```
# Read CSV file using Dask
import dask.dataframe as dd

# Read Human Resource Data
ddf = dd.read_csv("HR_comma_sep.csv")

# Let's see top 5 records
ddf.head()
```

输出结果如图 14-13 所示,其中只显示了一些可用的列。

	satisfaction_level	last_evaluation	number_project	average_montly_hours	time_spend_company	Work_accident	left	promotion_last_5years	Departments
0	0.38	0.53	2	157	3	0	1	0	sales
1	0.80	0.86	5	262	6	0	1	0	sales
2	0.11	0.88	7	272	4	0	1	0	sales
3	0.72	0.87	5	223	5	0	1	0	sales
4	0.37	0.52	2	159	3	0	1	0	sales

图 14-13

（2）选择 k 均值聚类所需的列。在这里选择了 satisfaction_level 和 last_evaluation 两列，代码如下。

```
data=ddf[['satisfaction_level', 'last_evaluation']].to_dask_array(lengths=True)
```

（3）创建一个 k 均值聚类模型。首先导入 KMeans，然后将模型拟合到数据集上并获取必要的标签。可以使用 compute() 找到这些标签，代码如下。

```
# Import Dask based KMeans
from dask_ml.cluster import KMeans

# Create the Kmeans model
model=KMeans(n_clusters=3)

# Fit the model
model.fit(data)

# Predict the classes
label=model.labels_

# Compute the results
label.compute()
```

输出结果如下所示。

```
array([0, 1, 2, ..., 0, 2, 0], dtype=int32)
```

在前面的代码中，创建了有 3 个聚类的 k-means 模型，然后拟合了模型，并预测了聚类的标签。

（4）使用 matplotlib.pyplot 子程序包将聚类的结果可视化，代码如下。

```
# Import matplotlib.pyplot
import matplotlib.pyplot as plt

# Prepare x, y and cluster_labels
x=data[:,0].compute()
y=data[:,1].compute()
cluster_labels=label.compute()

# Draw scatter plot
plt.scatter(x, y, c=cluster_labels)

# Add label on X-axis
plt.xlabel('Satisfaction Level')

# Add label on X-axis
plt.ylabel('Performance Level')

# Add a title to the graph
plt.title('Groups of employees who left the Company')
```

```
# Show the plot
plt.show()
```

输出结果如图 14-14 所示。其中 x 轴表示满意度分数，y 轴表示性能分数，并使用不同的颜色来区分聚类。

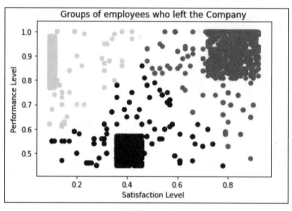

图 14-14

14.6 总结

在本章中，我们重点讨论了如何利用基本的数据科学 Python 库进行并行计算（如 pandas、NumPy 和 Scikit-learn）。Dask 为 DataFrame 和数组提供了完整的抽象，用于在单核/多核机器或集群中的多个节点上处理中等规模的数据集。

本章介绍了 Dask 的数据类型，如 DataFrame、数组和 Bag，还重点介绍了 Dask 的延迟、预处理及并行环境下的机器学习算法。

这是本书的最后一章，这意味着我们的学习之旅到此结束。本书介绍了用于数据分析和机器学习的核心 Python 库，如 pandas、NumPy、SciPy 和 Scikit-learn，还介绍了可用于文本分析、图像分析和并行计算的 Python 库，如 NLTK、SpaCy、OpenCV 和 Dask。当然，你的学习不应止步于此，你需要不断学习新事物，并试着根据你的业务或客户需求来探索和改变代码。你也可以通过个人项目来学习，如果你无法决定要开始进行什么样的项目，你可以参加 Kaggle 等比赛。